"十四五"职业教育国家规划教材

"十四五"职业教育省级规划教材
省级精品课程配套教材
信息化数字资源配套教材

机械分析与设计基础

傅桂兴 主 编

王莉莉 高红莉 娄淑君 副主编

化学工业出版社

·北京·

本书以企业生产一线的真实产品为教学载体，以基于工作过程的"项目引导"和"任务驱动"的方式构建学习情境，突出实际应用。全书共分为 5 个学习情境，包括典型机械的组成与工作原理分析、典型机械平面机构的结构分析、常用机械机构的分析与设计、常用机械传动的分析与设计、典型机械零件的分析与设计。

为便于学习，本书对有关内容设置了二维码，包含微课、视频等，读者可以扫描书中的二维码对照学习。本书还有配套电子课件。

本书可作为高职高专院校机械类和机电类专业的教材使用，也可作为培训用书，同时，也适用于从事相关工作的技术人员自学。

图书在版编目（CIP）数据

机械分析与设计基础/傅桂兴主编. —北京：化学工业出版社，2019.9（2025.2重印）
高职高专"十三五"规划教材　省级精品课程配套教材　信息化数字资源配套教材
ISBN 978-7-122-34714-5

Ⅰ.①机…　Ⅱ.①傅…　Ⅲ.①机械-结构分析-高等职业教育-教材②机械设计-高等职业教育-教材
Ⅳ.①TH112②TH122

中国版本图书馆 CIP 数据核字（2019）第 121988 号

责任编辑：韩庆利　　　　　　　　　　装帧设计：张　辉
责任校对：王素芹

出版发行：化学工业出版社（北京市东城区青年湖南街 13 号　邮政编码 100011）
印　　装：北京科印技术咨询服务有限公司数码印刷分部
787mm×1092mm　1/16　印张 17¼　字数 424 千字　2025 年 2 月北京第 1 版第 3 次印刷

购书咨询：010-64518888　　　　　　售后服务：010-64518899
网　　址：http://www.cip.com.cn
凡购买本书，如有缺损质量问题，本社销售中心负责调换。

定　　价：48.00 元

前言

FOREWORD

随着创新驱动、智能转型、强化基础、绿色发展的持续开展，我国加快了从"制造大国"转向"智造强国"的步伐。高端装备制造业是装备制造产业中技术密集度最高的产业，是未来衡量一个国家综合竞争实力的重要标志，国内企业正由"扩能增量"向"创新驱动、提质增效"的方向发展，迫切需要高层次的技术型、创新型、发展型、复合型人才。职业院校应适应中国智能制造发展规划的要求，适应企业转型升级的需要，为地方经济培养优秀的人才。

本书是在山东省省级精品课程配套教材的基础上，根据新技术、新材料、新工艺、新标准的要求，适应日益发展的教学先进理念、先进技术、方法和手段，经校企合作不断完善和更新编写而成。针对职业教育的最新特点，在内容的选取和编排上进行了大胆的改革尝试，培养机械分析和设计以及可持续发展的能力。主要特色与创新如下：

（1）全面探索"三教"改革，开发新型教材。贯彻和落实党的二十大精神，基于服务经济社会发展和人的全面发展的人才培养定位，围绕品德、知识、能力、素质、创新创业五个维度，将思政元素贯通教材之中，讲述我国机械发展的成就、大国工匠的故事、机械创新的典型案例、职业道德和素养等内容，培养工匠精神、创新精神、爱岗敬业、专业思维、团队协作和职业素养。

（2）满足"1＋X"证书制度的实施需求。根据"书证融通"的要求，将教学标准和职业技能等级标准有效对接，优化教学内容，利于取得相应的职业技能等级证书。

（3）校企"双元"开发教材。聚焦生产环节，对接工作岗位的典型工作任务，对接行业标准和资格证书标准，将新技术、新工艺、新规范等元素融入教材，校企共同开发并完善了教材内容和学习资源。

（4）遵循"应用为目的""必需、够用为度"和"少而精、浅而广"的原则，全力打造适合职业教育特点的课程特色和内容，突出教学内容的实用性；理论推导从简，重在实践应用。

（5）以基于工作过程的"项目引导"和"任务驱动"的方式，构建学习情境，注重机械的分析和简单设计，将机械设计的基础能力、方法和步骤，贯穿于教、学、做一体的过程中。

（6）课程的教学载体选自企业生产一线的真实产品，以内燃机、输送机、减速器的分析与设计，在学中真做，在做中真学，奠定机械分析和设计的基础。

（7）编排形式利于高职推行理实一体化教学，以及线上、线下混合式教学；课程设置二维码，扫描即可观看动画、视频等相关资源。

本书由山东科技职业学院傅桂兴任主编，王莉莉、高红莉、娄淑君任副主编。参加编写的还有齐燕、刘明、杨林、于志德，全书由傅桂兴统稿。

为方便教学，本书配套电子课件，用本书作为授课教材的老师可联系 857702606@qq.com 索取。

由于编者水平有限，书中难免存在不足，敬请广大读者和同仁给予批评和指正。

编　者

目录
CONTENTS

情境3 常用机械机构的分析与设计 / 43

情境 5 典型机械零件的分析与设计 / 171

情境1
典型机械的组成与工作原理分析

【情境简介】

机械设计是指规划和设计实现预定功能的新机械或改进原有机械的性能。它可以是应用新原理、新技术新新方法的开发创新设计，也可以是在原有机械上的改进设计。机械设计的内容主要包括：确定机械的工作原理，选择合适的机构；拟定设计方案；进行运动分析和动力分析，计算作用在机械中各构件上的载荷；进行零部件承载能力分析、失效分析和设计计算；总体设计和结构设计。不同的机械，设计的方法和步骤各不相同，没有固定、一成不变的设计程序。但是，对各种机械来说，其设计的一般程序却基本相同。机械设计的一般程序如下。

① 明确设计要求　确定设计对象的预期功能、有关指标及限制条件。

② 提出总体设计方案　拟定工作原理、机构运动简图、机械传动示意图。

③ 初步设计　通过运动、动力分析、承载能力计算，确定主要参数和尺寸。

④ 结构设计　完成总装配图、零件工作图及各种技术文件。

⑤ 试制与鉴定　通过样机试制，从技术上、经济上做出全面评价。

⑥ 产品定型与批量投产　经综合分析和评价，产品的性能、结构、规格都符合设计要求和技术标准，可以定型并投入批量生产。

分析机器的组成和工作原理，是进行机械设计的基础。主要包括合理选择机构的类型，研究其具有确定运动的条件，确定机构的运动方案等内容。在设计新的机械，或对现有的机械进行分析研究时，当明确设计要求后，首先需要做的工作就是分析机械的组成，确定其工作原理。本情境以内燃机和带式输送机为载体，学会机械的组成和工作原理分析，学习机械的入门知识，为以后的机械分析和设计做好准备。

知识导图：

任务 1.1　内燃机的主要组成与工作原理分析

【任务描述】

机械是社会发展不可缺少的生产力，尤其是现代工业领域，广泛使用各类机械进行生

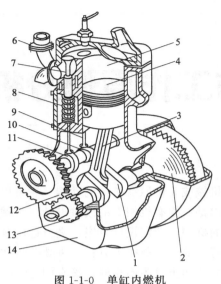

图 1-1-0　单缸内燃机

产。这些行业的工程技术人员经常接触各种类型的机械，要想解决工程实际问题，就必须掌握机械的相关知识，打好机械分析与设计的基础。本任务以单缸内燃机为载体，对机器和机构的组成、工作原理进行分析，学习机械设计的基本术语与概念。

任务条件

本任务的学习载体是单缸内燃机，如图 1-1-0 所示。

任务要求

分析图 1-1-0 所示的单缸内燃机的组成和工作原理，列表说明其主要机构和作用。

机器	主要机构	主要组成	作用及工作原理
单缸内燃机			

学习目标

◉ 知识目标
（1）掌握机器按用途的分类和特点。
（2）掌握内燃机的内部结构和工作原理。
（3）熟悉机械的相关概念和关系。

◉ 能力目标
（1）学会分析机械的组成和工作原理。
（2）学会机械设计的基本术语。

◉ 素质目标
（1）锻炼认真分析问题的习惯和方法。
（2）培养分析现代机器的创新思维方式。
（3）培养用"整体和个体"的辩证关系分析问题的能力。

【知识导航】

知识导图如图 1-1-1 所示。

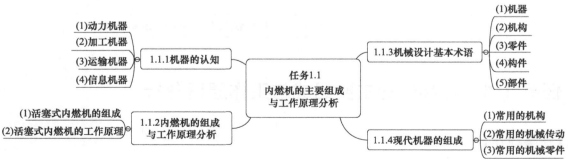

图 1-1-1　知识导图

1.1.1　机器的认知

根据用途的不同，机器可分为动力机器、加工机器、运输机器、信息机器等类型。

（1）动力机器

动力机器的用途是把其他形式的能量转换成机械能，如图 1-1-2（a）所示电动机；或者是把机械能转化成其他形式的能量，如图 1-1-2（b）所示空气压缩机。

(a) 电动机　　　　　　　　　　　(b) 空气压缩机

图 1-1-2　动力机器

（2）加工机器

加工机器是用来改变被加工对象的尺寸、形状、性质、状态的机器，如图 1-1-3 所示的数控车床、台式钻床、牛头刨床。

(a) 数控车床　　　　　　　　　(b) 台式钻床　　　　　　　　(c) 牛头刨床

图 1-1-3　加工机器

（3）运输机器

运输机器是用来搬运物品和人的机器，如图 1-1-4 所示的汽车起重机、带式输送机。

(a) 汽车起重机　　　　　　　　　　　　(b) 带式输送机

图 1-1-4　运输机器

（4）信息机器

信息机器的功能是处理信息，如图 1-1-5 所示的电脑、复印机等。信息机器虽然也做机械运动，但其目的是处理信息，而不是完成有用的机械功，因而所需的功率较小。

(a) 电脑　　　　　　　　　　　　　　　(b) 复印机

图 1-1-5　信息机器

1.1.2　内燃机的组成与工作原理分析

（1）活塞式内燃机的组成

内燃机是一种动力机械，它是通过燃料在机器内部燃烧，将其放出的热能直接转换为动力的热力发动机。通常所说的内燃机是指活塞式内燃机，最为普遍的是往复活塞式内燃机。常见的有柴油机和汽油机。

活塞式内燃机

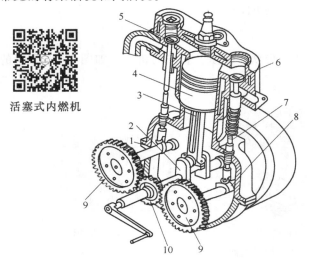

图 1-1-6　活塞式内燃机

1—气缸体；2—曲轴；3—连杆；4—活塞；5—进气阀；
6—排气阀；7—顶杆；8—凸轮；9,10—齿轮

往复活塞式内燃机的组成部分主要有机体和气缸盖、曲柄连杆机构、齿轮机构、配气机构、供油系统、润滑系统、冷却系统、起动装置等。如图 1-1-6 所示内燃机，是由气缸体 1、曲轴 2、连杆 3、活塞 4、进气阀 5、排气阀 6、顶杆 7、凸轮 8、齿轮 9、10 等组成。由活塞、连杆和曲轴组成的曲柄连杆机构是内燃机传递动力的主要部分。

（2）活塞式内燃机的工作原理

如图 1-1-6 所示，当燃气推动活塞 4 时，通过连杆 3 将运动传至曲轴 2，使曲轴 2 转动。曲轴 2 再通过齿轮 9、10 将动力输出。如图 1-1-7 所示，内燃机的工作循环由进气、压缩、燃烧和膨胀、排气等过程组成。这些过程中只有膨胀

过程是对外做功的过程，其他过程都是为更好地实现做功过程而需要的过程。按实现一个工

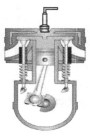

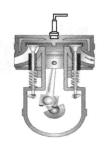

(a) 进气冲程　　　　　(b) 压缩冲程　　　　　(c) 做功冲程　　　　　(d) 排气冲程

图 1-1-7　内燃机的工作循环

作循环的行程数，工作循环可分为四冲程和二冲程两类。四冲程内燃机的曲轴旋转两圈，活塞经过四个冲程才完成一个工作循环。

1.1.3　机械设计基本术语

（1）机器

机器是一种可用来传递或变换能量、物料与信息的机构或机构的组合。任何一种机器都是为实现某种功能而设计制造的。不同的机器有不同的构造、性能和用途；但从它们的组成、运动及功能转换关系来看，凡具备以下三个特征的实物组合体，就可以称之为机器：

①　机器是人工将多种零件或构件组合在一起的物体，即人为组合体。

②　机器的各个部分之间或各实物（构件）间，具有确定的相对运动。

③　机器能完成有用机械功以减轻或代替人类劳动（如机床、收割机等），可以实现机械能和其他形式能量的转换（如内燃机、电动机等），还可实现信息的传递（如电脑、照相机等）。

（2）机构

机构是用来传递与变换运动和动力的可动装置。机构只具有机器的前两个特征，即机构也是人为的实物组合，其各部分之间具有确定的相对运动。机构与机器的区别是：机构的主要功能是传递运动或改变运动形式；而机器的主要功用是对外做功或实现能量转换。在内燃机中，活塞、连杆、曲柄和气缸体组成了一个曲柄滑块机构，可将活塞的往复移动转变为曲轴的连续转动。凸轮、顶杆和气缸体组成了凸轮机构（配气机构），将凸轮的连续转动转变为顶杆的有规律的往复移动，以控制气阀的开启与关闭。由此可见，机构是机器的重要组成部分。一部机器可以包含几个机构，如内燃机；也可以只包含一个机构，如电动机和鼓风机。

若抛开在做功和转换能量方面所起的作用，仅从结构和运动的角度来看，机器与机构之间并无区别。因此，习惯上用"机械"一词作为"机器"和"机构"的总称。

（3）零件

组成机器的不可拆的基本单元，称为机械零件（零件）。从加工制造的角度来看，零件是机械中的最小制造单元体，每个零件都具有不可拆、不可分的特性。零件一般分为两类，一类是在各种机械中普遍使用的零件，称为通用零件，如螺栓、螺母、轴、齿轮和滚动轴承等；另一类是仅在某些专门机械中用到的零件，称为专用零件，如活塞、曲轴等，如图1-1-8 所示。

(a) 螺栓与螺母　　　　　　(b) 齿轮与齿条　　　　　　(c) 曲轴

图 1-1-8　通用零件和专用零件

（4）构件

能做相对运动的物体，称为构件。从运动的角度来看，构件是机械中最小的运动单元体，每个构件具有独立的运动特性。一个构件可以由一个零件组成，如内燃机曲轴；一个构件也可以由几个零件联接而成。如图 1-1-9 所示内燃机中的连杆，虽然它在结构上是由连杆体、连杆盖、连杆套、连杆瓦、螺栓、螺母等许多零件联接在一起组成，但在内燃机工作时它作为一个整体而运动，故它是一个运动单元，即一个构件。

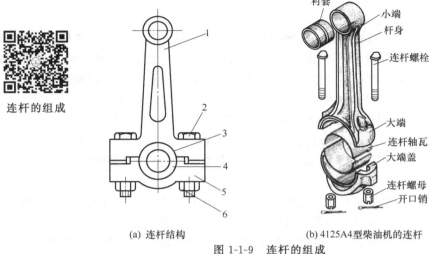

连杆的组成

(a) 连杆结构　　　　　　(b) 4125A4型柴油机的连杆

图 1-1-9　连杆的组成

1—连杆体；2—螺栓；3—上轴瓦；4—下轴瓦；5—连杆盖；6—螺母

（5）部件

部件是指能完成特定功能的一系列零件的组合体。部件是机器的装配单元，它是由若干个零件按照一定的方式装配而成。工程中常将一组协同工作的零件分别装配或制造成一个相对独立的组合体称为总成，然后再装配成整机，这种组合体就是部件（或组件）。例如汽车的发动机、变速箱和后桥等，车床的主轴箱、尾座、进给箱以及自行车的脚蹬子等部件。将机器看成是由零部件组成的，不仅有利于装配，也有利于设计、运输、安装与维修等。

1.1.4　现代机器的组成

按照机器的结构和用途，一台完整的机器主要由动力部分、传动部分、执行部分和检控部分等组成，其具体组成及作用，如表 1-1-1 所示。现代机器工作原理，如图 1-1-10 所示。

表 1-1-1　现代机器的组成及作用

名称	组成	特点	作用	应用举例
现代机器	动力部分	常称为原动机，是机器的动力来源	把其他能量转换为机械能，为机器提供动力	电动机、内燃机、液压马达
	传动部分	介于动力部分和执行部分之间的装置	传递运动和动力，实现运动速度和形式的转换	有机械、液压、气动和电动传动等多种方式。其中机械装置有减速器、变速箱、带传动、链传动等
	执行部分	常称为工作部分，处于整个传动路线的终端	完成确定的运动，直接实现机器功能	各种机构和装置，如凸轮机构，输送机的滚筒装置，数控机床的刀架，工业机器人的机械臂等
	检控部分	检测部分和控制部分，并能够实现反馈	检测机器的运行位置和状态，控制机器的正常运行和工作	如各种传感器和配电装置，各种控制机构等

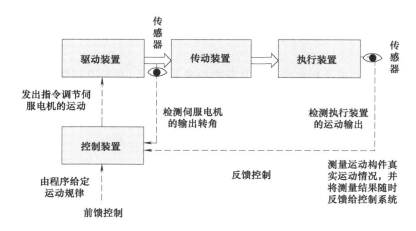

图 1-1-10　现代机器的工作原理示意图

本书重点研究现代机器的机械部分，包括机械的工作原理和结构分析、常用机构、常用机械传动以及典型机械零件的分析与设计。

（1）常用的机构

机器中常用的机构有平面连杆机构、凸轮机构和间歇（步进）机构等，这些基本机构也可以通过演化，成为不同的机构，以适应生产的需要。

（2）常用的机械传动

现代工业中运用的主要传动方式有 4 种，分别是机械传动、液压传动、气动传动和电动传动。其中机械传动是一种最基本的传动形式，应用广泛。机械传动分类有：带传动、链传动、齿轮传动、蜗杆传动和螺旋传动。其中，带和链传动属于挠性传动，齿轮、蜗杆和螺旋传动属于直接接触类传动。它们根据各自的特点，又分为不同的类型。

（3）常用的机械零件

常用的机械零件有通用零件和专用零件，典型的有轴、轴承、联轴器、键和螺栓等，它们是组成机器的基本要素。

知识点滴

我国机械发展的成就

伴随着新中国前进的步伐，中国机械工业经历了自力更生、艰苦创业与改革开放的跨越发展，经历了调整振兴、转型升级、转向高质量发展的变革，整体面貌发生了历史性巨变，发展成就斐然。

21 世纪以来，绿色制造、智能制造、服务型制造等新兴产业快速发展，对行业发展的带动作用明显增强。两化融合深入推进，水平不断提升，智能工厂、数字化车间建设广泛开展。蛟龙、天眼、悟空、墨子、慧眼、大飞机，一大批代表性重大科技创新成果相继涌现；中国科技实力正从量的积累向质的飞跃，从点的突破向系统能力提升转变。天宫、神舟、天舟、嫦娥、长征系列成果举世瞩目，中国战略高技术彰显国家实力，深海装备形成功能化、谱系化布局。这些成就的取得离不开科教兴国战略的实施、综合国力的显著增强和伟大中华民族精神的支持和鼓舞。

【任务实施】

任务分析

机械原理又称机器理论和机构学。其研究对象是机械，机械是机器和机构的总称。机械由动力部分、传动部分、执行部分和检控部分组成。内燃机是动力机械，它也是由不同的机构组成的，把热能转换成机械能。在分析内燃机时，应抓住其主要机构进行分析，在弄清其主要组成的基础上，搞懂工作原理。

任务完成

图 1-1-0 所示单缸内燃机的组成为曲轴 1、齿轮 2、连杆 3、活塞 4、气缸体 5、进气管 6、进气阀 7、弹簧 8、顶杆 9、凸轮 10、凸轮 11、齿轮 12、齿轮 13 和壳体 14，综合分析其主要机构及其作用，如表所示。

机器	主要机构	主要组成	作用及工作原理
单缸内燃机	连杆机构	活塞 4、连杆 3、曲轴 1、气缸体 5	气缸体 5 内的热能推动活塞 4 往复运动，活塞 4 将运动通过连杆 3 传递给曲轴 1，曲轴 1 做旋转运动并将动力输出
	齿轮机构	齿轮 12、齿轮 13、壳体 14	齿轮 13 随曲轴 1 做旋转运动，并传递给齿轮 12
	凸轮机构	凸轮 10、凸轮 11、顶杆 9、壳体 14	凸轮 10 随齿轮 12 的运动旋转，并推动顶杆 9 上下运动，以开启或关闭阀门

【题库训练】

1. 名词解释

（1）机器　（2）机构　（3）构件　（4）零件　（5）部件

2. 填空题

（1）机器一般由（　　）、（　　）、（　　）和（　　）四部分组成。

（2）在各种机器中都经常使用的零件称为（　　）零件；在特定类型机器中使用的零件称为（　　）零件。

（3）（　　）是机器中制造的单元体，（　　）是机器中运动的单元体，（　　）是机器中装配的单元体。

（4）机械是（　　）的总称。构件是机构中的（　　）单元体。

（5）机器中的构件可以是单一的零件，也可以是由（　　）装配成的刚性结构。

3. 判断题

（1）构件是机械中独立制造的单元。（　　）

（2）能实现确定的相对运动，又能做有用功或完成能量形式转换的机械称为机器。（　　）

（3）机构是由构件组成的，构件是机构中每个做整体相对运动的单元体。（　　）

（4）所有构件一定都是由两个以上零件组成的。（　　）

（5）互相之间能做相对运动的物件是构件。（　　）

（6）只从运动方面讲，机构是具有确定相对运动构件的组合。（　　）

（7）机构的作用，只是传递或转换运动的形式。（　　）

4．简答题

（1）内燃机由哪几部分组成？其主要机构是什么？

（2）说明专用零件与通用零件的区别，并各举一例。

（3）试述机械与机构、零件与构件的概念以及区别。

5．分析题

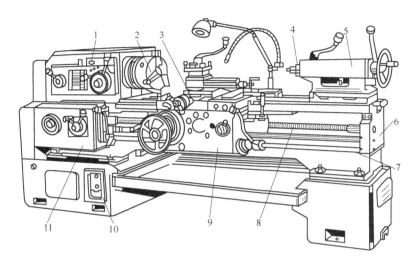

图 1-1-11　C6140 车床

如图 1-1-11 是 C6140 车床，分析其组成和工作原理，并填写下表。

机器	主要组成	作用及工作原理
C6140 车床	1.	
	2.	
	3.	
	4.	
	5.	
	6.	
	7.	
	8.	
	9.	
	10.	
	11.	

任务 1.2　带式输送机的主要组成与工作原理分析

【任务描述】

带式输送机又称皮带输送机，其输送能力强，输送距离远，结构简单易于维护，能实行

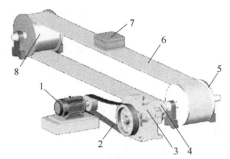

图 1-2-0   带式输送机

程序化控制和自动化操作；可以实现水平运输或倾斜运输，使用非常方便，广泛应用于现代化的各种工业企业中，如：矿山的井下巷道、矿井地面运输系统、露天采矿场及选矿厂中。根据输送工艺要求，可以单台输送，也可多台组成或与其他输送设备组成水平或倾斜的输送系统，以满足不同布置形式的作业线需要。本任务是对带式输送机进行分析。

任务条件

本任务的学习载体是带式输送机，如图 1-2-0 所示。

任务要求

分析图 1-2-0 所示的带式输送机的组成和工作原理，分析其中的减速器，列表说明其主要组成和作用。

名称	主要组成	作用	工作原理
带式输送机			
减速器			

学习目标

◉ 知识目标

（1）掌握带式输送机的组成、原理和应用。

（2）掌握单级圆柱齿轮减速器的各零件的名称与作用。

◉ 能力目标

（1）能够分析带式输送机的主要组成和工作原理。

（2）能够分析减速器的结构及各部分作用。

◉ 素质目标

（1）培养对机械进行独立观察与分析的能力。

（2）通过对减速器各零件配合工作的分析，培养团队协作精神。

（3）通过拆装减速器，培养基本的职业习惯与素养。

【知识导航】

知识导图如图 1-2-1 所示。

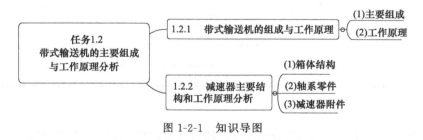

图 1-2-1   知识导图

1.2.1   带式输送机的组成与工作原理

（1）主要组成

带式输送机是一种根据摩擦传动原理驱动，以连续方式运输物料的机械。如图 1-2-2 所示，主要由电动机 1、带传动 2、减速器 3、联轴器 4、滚筒 5 和输送带 6 等组成，用于输送物料。

（2）工作原理

如图 1-2-2 所示，电动机 1 通过带传动 2、减速器 3 和联轴器 4，将运动和动力传递给滚筒 5，带动输送带 6 进行物料的输送。带式输送机主要的两端设有滚筒与闭合的输送带 6 紧套在一起。驱动输送带转动的滚筒 5，称为驱动滚筒（传动滚筒）；仅用于改变输送带运动方向的滚筒，称为改向滚筒。驱动滚筒由电动机通过减速器驱动，输送带依靠驱动滚筒与输送带之间的摩擦力拖动。驱动滚筒一般都装在卸料端，以增大牵引力，有利于拖动。物料由喂料端进入，落在转动的输送带上，依靠输送带摩擦将其运送到卸料端卸出。

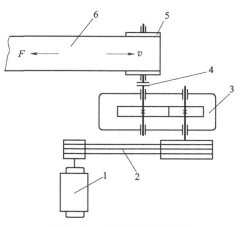

图 1-2-2　带式输送机简图

1—电动机；2—带传动；3—减速器；
4—联轴器；5—滚筒；6—输送带

1.2.2　减速器主要结构和工作原理分析

为便于整台机器的设计、制造、装配、运输和维修等，常将其中的减速（增速）传动部分设计和制造成独立部件形式的闭式传动装置，称为减速（增速）器。如图 1-2-3 所示。

由于减速器的应用十分广泛，为降低生产成本，提高产品质量，简化构造形式及尺寸，我国机械、化工、航空等一些机器制造部门专门拟定并生产了系列化的标准通用减速器。常用的标准减速器有：渐开线圆柱齿轮减速器、圆弧齿轮减速器、阿基米德圆柱蜗杆减速器、圆弧齿圆柱蜗杆减速器、行星齿轮减速器、摆线针轮减速器、谐波齿轮减速器等。这些标准减速器广泛用于起重、运输、冶金、矿山、水泥、建筑、化工、轻工、纺织等机械的减速传动。有关标准减速器的主要参数、技术指标及其选用方法，可参阅机械工程手册或机械设计手册中的有关部分。

除标准减速器外，工业中还广泛设计、制造和使用非标准减速器。这里只对单级圆柱齿轮标准减速器的结构、原理、特点及应用进行分析。

（1）箱体结构

如图 1-2-3 所示，减速器的箱体用来支承和固定轴系零件，应保证传动件轴线相互位置的正确性，因而轴孔必须精确加工。箱体必须具有足够的强度和刚度，以免引起沿齿轮齿宽上载荷分布不匀。为了增加箱体的刚度，通常在箱体上制出筋板。

为了便于轴系零件的安装和拆卸，箱体通常制成剖分式。剖分面一般取在轴线所在的水平面内（即水平剖分），以便于加工。箱盖（件 4）和箱座（件 20）之间用螺栓（件 17、18、19 和 31、32、33）联接成一整体，为了使轴承座旁的联接螺栓尽量靠近轴承座孔，并增加轴承支座的刚性，应在轴承座旁制出凸台，在轴承座附近加有加强肋。设计螺栓孔位置时，应注意留出扳手空间。为了保证减速器安置在基座上的稳定性，并尽可能减少箱体底座平面的机械加工面积，箱体底座一般不采用完整的平面，图中减速器下箱底座面是采用两块矩形加工基面。

箱体通常用灰铸铁（HT150 或 HT200）铸成，对于受冲击载荷的重型减速器也可采用铸钢箱体。单件生产时为了简化工艺，降低成本可采用钢板焊接箱体。

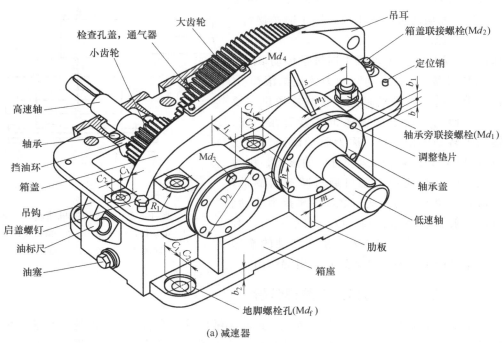

检查孔盖，通气器
大齿轮
小齿轮
Md_4
高速轴
吊耳
箱盖联接螺栓(Md_2)
定位销
b_1
s
m_1
b
轴承
挡油环
箱盖
吊钩
启盖螺钉
油标尺
油塞
C_2 C_1
R_1
Md_3
D_2
l
C_1
C_3
h
m
轴承旁联接螺栓(Md_1)
调整垫片
轴承盖
低速轴
肋板
箱座
b_2
C_4 C_5
地脚螺栓孔(Md_f)

(a) 减速器

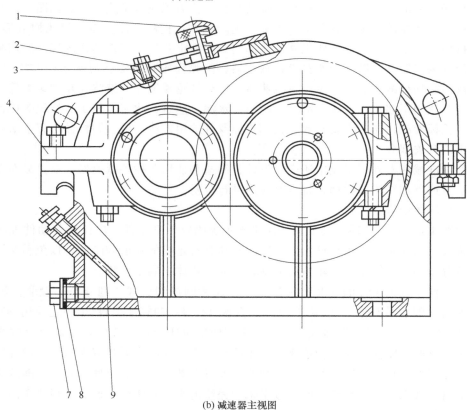

1
2
3
4
7 8 9

(b) 减速器主视图

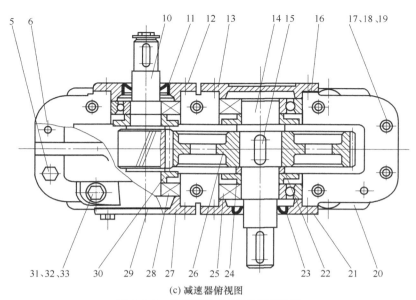

(c) 减速器俯视图

图 1-2-3　单级圆柱齿轮减速器图样

1—通气器；2—观察孔盖板；3—密封垫片；4—箱盖（上箱体）；5—启箱螺钉；6—定位销；7—放油螺塞；
8—防漏垫圈；9—油标指示器；10—齿轮轴；11—唇型密封圈；12—轴承盖；13—轴承盖；14—低速轴；15—普通平键；
16—调整垫片；17～19—螺栓组件；20—箱座（下箱体）；21—轴承盖；22—轴套；23—唇型密封圈；
24—封油环；25—轴承；26—大齿轮；27—轴承盖；28—轴承；29—调整垫片；30—封油环；31～33—螺栓组件

（2）轴系零件

图 1-2-3 中高速级的小齿轮直径和轴的直径相差不大，将小齿轮与轴制成一体（件 10），称为齿轮轴。大齿轮（件 26）与轴分开制造，用普通平键（件 15）做周向固定。轴上零件用轴肩、轴套（件 22）、封油环（件 24、30）与轴承端盖（件 12、13、21、27）做轴向固定。轴承盖有凸缘式和嵌入式两种。图 1-2-3 采用的是凸缘式轴承盖，利用六角螺钉固定在箱体上。在轴伸处的轴承盖是透盖（件 2、21），透盖中装有密封装置。凸缘式轴承盖的优点是拆装、调整轴承比较方便，但和嵌入式轴承盖相比，零件数目较多，尺寸较大，外观不够平整。

两轴均采用深沟球轴承（件 25、28）做支承。轴承端盖与箱体座孔外端面之间垫有调整垫片组（件 16、29），以调整轴承游隙，保证轴承正常工作。

该减速器中的齿轮传动采用油池浸油润滑，大轮齿的轮齿浸入下箱体的油池中，靠它把润滑油带到啮合处进行润滑。滚动轴承采用润滑脂润滑，为了防止箱体内的润滑油进入轴承，在轴承和齿轮之间设置封油环（件 24、30）。轴伸出的轴承端盖孔内装有密封元件，图中采用的内包骨架旋转轴唇型密封圈（件 11、23），对防止箱内润滑油泄漏以及外界灰尘、异物进入箱体，具有良好的密封效果。

（3）减速器附件

① 定位销（件 6）　在精加工轴承座孔前，在箱盖和箱座的联接凸缘上配装定位销，以保证箱盖和箱座的装配精度，同时也保证了轴承座孔的精度。两定位圆锥销设在箱体纵向两侧联接凸缘上，且不宜对称布置，以加强定位效果。

② 观察孔盖板（件 2）　为了检查传动零件的啮合情况，并向箱体内加注润滑油，在箱盖的适当位置设置一观察孔，观察孔多为长方形，观察孔盖板平时用螺钉固定在箱盖上，盖板下垫有密封垫片（件 3），以防漏油。

③ 通气器（件1）　减速器工作时，箱体内温度升高，气体膨胀，压力增大。为使箱内受热膨胀的空气能自由地排出以保证箱体内外压力平衡，不致使润滑油沿两箱体和轴伸出段之间或其他缝隙渗漏，通气器多装在箱盖顶部或观察孔盖上。图 1-2-3 中采用的通气器是具有垂直、水平相通气孔的通气螺塞。通气螺塞旋紧在检查孔盖板的螺孔中。有的通气器结构装有过滤网，用于工作环境多尘的场合，防尘效果较好。

④ 油面指示器（件9）　为了检查箱体内的油面高度，及时补充润滑油，在油箱便于观察和油面稳定的部位，装设油面指示器。油面指示器分油标和油尺两类，图 1-2-3 中采用的是油尺。

⑤ 放油螺塞（件7）　换油时，为了排放污油和清洗剂，在箱体底部、油池最低位置开设放油孔，平时放油孔用放油螺塞旋紧，放油螺塞和箱体结合面之间应加防漏垫圈（件8）。

⑥ 启箱螺钉（件5）　为了加强密封效果，装配减速器时，常常在箱盖和箱座的结合面处涂上水玻璃或密封胶，以增强密封效果，但却给开启箱盖带来困难。为此，在箱盖侧边的凸缘上加工出 1～2 个螺孔，旋入启盖用的圆柱端或平端的启箱螺钉。开启箱盖时，拧动螺钉，便可将上箱盖顶起。

⑦ 起吊装置　为了便于搬运，需在箱体上设置起吊装置，如在箱体上铸出吊环或吊钩等。图 1-2-3（a）中箱盖上铸有两个吊耳，用于起吊箱盖。箱座上铸有两个吊钩，用于吊运整台减速器。

知识点滴

减速器拆装与职业素养

在工程应用中，需要对圆柱齿轮减速器拆装，检查是否存在故障，采取有效措施维修维护，使其正常工作。拆开圆柱齿轮减速器能够清晰看到内部结构，便于进行针对性修理，确保它能够长期稳定运行，步骤如下：

（1）拆卸各部位防护罩。需要注意的是，在拆解电机、制动器线时要做好记号，作为回装时参考依据。

（2）拆卸圆柱齿轮减速器的高、低速轴上的联轴器。拆卸前，必须用扁铲或样冲做好相对位置记号，作为联轴器回装相对位置的依据。

（3）拆卸电机地脚螺栓，并吊下电机。拆卸电机地脚螺栓时，记录好原始地脚垫片厚度及位置，作为找正时的依据。松开制动器地脚螺栓，拆下制动器调整丝杠，解体制动器，将制动器拆下。

（4）拆下减速机逆止器，放在指定位置，避免磕碰。

（5）将减速器上、下结合面做好相对位置记号，拆卸上下盖结合面紧固螺栓，更换损坏的螺栓，拆卸定位销。检查螺栓有无残缺、损裂，将螺帽旋到螺杆上妥善保存。

（6）将各轴承端盖打好装配标记，拆卸轴承端盖紧固螺栓，取下端盖，用外径千分尺测量轴承端盖石棉垫片的厚度及个数，做好原始记录。初步检查轴承端盖，直口端面应无磨损和裂纹。

（7）将上盖顶起前应先检查有无漏拆的螺丝和其它异常现象（用顶丝将上盖顶起，将其吊至准备好的垫板上，吊车操作工应持证上岗）。特别注意：应将齿轮原始啮合位置做好记号，回装时按照原次序啮合。

（8）在拆卸减速器时要按照步骤进行，相应的部件要放在指定的位置，防止组装的时候出现错装、少装或丢失的现象。

（9）安装时，一般情况下应顺序倒转，后拆的零件先装，先拆的零件后装。

在拆卸圆柱齿轮减速器的零件时，特别注意不要用硬东西乱敲，以防敲坏零件，影响安装恢复。对拆下的零件应妥善保管，最好依序同方向放置，避免丢掉或给安装增加困难。拆装的整个过程，要按 7S 管理的要求，即整理、整顿、清扫、清洁、素养、安全、节约管理的具体要求进行，以保证良好的安全生产和工作环境、工作秩序和严明的工作纪律，这也是提高工作效率，生产高质量、精密化产品，减少浪费、节约物料成本和时间成本的基本要求。

【任务实施】

任务分析

根据现代机器的组成，找出带式输送机的动力部分、传动部分、执行部分和控制部分。对减速器的分析，从高速轴开始，依次按传动路线，分析其传动原理。

任务完成

带式输送机的组成和工作原理，减速器的主要组成及作用如下表：

名称	主要组成		作用	工作原理
带式输送机	电动机		提供动力	如图 1-2-0 所示,电动机 1 通过带传动 2、减速器 3 和联轴器 4,将运动和动力传递给驱动滚筒 5 和改向滚筒 8,带动输送带 6 输送物料 7
	带传动		进行第一级减速	
	减速器		进行第二级减速	
	滚筒		为输送带提供动力	
	输送带		输送物料	
单级圆柱齿轮减速器	箱体	箱座、箱盖	箱体由箱座和箱盖组成,起着支承轴及轴上零件的作用。为装拆方便,常采用剖分式结构,箱盖和箱座用螺栓联成整体	减速器是通过齿轮和齿轮的啮合进行运动传递和速度的改变。齿轮传动是动力传动的一种形式。 如图 1-2-3 所示,齿轮传动原理很简单,即一对相同模数的齿轮相互啮合,将动力由齿轮轴 10 传递给大齿轮 26,大齿轮带动低速轴 14 旋转,完成动力传递
	轴系零件	高速齿轮轴、低速轴	轴通过轴承和轴承盖固定在箱体上,用来支承传动零件,传递扭矩	
		轴承	支承轴以及轴上的零件	
		轴承盖	用来封闭轴承和固定轴	
		齿轮	传递动力,实现变速	
		键	用于周向固定轴上的零件	
	附件	定位销	用来确定箱盖和箱座轴承孔的相互位置,保证箱盖和箱座的装配精度	
		观察孔盖板	为检查齿轮啮合情况,加注润滑油	
		通气器	用来沟通箱体内、外的气流	
		油面指示器	用来检查箱体内的油面高度	
		放油螺塞	用于排除油污和清洗减速器内腔时放油	
		启箱螺钉	用来顶起箱盖,以利拆卸	
		起吊装置	用来起吊箱盖,或用来吊运整台减速器	

【题库训练】

1. 简答题

（1）带式输送机有哪几种类型？说明其具体适用范围。

（2）减速器有几种类型？说明其特点和作用。

（3）说明减速器附属零件的名称及作用。

（4）减速器上的回油沟和输油沟各起什么作用？

2. 分析题

（1）图 1-2-4 是牛头刨床的外形图和机构运动简图，查找资料，按"任务要求"所示的表格形式，列表分析其组成与工作原理。

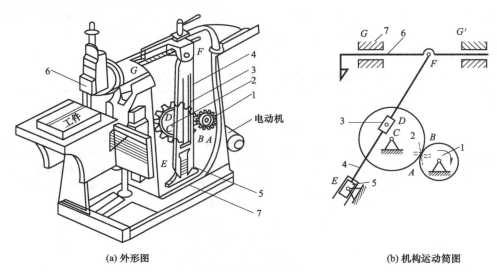

(a) 外形图   (b) 机构运动简图

图 1-2-4   牛头刨床

焊接机器人

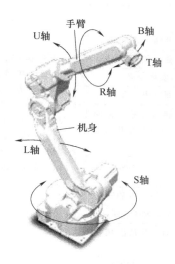

图 1-2-5   六轴多关节机器人

（2）如图 1-2-5 所示的是六轴多关节机器人。其中，S 轴使机身水平旋转；L 轴使机身前后摇动；U 轴使手臂上下摇动；R 轴使手臂旋转；B 轴使手臂前端上下摇动；T 轴使手臂前端旋转。查找资料，列表分析其组成与工作原理。

情境2
典型机械平面机构的结构分析

【情境简介】

机构是组成机器的基础，任何一部机器都是由若干个机构组成的。那么，机构是由哪几部分组成的？机构在什么条件下能动？怎样才具有确定的运动？同时，在分析现有机械和设计新机械时，如何用简单、清晰、抽象的运动学模型描述具体的机械，即如何绘制出机构的运动简图？绘制的方法和步骤如何？这些都是我们在本情境中探讨的问题和主要内容。

本情境包含了三个任务，分别是平面机构组成的分析、平面机构运动简图的绘制和平面机构运动状态的判断，通过任务的学习，能够对典型机械平面机构的结构进行分析。机构结构分析的内容和目的主要有以下几个方面：

（1）主要学习内容

① 学习平面机构的结构分析和组成原理，为合理设计和创造新的机构打下基础。

② 学习机构运动简图的绘制，能看懂各种机构运动简图，能根据具体的机械熟练绘制出机构运动简图。

③ 能根据给定的机构运动简图，进行机构的结构分析，并确定机构的类型。

④ 学习平面机构自由度的计算方法，能正确区分复合铰链、局部自由度和虚约束。

⑤ 学习机构能动且具有确定运动的条件。

（2）主要学习目的

① 为新机构的创造提高途径。在综合设计新的机构时，需要知道机构是怎样组合起来的，能具有确定运动的条件是什么。

② 通过对机构的结构进行分析和归类，可以对机构进行运动分析、动力分析和机构的综合设计与应用。

③ 在设计新的机械或对现有机械进行研究时，首先要画出其运动简图。对机构的结构分析是正确画出机构运动简图的必不可少的步骤。

知识导图：

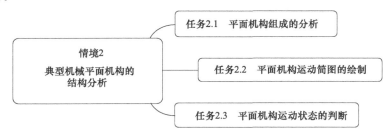

任务 **2.1** 平面机构组成的分析

【任务描述】

机构是机器的重要组成部分，它是由许多构件组成的。构件通过运动副直接接触组成了可动联接。形成运动的可动联接，一方面限制了两构件之间的某些相对运动，称之为约束；另一方面又允许一些相对运动存在，称之为自由度。两个构件组成运动副至少应有一个约束，也至少要保留一个自由度。那么，平面机构由哪几部分组成？运动副有哪些分类和特点，如何表达？本任务通过分析单缸内燃机的典型机构的组成，学会平面机构的分析。

任务条件

本任务的学习载体是图 1-1-6 所示的单缸内燃机。

任务要求

分析单缸内燃机的典型机构的组成，指出其运动副。

学习目标

◉ 知识目标

（1）掌握机构的组成和特点。

（2）掌握运动副的概念、分类与表示方法。

◉ 能力目标

（1）学会分析运动副及其特点。

（2）学会分析机构的组成。

◉ 素质目标

（1）培养用"联系"的观念分析具体问题的方法。

（2）培养理论与实践相结合的基本素质。

【知识导航】

知识导图如图 2-1-1 所示。

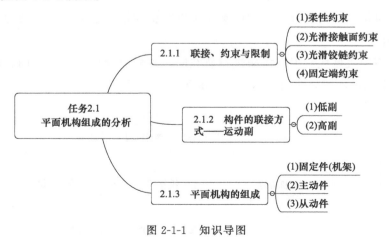

图 2-1-1　知识导图

2.1.1　联接、约束与限制

工程上所遇到的物体通常分两种：一种是可以在空间做任意运动的物体，称为自由体，如飞机、火箭等；另一种是受到其他物体的限制，沿着某些方向不能运动的物体，称为非自由体，如悬挂的重物，因为受到绳索的限制，使其在某些方向不能运动而成为非自由体。

联接是将两个或两个以上的物体接合在一起的组合结构。机构中任一个构件，总是以一定方式与其他构件相互接触并组成活动联接，例如轴和轴承构成活动联接。两构件联接后，各个构件不再是自由构件，构件间只能做一定的相对运动，构件间的相对运动就受到限制，运动自由随之减少。这种对构件独立运动所施加的限制，称为约束。

约束通常是通过物体间的直接接触形成的。活动联接既限制了两构件的某些相对运动，又允许构件间有一定的相对运动。机构正是靠着构件间的联接，约束构件间的相对运动并使其具有确定的运动形式。下面介绍工程实际中常见的几种约束类型，并分析约束力的特征。

（1）柔性约束

绳索、链条、皮带等属于柔性（柔索）约束。因为柔索只能承受拉力，所以柔索的约束反力作用于接触点，方向沿柔索的中心线而背离物体，为拉力。如图 2-1-2 和图 2-1-3 所示。

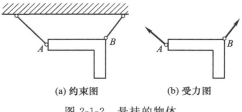

（a）约束图　　（b）受力图

图 2-1-2　悬挂的物体

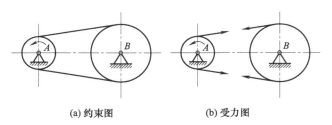

（a）约束图　　　　　（b）受力图

图 2-1-3　带传动图

（2）光滑接触面约束

当物体接触面上的摩擦力可以忽略时，即可看作光滑接触面，这时两个物体可以脱离开，也可以沿光滑面相对滑动，但沿接触面法线且指向接触面的位移受到限制。所以光滑接触面约束反力作用于接触点，沿接触面的公法线且指向物体，为压力。如图 2-1-4 和图 2-1-5 所示。

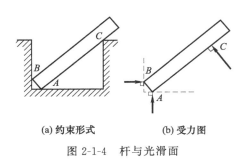

（a）约束形式　　（b）受力图

图 2-1-4　杆与光滑面

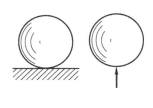

（a）约束形式　　（b）受力图

图 2-1-5　球与光滑面

（3）光滑铰链约束

工程上常用销钉来联接构件或零件，这类约束只限制相对移动，不限制转动，且忽略销钉与构件间的摩擦，这种约束称为光滑铰链约束。根据被联接构件的形状、位置和作用，光滑铰链约束又分为中间铰链、固定铰支座、活动铰支座和球铰链支座等。

① 中间铰链约束　若两个构件用销钉联接起来，这种约束称为铰链约束，简称铰联接或中间铰，如图 2-1-6 所示。中间铰链所联接的两构件互为其中一个的约束，其约束力为两个正交的分力，如图 2-1-6（c）所示。

② 固定铰支座约束　将结构物或构件用销钉与地面或机座联接就构成了固定铰支座，如图 2-1-7（a）所示。固定铰支座的约束与铰链约束完全相同。简化记号和约束反力如图 2-1-7（b）、（c）所示。

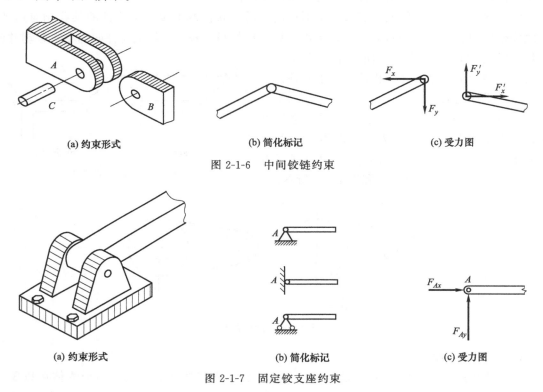

(a) 约束形式　　　　　(b) 简化标记　　　　　(c) 受力图

图 2-1-6　中间铰链约束

(a) 约束形式　　　　　(b) 简化标记　　　　　(c) 受力图

图 2-1-7　固定铰支座约束

③ 活动铰支座约束　在固定铰支座和支承面间装有辊轴，构成了辊轴支座，又称活动铰支座，如图 2-1-8（a）所示。这种约束只能限制物体沿支承面法线方向运动，而不能限制物体沿支承面移动和相对于销钉轴线转动。所以其约束反力垂直于支承面，过销钉中心指向

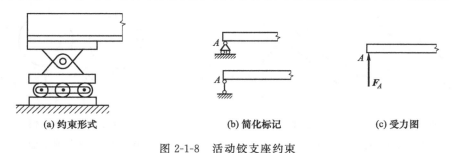

(a) 约束形式　　　　　(b) 简化标记　　　　　(c) 受力图

图 2-1-8　活动铰支座约束

可假设。如图 2-1-8（b）和图 2-1-8（c）所示。

④ 球铰链支座约束　物体的一端为球形，置于固定的球窝支座内，即构成了球铰链支座，简称球铰，如图 2-1-9（a）所示。球铰链支座是一种空间约束，它限制物体沿空间任何方向移动，但物体可以绕其球形端的球心任意转动。因不计摩擦，故球铰链支座的约束力用三个正交的分力表示，如图 2-1-9（b）和图 2-1-9（c）所示。

（4）固定端约束

将构件的一端插入一固定物体（如墙）中，就构成了固定端约束，如图 2-1-10（a）所示。在联接处具有较大的刚性，被约束的物体在该处被完全固定，既不允许相对移动，也不可转动。固定端的约束反力，一般用两个正交分力和一个约束反力偶来代替，如图 2-1-10（b）所示。工程上有很多典型的例子，机械中车床卡盘上的工件，被夹持后就形成了固定端约束的形式，如图 2-1-10（c）所示。

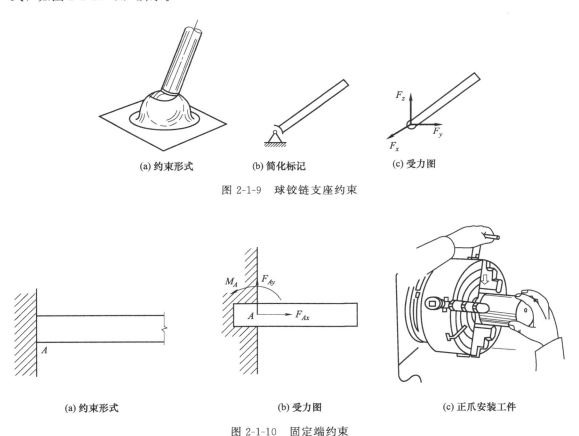

(a) 约束形式　　　　　(b) 简化标记　　　　　(c) 受力图

图 2-1-9　球铰链支座约束

(a) 约束形式　　　　　　　(b) 受力图　　　　　　　(c) 正爪安装工件

图 2-1-10　固定端约束

2.1.2　构件的联接方式——运动副

机构中的各个构件是以一定方式联接起来的，而且各构件间应有确定的相对运动。这种两构件直接接触，又能产生一定相对运动的联接，称为运动副。构件之间的接触形式，可以是平面或圆柱面接触，如图 2-1-11（a）、（b）所示；也可以是点或线接触，如图 2-1-11（c）、（d）所示。这种组成运动副的点、线或面，称为运动副元素。

根据运动副对构件运动形式的约束及两构件接触方式的不同，运动副分类如下。

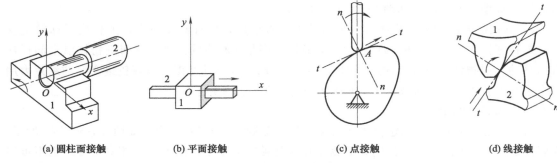

(a) 圆柱面接触   (b) 平面接触   (c) 点接触   (d) 线接触

图 2-1-11   运动副

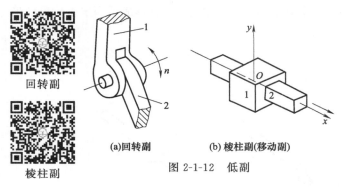

(a)回转副   (b) 棱柱副(移动副)

图 2-1-12   低副

（1）低副

两构件通过面和面接触组成的运动副，称为低副。平面低副可分为回转副和棱柱副（移动副）。

① 低副的基本形式   如图 2-1-12 所示。

a. 回转副   若运动副只允许两构件做相对转动，则称该运动副为回转副，也称铰链。

如图 2-1-12 （a）所示，各构件的联接就是回转副。如果回转副的两构件之一是固定不动的，则称该回转副为固定铰链。若回转副中两构件都是运动的，则称该转动副为活动铰链。

b. 棱柱副（移动副）   若运动副只允许两构件沿接触面某一方向相对滑移，则称该运动副为棱柱副（移动副）。如图 2-1-12 （b）所示。

② 低副的画法

a. 回转副的画法   回转副用图 2-1-13 所示的画法：在其回转中心处用小圆圈表示，如图 2-1-13 （a）所示。如果其中一个是机架，则应在固定件处画上短斜线表示，如图 2-1-13 （b）。

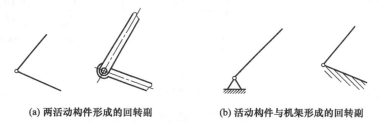

(a) 两活动构件形成的回转副   (b) 活动构件与机架形成的回转副

图 2-1-13   回转副的画法

回转副构件组成回转副时，其表示方法如图 2-1-14 所示。图面垂直于回转轴线时，用图（a）表示；图面不垂直于回转轴线时，用图（b）表示。表示回转副的圆圈，其圆心必须与回转轴线重合。

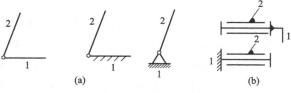

(a)   (b)

图 2-1-14   回转副构件不同放置位置时的表示方法

b. 棱柱副（移动副）的画法 棱柱副用图 2-1-15 所示的画法，其中画斜线的构件，表示机架。

（2）高副

① 高副的基本形式 两构件通过点或线接触组成的运动副，称为高副。如图 2-1-16（a）中的车轮 1 与钢轨 2、图 2-1-16（b）中的凸轮 1 与顶杆 2、图 2-1-16（c）中的齿轮 1 与齿轮 2，它们分别在接触处（A 处）构成高副。

② 高副的画法 在用图表示高副时，必须画出接触处的曲线轮廓。如图 2-1-17 所示为齿轮副的画法；图 2-1-18 所示为凸轮副的画法。

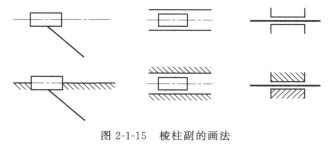

图 2-1-15 棱柱副的画法

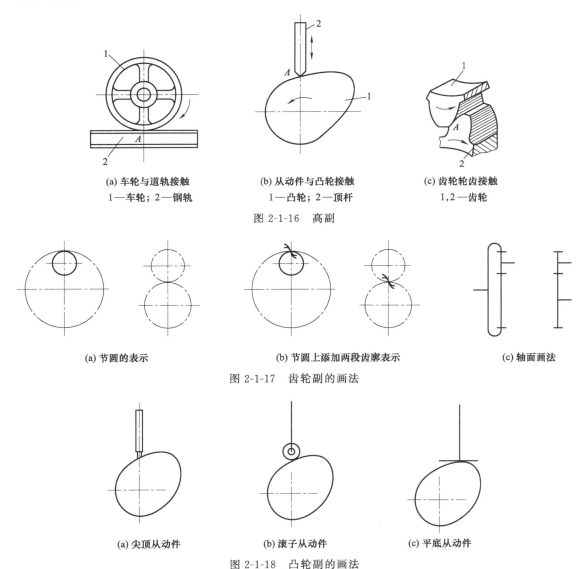

(a) 车轮与道轨接触
1—车轮；2—钢轨

(b) 从动件与凸轮接触
1—凸轮；2—顶杆

(c) 齿轮轮齿接触
1,2—齿轮

图 2-1-16 高副

(a) 节圆的表示

(b) 节圆上添加两段齿廓表示

(c) 轴面画法

图 2-1-17 齿轮副的画法

(a) 尖顶从动件

(b) 滚子从动件

(c) 平底从动件

图 2-1-18 凸轮副的画法

低副和高副由于接触部分的几何特点不同，因此在使用上也有不同的特点。低副的接触面一般是平面或圆柱面，比较容易制造与维修，承受载荷时单位面积压力较小，但低副是滑动摩擦，效率较低。高副由于是点或线接触，承受载荷时单位面积压力较大，构件接触处容易磨损，制造与维修困难，但高副能传递较复杂的运动。

2.1.3 平面机构的组成

平面机构由机架、主动件和从动件组成。它们的作用和示例如图 2-1-19 所示。

（1）固定件（机架）

它是机构中用于支承活动构件的构件，任何一个机构中有且只有一个构件为机架。在分析机构运动时，机架常为参考坐标系。如图 2-1-19 中带斜线的构件 1 等。

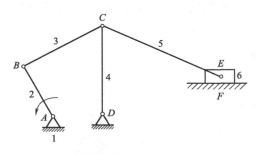

图 2-1-19 平面机构运动简图示例

（2）主动件

它是机构中作用有最先驱动力或运动规律已知的活动构件，即机构中先动的那个构件。主动件运动规律由外界给定，常与动力源相关联。如图 2-1-19 中用箭头表示的构件 2。

（3）从动件

它是机构中随主动件而运动的其他活动构件，其运动规律取决于主动件的运动规律和机构的组成情况。构件均用直线或小方块等来表示，如图 2-1-19 中的 3、4、5、6。

知识点滴

联接与联系的辩证思维

联接是利用不同方式把机械零件联成一体的技术。机器由许多零部件组成，这些零部件需要通过联接来实现机器的职能，因而联接是构成机器的重要环节。由此我们联想到联系观，即联系的观点，它是唯物辩证法的一个总特征。所谓联系，就是事物之间以及事物内部诸要素之间的相互影响、相互制约和相互作用的关系。唯物辩证法认为世界上一切事物都不是孤立存在，而是和周围其他事物相互联系，整个世界就是一个普遍联系着的有机整体。联系具有普遍性、客观性、多样性、条件性、可变性。因此，唯物辩证法主张用联系的观点看问题，反对形而上学孤立的观点。在日常生活中具体的做法，必须立足整体的大局，同时重视部分的作用，弄清楚整体与部分的关系，从联系的普遍性、多样性、客观性的视角，多角度对问题进行具体的分析，不能想当然地生搬硬套原有的经验，要学会用部分的变化推动整体的发展，具体问题具体分析，才能将唯物辩证法的联系观真正利用起来，才能最大限度考虑到问题的后果，将利益最大化，风险最小化。

【任务实施】

任务分析

图 1-1-6 所示单缸内燃机的运动机构都是平面机构，可按照前面学习的方法逐一分析。

任务完成

通过对图 1-1-6 所示单缸内燃机结构分析，可以发现壳体及气缸体是机架，活塞是主动件。活塞与缸体构成了移动副；活塞与连杆相对转动构成转动副；连杆与曲轴构成转动副；曲轴与机架组成了转动副；大、小齿轮与机架构成转动副；大、小齿轮之间及凸轮与顶杆都构成了高副；顶杆与机架构成了移动副。

【题库训练】

1. 填空题

（1）运动副是使两构件接触，同时又具有（   ）相对运动的一种联接。

（2）平面运动副分为（   ）和（   ），低副又可分为（   ）和（   ）。

（3）（   ）或（   ）接触的运动副称为高副。（   ）接触的运动副称为低副。

（4）用图表示高副时，必须画出（   ）的曲线轮廓。

（5）平面机构是由（   ）、（   ）和（   ）组成的。

2. 判断题

（1）凡两构件直接接触，而又相互联接的都叫运动副。（   ）

（2）运动副是联接，联接也是运动副。（   ）

（3）运动副的作用，是用来限制或约束构件的自由运动的。（   ）

（4）两构件通过内表面和外表面直接接触而组成的低副，都是回转副。（   ）

（5）组成移动副的两构件之间的接触形式，只有平面接触。（   ）

（6）两构件通过内、外表面接触，可以组成回转副，也可以组成移动副。（   ）

（7）运动副中，两构件联接形式有点、线和面三种。（   ）

（8）由于两构件间的联接形式不同，因此运动副分为低副和高副。（   ）

（9）点或线接触的运动副，称为低副。（   ）

（10）面接触的运动副称为低副。（   ）

3. 简答题

（1）构件之间的约束有哪几种形式，有何特点？

（2）平面机构一般由哪几部分组成，有何特点？

（3）什么是低副？什么是高副？试举两例。

（4）简述内燃机的机构中的运动副及特点。

4. 分析题

如图 2-1-20 所示为摄影车座斗机构，对其进行结构分析，指出其中的运动副的类型和数量。

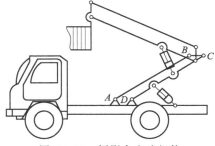

图 2-1-20 摄影车座斗机构

任务 **2.2** 平面机构运动简图的绘制

【任务描述】

机械的分析和设计的关键步骤是分析机构的传动方案，绘制机构的运动简图。在实践中，有时只需表明机构中运动的传递情况或构造特征，而不要求研究机构的真实运动情况，此时可不必严格按比例确定机构中运动副的相对位置（也叫运动特征尺寸），由此而得到的图形称为机构简图或机构示意图。在设计新机器时，用机构简图进行方案的比较分析。

　　机构的运动简图保持了实际结果的运动特征，不仅简明地表达了机构的实际运动情况，而且还可以通过该图进行实际机构的运动和受力分析。因此，运动简图很重要，在研究已有机械或设计新机械时，都需要画出相应的运动简图。

　　工程中常见的机构大多属于平面机构，其特点是机构中所有的构件都在同一平面或平行平面中运动。内燃机具有典型的平面连杆机构和凸轮机构。在分析内燃机传动机构的方案时，要绘制机构的运动简图，以便优化设计方案。

　　任务条件

　　本任务的学习载体是图 1-1-6 所示的单缸内燃机。

　　任务要求

　　根据分析的单缸内燃机的组成和工作原理，准确绘制出其机构的运动简图。

　　学习目标

　　◉ 知识目标

　　(1) 掌握平面机构运动简图常用的符号和表示方法。

　　(2) 掌握平面机构运动简图的绘制方法、步骤及注意事项。

　　◉ 能力目标

　　(1) 学会绘制常用运动副、构件和机构简图的图形符号。

　　(2) 学会绘制内燃机机构的运动简图。

　　◉ 素质目标

　　(1) 锻炼简化和解决实际问题的能力。

　　(2) 培养严谨细致的工作作风。

【知识导航】

　　知识导图如图 2-2-1 所示。

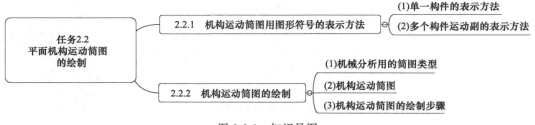

图 2-2-1　知识导图

2.2.1　机构运动简图用图形符号的表示方法

　　常用机构运动简图的符号在 GB/T 4460—2013 中有明确的规定，以下是一般构件和运动副的表示方法。

　　(1) 单一构件的表示方法（如图 2-2-2 所示）

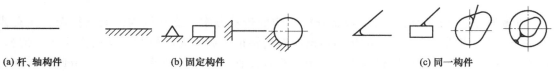

(a) 杆、轴构件　　　　　　　　(b) 固定构件　　　　　　　　(c) 同一构件

图 2-2-2　单一构件的表示方法

（2）多个构件运动副的表示方法

① 参与形成两个运动副的构件　表示方法如图 2-2-3 所示。

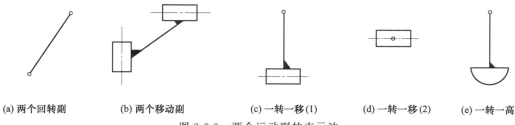

| (a) 两个回转副 | (b) 两个移动副 | (c) 一转一移(1) | (d) 一转一移(2) | (e) 一转一高 |

图 2-2-3　两个运动副的表示法

② 参与形成三个运动副的构件　如果构件上有三个或三个以上的运动副元素，可用图 2-2-4 所示的方法表示。用直线将各运动副连成相应的多边形。其中（a）为同一构件上有三个运动副且位于同一直线上，可用跨越半圆符号来联接两条线段。（b）、（c）表示构件上有三个运动副且不在一条直线上，则用直线把它们连成多边形，并把多边形画上阴影线，或在相邻两直线相交处涂以焊接符号。

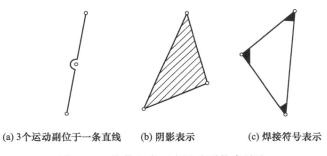

| (a) 3个运动副位于一条直线 | (b) 阴影表示 | (c) 焊接符号表示 |

图 2-2-4　构件上有三个运动副的表示法

国家标准 GB/T 4460—2013《机械制图　机构运动简图用图形符号》，对绘制机构运动简图的图形符号进行了明确规定，绘制时，可以从国家标准中选择，表 2-2-1 摘录了部分常用的运动副、构件和平面机构的简图图形符号。

表 2-2-1　常用的运动副、构件和平面机构的简图图形符号 （部分摘录）（摘自 GB/T 4460—2013）

类别	条号	名　　称	基本符号	可用符号
5 运动副	5.1	具有一个自由度的运动副		
	5.1.1	机架是回转副的一部分 a)平面机构		
	5.1.2	棱柱副（移动副）		
	5.2	具有两个自由度的运动副		
	5.2.1	圆柱副		

续表

类别	条号	名　称	基本符号	可用符号
6 构件及其 组成部分 联接	6.1	机架	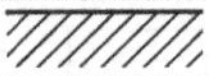	
	6.2	轴、杆		
	6.3	构件组成部分的永久联接		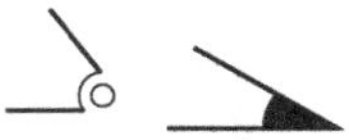
	6.4	组成部分与轴(杆)的固定联接	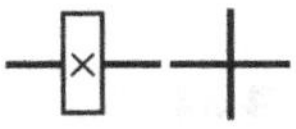	
	6.5	构件组成部分的可调联接		
7 多构件及其 组成部分	7.2	单副元素机构		
	7.2.2	机架是回转副的一部分 a)平面机构 b)空间机构		
	7.2.3	构件是棱柱副(移动副)的一部分		
	7.2.4	构件是圆柱副的一部分		
	7.3	双副元素机构		
	7.3.1	联接两个回转副的构件	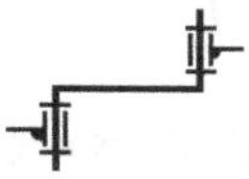	
	7.3.1.1	连杆 a)平面机构		
	7.3.1.2	曲柄或摇杆 a)平面机构	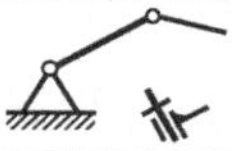	
	7.3.1.3	偏心轮		
	7.3.2	联接两个棱柱副的构件	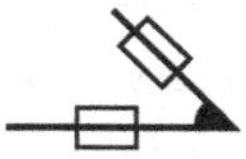	
	7.3.2.1	通用情况		
	7.3.2.2	滑块		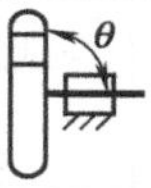
	7.3.3	联接回转副和棱柱副的构件		
	7.3.3.1	通用情况	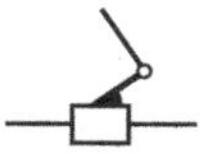	

续表

类别	条号	名　称	基本符号	可用符号
7 多构件及其 组成部分	7.3.3.2	导杆		
	7.3.3.3	滑块		
	7.4	三副元素构件		
	7.5	多副元素构件 （注：左边图为部分示例）		
8 齿轮机构	8.2	齿轮机构齿轮（不指明齿线）		
	8.2.1	a)圆柱齿轮		
	8.2.2	齿线符号:a)圆柱齿轮 1)直齿　2)斜齿　3)人字齿		
	8.2.3	齿轮传动（不指明齿线） a)圆柱齿轮 b)蜗轮与圆柱蜗杆		
	8.2.4	齿条传动 a)一般表示		
	8.2.5	扇形齿轮传动		
9 凸轮机构	9.1～9.3	盘形凸轮　移动凸轮　盘形 凸轮		
	9.5	凸轮从动杆 a)尖顶从动件　c)滚子从动件 b)曲面从动件　d)平底从动件		

类别	条号	名　　称	基本符号	可用符号
11 联轴器	11.1	联轴器——一般符号(不指明类型)		
12 其他机构 和组件	12.1	带传动——一般符号(不指明类型)	或	
	12.2	轴上的宝塔轮		
	12.3	链传动——一般符号(不指明类型)		
	12.4	蜗杆传动　整体螺母		
	12.8.1	向心轴承 a)滑动轴承　b)滚动轴承		

2.2.2　机构运动简图的绘制

（1）机械分析用的简图类型

① 运动简图　在进行机械分析和设计的过程中，常用到机构运动简图。机构运动简图是按照国家标准以一定的规则和比例绘制而成，它表达了与原机械具有完全相同的运动特性。虽为简图，但从绘图比例的角度来说，"简而不简"，它是有比例的。

② 示意图　在工程实际中，有时为了表明机械的组成和机构特征，只是定性地表示机构的组成及运动原理，并不严格按比例绘制机构运动简图，这样的简图为机构的示意图或机构工作原理图。

（2）机构运动简图

① 机构运动简图的概念　用简单的线条和规定符号表示构件和运动副，并按一定的比例确定运动副的相对位置及与运动有关的尺寸，这种表明平面机构组成和各构件之间真实运动关系的简单图形，称为机构运动简图。

若组成机构的所有构件都在同一平面或平行平面内运动，则该机构称为平面机构。任何一平面机构都是由若干个构件和若干个运动副组成的，其简图称为平面机构运动简图。

② 绘制机构运动简图应注意的事项　在分析已有的机械或设计新机械过程中，进行运动分析时，都需要画出机构的运动简图，而在分析的过程中，并不需要了解机构的实际外形和具体结构。为使分析问题简化，可不考虑那些与运动无关的因素，如构件外形、截面尺寸、组成构件的零件数目、运动副的具体构造等，只考虑与运动有关的构件数目、运动副类型及相对位置。

（3）机构运动简图的绘制步骤

① 分析机构的组成　确定机架、主动件、从动件。

② 分析确定运动副　自主动件开始，沿着运动传递路线，分析构件间相对运动的性质，确定运动副的类型和数目。

③ 选择视图平面　选择适当的视图平面和主动件的位置，以便清楚表达各构件间的运

动方式。通常选择与构件运动平面相平行的平面作为投影面。

④ 选择比例，绘制运动简图　选择运动简图的视图平面和比例尺 μ [μ ＝实际尺寸（m）/图示长度（mm）]，按照各运动副之间的距离和相对位置，绘制机构运动简图。

⑤ 给构件和运动副编号　在主动件上标出箭头以表明主动件及其运动方向。从主动件开始，按传动顺序依次标出各构件的编号和运动副的代号。杆件编号用小写阿拉伯数字标注，各运动副用大写字母标注。

知识点滴

专利申报的图样绘制准则

在专利申报时，说明书的附图虽然没有机构运动简图那样严格，但是附图的绘制有其相应的准则和要求，其中申请外观设计专利时绘图的要求有：

（1）图片应当参照我国技术制图和机械制图国家标准中有关正投影关系、线条宽度以及剖切标记的规定绘制。

（2）绘图应使用制图工具和不易褪色的黑色墨水，彩色图片的颜色应当着色牢固。

（3）可以使用包括计算机在内的制图工具绘图，但不得使用铅笔、蜡笔、圆珠笔绘制。

（4）不得使用蓝图、草图、油印件。

（5）不得以阴影线、指示线等线条表达外观设计形状。

（6）用计算机绘制的外观设计图片，图面分辨率应当满足清晰的要求。

（7）可以用两条平行的双点画线或自然断裂线表示细长物品的省略部分。

（8）图面上可以用指示线表示剖切位置和方向等，但不得有不必要的线条或标记。

（9）剖视图应标明剖视方向和在被剖视的图上的位置。

（10）剖面线与剖面线间的距离应与剖视图尺寸相适应，不得影响图面整洁。

【任务实施】

任务分析

如图 1-1-6 所示单缸内燃机的运动机构，其联接的方式既有低副又有高副，要绘制其机构的运动简图，应按照国家标准规定的基本图形，按照上述步骤绘制出机构的运动简图。

任务完成

绘制内燃机机构运动简图（如图 2-2-5），具体步骤如下：

（1）分析内燃机机构的组成

内燃机由曲柄连杆机构、齿轮机构和凸轮机构组成。从主动件开始（按运动传递的顺序依次进行），在曲柄连杆机构中，主动件（活塞）把运动传递给连杆，连杆把运动传递给从动件（曲轴），通过小齿轮将运动传给两个大齿轮，大齿轮分别带动凸轮转动。在凸轮机构中，主动件（凸轮）转动，使顶杆做往复运动。

（2）分析确定运动副的类型和数目

通过对如图 1-1-6 所示单缸内燃机结构分析，可以发现壳体及气缸体是机架，活塞是主动件。活塞与缸体构成了移动副；活塞与连杆相对转动构成转动副；连杆与曲轴构成转动副；曲轴与机架构成转动副；大、小齿轮与机架构成转动副；大、小齿轮之间及凸轮与顶杆都构成高副；顶杆与机架构成移动副。

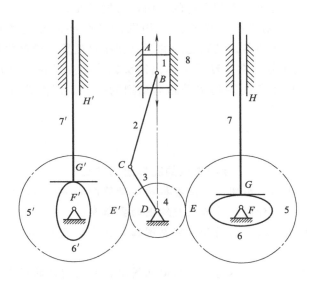

图 2-2-5　内燃机机构运动简图

（3）选择视图平面

选择连杆机构、凸轮机构、齿轮机构的主要运动构件相互平行的平面，作为绘制机构简图的视图平面，以便清晰地表达出机构的组成和相互关系。

（4）选择比例，绘制机构运动简图

选择适当的比例，从主动件开始依次绘制出内燃机各机构的运动简图。

（5）给构件和运动副编号

从主动件（活塞）开始，给主动件画上箭头，依次用小写阿拉伯数字标注杆件编号，用大写字母标注各运动副，完成内燃机机构运动简图的绘制，如图 2-2-5 所示。

【题库训练】

1. 选择题

（1）绘制机构运动简图时，下列哪一项是考虑的因素（　　　）。

A. 运动副的具体构造　　　　　　　　B. 构件的外形

C. 运动副的类型　　　　　　　　　　D. 构件截面尺寸

（2）分析机械时，只是定性地表示机构的组成及运动原理，可以不按比例绘制的图样是（　　　）。

A. 机构运动简图　　　　　　　　　　B. 示意图

C. 零件图　　　　　　　　　　　　　D. 机构的外形

2. 简答题

（1）何谓机构运动简图？要正确绘制机构运动简图应注意哪些问题？

（2）简要说明绘制机构运动简图的步骤。

3. 绘图题

（1）绘制图 2-2-6 所示机构运动简图。

（2）图 2-2-7 所示为简易冲床装置，绘制其机构简图。

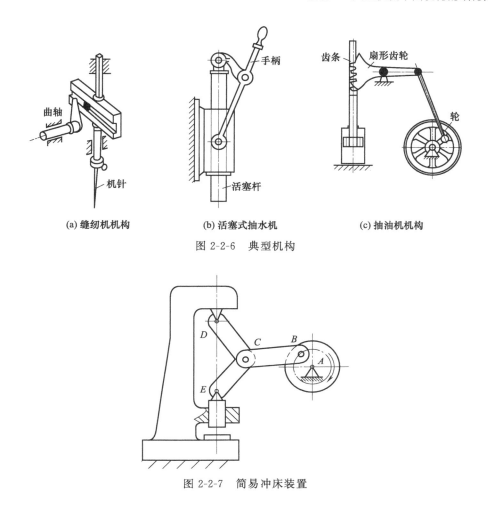

(a) 缝纫机机构　　　(b) 活塞式抽水机　　　(c) 抽油机机构

图 2-2-6 典型机构

图 2-2-7 简易冲床装置

任务 2.3 平面机构运动状态的判断

【任务描述】

机构的各构件之间应具有确定的相对运动。不能产生相对运动或无规则乱动的一堆构件是不能成为机构的。为了使组合起来的构件能产生相对运动并具有运动确定性，在设计新机器或分析已有机器时，要判断所设计的机器是否运动，在什么条件下才会实现确定的运动，都是用自由度来确定的。本任务是根据单缸内燃机的机构运动简图，计算其自由度，判断机构的运动状态。

任务条件

已知单缸内燃机的机构运动简图，如图 2-2-5 所示。

任务要求

通过对单缸内燃机的机构运动简图进行分析，正确计算其自由度，并判断出其运动的状态。

学习目标

◉ 知识目标

（1）了解构件的自由度和约束的概念。

（2）掌握平面机构的自由度计算的基本方法。

（3）掌握复合铰链、局部自由度和虚约束。

◉ 能力目标

（1）学会平面机构自由度的计算。

（2）学会分析机构具有确定运动的条件。

◉ 素质目标

（1）通过自由度和约束的学习，引导培养规矩意识。

（2）通过自由度计算特殊情况的处理，培养具体问题具体分析的能力。

【知识导航】

知识导图如图 2-3-1 所示。

2.3.1 平面机构的自由度

（1）自由度的概念

构件相对于参考系所具有的独立运动的数目称为自由度。如图 2-3-2 所示，在 xOy 坐标系中，任意一个做平面运动的自由构件，可以既沿 x 轴和 y 轴移动，也绕任意的垂直于 xOy 平面的轴线 A 转动，即有三个独立的运动。所以，平面无约束的构件的自由度有 3 个，分别用 x、y 及 θ 三个独立参数表示。由上述可知，构件的自由度等于构件的独立运动参数。

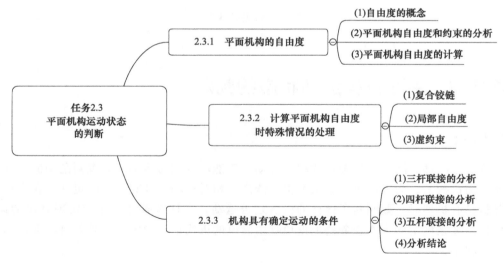

图 2-3-1 知识导图

空间无约束的构件，由于其放在三维坐标系下研究，故其有 6 个自由度，其中包括：3 个沿坐标轴的移动自由度，3 个沿坐标轴的转动自由度。本书只研究平面机构的自由度计算。

（2）平面机构自由度和约束的分析

机构中构件通过运动副联接后，相对运动就受到限制（约束）。活动联接每引入一个约束，自由构件便会至少失去一个自由度。运动副的具体形式决定了运动副所带的约束数目。

如图 2-3-3 所示，平面机构运动副有三种情况，对其自由度和约束的分析见表 2-3-1。

（3）平面机构自由度的计算

平面机构的自由度就是机构相对机架的自由度。根据表 2-3-1 的分析，一个独立做平面运动的构件具有三个

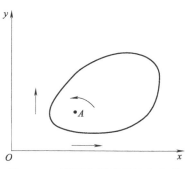

图 2-3-2　平面坐标系下的自由度

自由度，设某机构由 N 个构件组成，除机架外，机构有 $n=N-1$ 个活动构件，则它们总共有 $3n$ 个自由度。

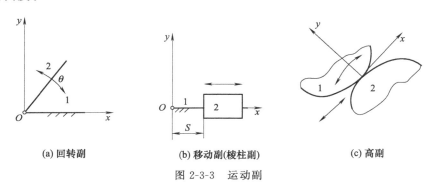

(a) 回转副　　　　(b) 移动副(棱柱副)　　　　(c) 高副

图 2-3-3　运动副

表 2-3-1　平面机构运动副自由度和约束的分析情况表

编号	名称	总自由度	约束数	自由度数	结论
(a)	回转副	3	2 （约束沿 x 移动，约束沿 y 移动）	1 （沿 θ 转动）	1. 构件自由度＝3－约束数。 2. 一个低副引入 2 个约束，失去 2 个自由度；一个高副引入 1 个约束，失去 1 个自由度
(b)	移动副	3	2 （约束沿 y 移动，约束沿 θ 转动）	1 （沿 x 移动）	
(c)	高副	3	1 （约束沿 y 移动）	2 （沿 x 移动，沿 θ 转动）	

当用运动副将各构件联接起来组成机构后，便给它们之间的相对运动加入一定数量的约束。如果该机构由 P_L 个低副和 P_H 个高副联接而成，因为每一个平面低副引入两个约束，使构件失去两个自由度；每一个平面高副引入一个约束，使构件失去一个自由度；则机构中的 P_L 个低副和 P_H 个高副共引入（$2P_L+P_H$）个约束，使机构减少了同样数目的自由度。于是平面机构的自由度 F 为：

$$F=3n-2P_L-P_H \tag{2-3-1}$$

【案例 2-3-1】　计算图 2-3-4 所示颚式破碎机主体机构的自由度。

【参考答案】　颚式破碎机主体机构的机构运动简图，如图 2-3-4 所示。分析其结构和运动简图发现，其活动构件包括偏心轴、碾碎压板和压板，即 $n=3$；机构只有低副（A、B、

C、D），没有高副，即低副数 $P_L=4$，高副数 $P_H=0$。故计算自由度为：$F=3n-2P_L-P_H=3\times3-2\times4=1$。

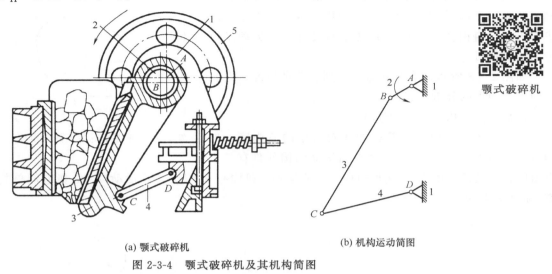

(a) 颚式破碎机　　　　　　(b) 机构运动简图

图 2-3-4　颚式破碎机及其机构简图

1—机架；2—偏心轴；3—碾碎压板；4—压板；5—轮子

2.3.2　计算平面机构自由度时特殊情况的处理

（1）复合铰链

两个以上构件在同一处以回转副相联接，就构成了复合铰链。如图 2-3-5（a）所示，有

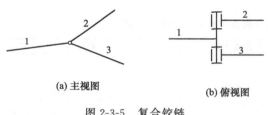

(a) 主视图　　　　(b) 俯视图

图 2-3-5　复合铰链

三个构件在一起以回转副相联接而构成复合铰链。从图 2-3-5（b）可以看出，此三个构件组成两个回转副。同理，若有 m 个构件组成复合铰链，实际构成的回转副数为（$m-1$）个。所以，在计算机构自由度时应注意复合铰链中回转副数目的计算。在多个构件组成的回转副中，有机架、杆件、滑块或齿轮等构件时，应仔细查看，特别对图 2-3-6 当中的几种情况要重点注意。它们只有两个回转副。

(a) 一固定铰和两转动杆　　　(b) 一固定铰和两转动套　　　(c) 一固定铰、一转动杆和一转动轮

图 2-3-6　复合铰链的几种情况

（2）局部自由度

当机构中某些构件所产生的局部独立运动并不影响其他构件或者整体机构的运动时，这

种构件运动的自由度称为局部自由度。在计算机构自由度时应将局部自由度除去不计。如图 2-3-7 (a) 所示的滚子直动从动件盘状凸轮机构中，如果把滚子也计入一个活动构件，则活动构件为凸轮、顶杆和滚子，所以活动构件数 $n=3$，低副数 $P_L=3$，

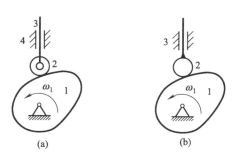

图 2-3-7　局部自由度

高副数 $P_H=1$，计算其自由度为：$F=3n-2P_L-P_H=3\times3-2\times3-1=2$，计算结果显示凸轮机构有 2 个自由度，显然与实际情况不相符。

由图 2-3-7 (b) 可见，假设将滚子 2 与从动件 3 焊接接成一个构件，从动件 3 的运动并不受影响，也就是滚子 2 绕其自身轴线的转动并不影响凸轮 1 和从动件 3 的运动，这时它就是一个局部自由度，计算该机构自由度时应将其除去不计。显然，此时计算该机构的自由度时：$n=2$，$P_L=2$，$P_H=1$；则机构的自由度：$F=3n-2P_L-P_H=3\times2-2\times2-1=1$，说明凸轮机构有 1 个自由度，与实际情况相符。

虽然局部自由度不影响机构的运动，计算时也可以除去不计。但是，从工程实际出发，为了改善从动件和凸轮的受力情况，这种滚子的转动往往是必不可少的，因为将滚子的滑动摩擦改为滚动摩擦，可以减少磨损，同时还便于维修和更换。

（3）虚约束

当机构中某一运动副对构件运动的限制已经由其他运动副限制时，这种重复对构件运动形成限制作用而对机构运动不起新的限制作用的约束，称为虚约束（又称重复约束、消极约束）。在计算机构自由度时应把它除去不计。

如图 2-3-8 (a) 所示的机车车轮联动机构，其机构运动简图如图 2-3-8 (b) 所示。在该机构中 $AB/\!/CD/\!/EF$，其 $n=4$，$P_L=6$，$P_H=0$，则自由度为：$F=3n-2P_L-P_H=3\times4-2\times6=0$，这与实际情况是不符的。这是因为此机构中存在着对运动不起限制作用的虚约束，即构件 3（具有 3 个自由度）、两个回转副 E、F（引入四个约束），结果总共多了一个对机构运动不起限制作用的虚约束。

若把虚约束除去，使机构变成图 2-3-8 (c) 所示，该机构自由度 $F=3n-2P_L-P_H=3\times3-2\times4=1$，与实际情况就符合了。但应注意构件 3 是在 $AB/\!/CD/\!/EF$ 的条件下，对机构才不起约束作用。一旦条件破坏，构件 3 就起约束作用。

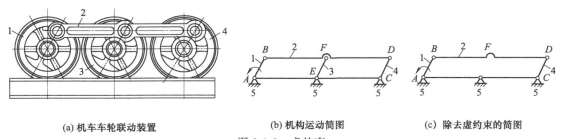

(a) 机车车轮联动装置　　　　(b) 机构运动简图　　　　(c) 除去虚约束的简图

图 2-3-8　虚约束

在工程实际应用中，虚约束虽然对机构的运动不起独立的约束作用，但采用虚约束的目的是为了改善构件的受力情况，增加构件的刚性；传递较大功率；或满足某种特殊需要。虚

约束的形式很多，应根据机构的组成情况加以分析，常见的有以下几种：

① 两构件间形成了多个具有相同作用的运动副

a. 两构件在同一轴线上形成多个转动副。如图 2-3-9（a）所示，轮轴 2 与机架 1 在 A、B 两处组成了两个转动副，从运动关系看，只有一个转动副起约束作用，所以在计算自由度时应按一个转动副计入。

b. 两构件在多处构成移动副，且导路重合或平行。如图 2-3-9（b）所示，从动件 2 与机架 3 在 B、B′ 两处组成了两个导路重合的移动副，从运动关系看，两个移动副约束作用相同，所以在计算自由度时应按一个移动副计入。

c. 两构件组成多处接触点公法线重合的高副。如图 2-3-9（c）所示，凸轮与封闭框在 B、B′ 两处接触形成高副，且法线重合，从运动关系看，两个高副作用相同，所以在计算自由度时应按一个高副计入。

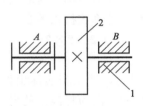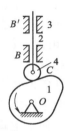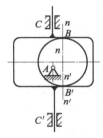

| (a) 同一轴线上的转动副 | (b) 导路重合的移动副 | (c) 法线重合的运动副 |

图 2-3-9　相同作用的虚约束

② 两构件上联接点的运动轨迹互相重合　如图 2-3-10 所示的平行四边形机构中，构件 5 上 E 点的轨迹与连杆 BC 上的 E 点的轨迹重合。显然，构件 5 对该机构的运动不产生影响，其约束从运动的角度看并无必要，所以为虚约束，在计算自由度时，应除去不计。

③ 机构中对传递运动不起独立作用的对称部分　如图 2-3-11 所示的行星轮系，为使受力均匀，安装三个相同的行星轮对称布置。从运动关系看，只有一个行星轮 2 就能满足要求，其余行星轮 2′、2″ 及其引入的高副均为虚约束，应除去不计。

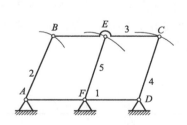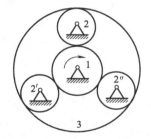

图 2-3-10　运动轨迹重合的虚约束　　　　图 2-3-11　对称部分的虚约束

2.3.3　机构具有确定运动的条件

机构是构件间具有确定相对运动的运动链。机构要实现预期的运动传递和变换，必须使其运动具有可能性和确定性。下面分析三杆联接、四杆联接和五杆联接，计算其自由度，判断其运动状态。

（1）三杆联接的分析

图 2-3-12（a）所示的三杆联接，$F=3n-2P_L-P_H=3\times2-2\times3=0$，自由度小于原动件的数目；而在实际应用中，这种三杆联接确实不能运动。

（2）四杆联接的分析

图 2-3-12（b）所示的四杆联接，$F=3n-2P_L-P_H=3\times3-2\times4=1$，自由度等于原动件的数目；而在实际应用中，这种联接能发生相对运动，且机构有确定的运动，因此它也称为四杆机构。

（3）五杆联接的分析

图 2-3-12（c）所示的五杆机构，$F=3n-2P_L-P_H=3\times4-2\times5=2$，自由度大于原动件的数目；而在实际应用中，这种联接能发生相对运动，所以也称为五杆机构；但机构运动不确定，当 1 杆运动后，杆 4 可能向左，也可能向右运动。

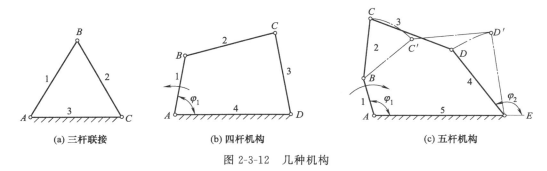

(a) 三杆联接　　　(b) 四杆机构　　　(c) 五杆机构

图 2-3-12　几种机构

（4）分析结论

由此可见，不能运动的构件组合或无规则乱动的运动链都不能实现预期的运动变换。机构具有确定的相对运动，究竟取一个还是几个构件作为原动件，这取决于机构的自由度。一方面，机构要有自由度（能动起来）；另一方面，机构的自由度要与原动件的数目相匹配（运动明确）。根据上述的分析我们可以得出机构具有确定运动的条件：

① 机构的自由度大于 0，即 $F>0$。

② 机构的原动件数应等于机构的自由度数。

【案例 2-3-2】　计算图 2-3-13 大筛机构的自由度，并判断是否具有确定的运动。

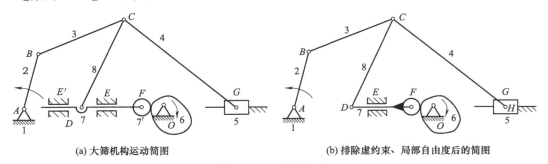

(a) 大筛机构运动简图　　　(b) 排除虚约束、局部自由度后的简图

图 2-3-13　大筛机构

【参考答案】　如图 2-3-13（a）机构的运动简图中，C 处是复合铰链，联接了 3 个杆件，应计入 2 个低副。从动件 7 与机架 1 在 E 和 E' 组成两个导路重合的移动副，其中之一为虚约束，可去掉一个移动副 E'；滚子 $7'$ 处为局部自由度，应将滚子 $7'$ 与杆件 7 视为一体。

排除虚约束和局部自由度后，得出图 2-3-13（b）。通过以上分析，活动构件（2、3、4、5、6、7、8）共七个，低副包括 A、B、C（2个）、D、E、G、H、O 共九个，高副（F）一个，即 $n=7$，$P_L=9$，$P_H=1$，则自由度为：

$$F=3n-2P_L-P_H=3\times7-2\times9-1=2$$

此机构的自由度等于2，有两个主动件（杆2、凸轮6），因此，机构具有确定的运动。

知识点滴

规矩意识的养成

自由与约束是辩证统一的关系。自由与约束相互制约、互为条件。没有约束就无所谓自由，没有自由也就无所谓约束。只有在约束下的自由才是真正的自由。在机构中，增加了约束，自由度就会减少。而在人类社会中，社会规则划定了自由的边界，自由受道德、纪律、法律等社会规则的约束。社会规则是人们享有自由的保障。人们建立规则的目的不是限制自由，而是保证每个人不越过自由的边界，遵守社会规则，才能享有自由。

规则意识，是一种由人的内心深处所认同的、以各种规则为行动准绳的意识。主要指遵守国家、社会的相关法律法规的意识。人作为行为主体，其规则意识养成经历着四个过程，即规则认知、规则情感、规则意志、最后外化为人遵守规则这一实践活动。

青年大学生作为建设社会主义事业的接班人，以强烈的规则意识来应对历史和现实问题，成为时代发展的必然要求。要强化规矩意识，遵纪守法，养成文明良好习惯，要涵养自己的思想素质、道德修为、法治意识、行为习惯，形成健全的人格、健康的身心，扣好人生第一粒扣子，为自己的未来发展奠定坚实的思想道德基础。

【任务实施】

任务分析

如图 2-2-5 所示，单缸内燃机由不同的机构组成，为了学会自由度的计算方法，可以将其每个机构和整体机构分别进行自由度计算，以达到熟练运用的目的。在计算单缸内燃机的自由度的时候，应注意当刚性构件连在一起时，计为一个构件，如齿轮和凸轮都在一个轴上共同转动，计一个活动构件。

任务完成

（1）计算自由度

① 连杆机构　如图 2-2-5 所示，该机构存在 3 个活动构件（活塞、连杆、曲轴），4 个低副（活塞与缸体构成的移动副，活塞与连杆、连杆与曲轴、曲轴与机架构成的转动副），故连杆机构的自由度 $F=3n-2P_L-P_H=3\times3-2\times4=1$。

② 凸轮机构　该机构存在 2 个活动构件（凸轮、顶杆），2 个低副（顶杆与机架构成移动副，凸轮与机架构成转动副），1 个高副（凸轮与顶杆构成高副），故凸轮机构的自由度 $F=3n-2P_L-P_H=3\times2-2\times2-1=1$。

③ 整个机构　该机构存在 7 个活动构件（活塞、连杆、曲轴、2 个凸轮、2 个顶杆），8 个低副（活塞与缸体构成的 1 个移动副，活塞与连杆、连杆与曲轴、曲轴与机架构成 3 个转动副，两个顶杆和机架分别构成 2 个移动副，两个凸轮和机架构成 2 个转动副），两个凸轮和顶杆、两个大、小齿轮构成 4 个高副，故整个机构的自由度 $F=3n-2P_L-P_H=3\times7-2\times8-4=1$。

（2）判断运动状态

不论上述计算是哪种情况，机构的自由度为1，与内燃机的原动件数目相等，故机构能动且运动是确定的。

【题库训练】

1. 选择题

（1）在平面机构中，每增加一个高副将引入（　　）。
A. 0个约束　　　　B. 1个约束　　　　C. 2个约束　　　　D. 3个约束

（2）在平面机构中，每增加一个低副将引入（　　）。
A. 0个约束　　　　B. 1个约束　　　　C. 2个约束　　　　D. 3个约束

（3）若两构件组成低副，则其接触形式为（　　）。
A. 面接触　　　　B. 点或线接触　　　　C. 点或面接触　　　　D. 线或面接触

（4）若两构件组成高副，则其接触形式为（　　）。
A. 线或面接触　　　B. 面接触　　　　C. 点或面接触　　　　D. 点或线接触

（5）若组成运动副的两构件间的相对运动是移动，则称这种运动副为（　　）。
A. 回转副　　　　B. 移动副　　　　C. 球面副　　　　D. 螺旋副

（6）由 m 个构件所组成的复合铰链所包含的回转副个数为（　　）。
A. 1　　　　B. $m-1$　　　　C. m　　　　D. $m+1$

（7）机构具有确定相对运动的条件是（　　）
A. 机构的自由度数目等于主动件数目　　B. 机构的自由度数目大于主动件数目
C. 机构的自由度数目小于主动件数目　　D. 机构的自由度数目大于或等于主动件数目

2. 填空题

（1）两构件直接接触并能产生确定相对运动的联接称为（　　）。
（2）平面机构中，两构件通过面接触构成的运动副称为（　　）。
（3）平面机构中，两构件通过点、线接触而构成的运动副称为（　　）。
（4）当机构的原动件数目（　　）其自由度时，该机构具有确定的运动。
（5）在机构中采用虚约束的目的是为了改善机构的工作状况和（　　）。

3. 判断题

（1）机构的自由度一定是大于或等于1。（　　）
（2）虚约束是指机构中某些对机构的运动无约束作用的约束。在大多数情况下虚约束用来改善机构的受力状况。（　　）
（3）局部自由度是指在有些机构中某些构件所产生的、不影响机构其他构件运动的局部运动的自由度。（　　）
（4）只有自由度为1的机构才具有确定的运动。（　　）
（5）任何机构都是自由度为零的基本杆组，依次联接到原动件和机架上面构成的。（　　）
（6）运动链要成为机构，必须使运动链中原动件数目，大于或等于自由度数。（　　）
（7）任何机构都是由机架加原动件，再加自由度为零的杆组组成的。因此杆组是自由度为零的运动链。（　　）

4. 分析计算题

分析计算如图 2-3-14 所示机构的自由度，若含有复合铰链、局部自由度和虚约束，请明确指出。

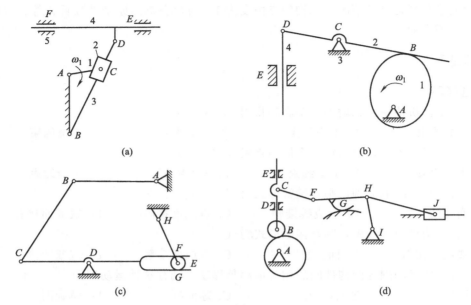

图 2-3-14　机构简图

5. 简答题

（1）自由度和约束有何联系？

（2）机构具有确定运动的条件是什么？

（3）既然虚约束对机构的运动不起直接的限制作用，为什么在实际机器中还要有虚约束？

（4）计算自由度时，应注意哪些问题？

（5）举例说明复合铰链、局部自由度和虚约束在工程上的应用。

情境3
常用机械机构的分析与设计

【情境简介】

工程上常用的机构有平面连杆机构、凸轮机构和间歇（步进机构），通过对这些机构的分析和设计，可以学会常用机构的组成和原理，学会各种机构的类型、特点、功用和运动设计方法，并探索创新设计机构的途径。

内燃机是典型的机器，它的曲柄连杆机构和凸轮机构具有代表性。本情境是以内燃机为载体，对常用机构进行分析和设计；同时，选择了一些典型的工程案例，学习典型的间歇机构。

本情境包含了三个任务，分别是平面连杆机构的分析与设计、凸轮机构的分析与设计和间歇（步进）机构的分析与选择，通过任务的学习，能够对这些典型机械机构进行分析和设计。主要的学习内容和能力目标有以下几个方面。

（1）主要学习内容

① 学习平面连杆机构的组成、基本类型及判别方法。

② 学习平面连杆机构的演化方式、特性和设计方法。

③ 学习凸轮机构的组成、应用及运动规律。

④ 学习凸轮机构的盘式凸轮轮廓的图解法设计。

⑤ 学习棘轮机构、槽轮机构的组成、工作原理和工程应用。

⑥ 学习凸轮式间歇机构和不完全齿轮机构的组成、工作原理和工程应用。

（2）学习的能力目标

① 学会铰链四杆机构的分析和设计；学会用图解法设计平面连杆机构。

② 学会分析凸轮机构及其应用；学会图解法设计盘形凸轮轮廓曲线。

③ 学会棘轮机构、槽轮机构的分析和选择；学会凸轮式间歇运动机构和不完全齿轮机构的分析和选择。

知识导图：

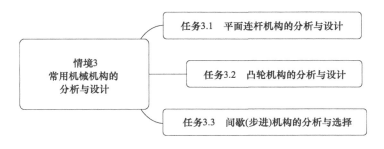

任务 3.1 平面连杆机构的分析与设计

【任务描述】

在机械的机构中，由若干构件通过低副（铰链或滑道）联接而成的机构，因构件形状多呈杆状，所以称连杆机构。如图 3-1-0（a）所示是平开窗户的连杆机构，就是一个典型的例子。

平面连杆机构是其组成的构件都在平面内做相对运动的机构。平面连杆机构常以其组成的构件（杆件）数来命名，如四个构件通过低副联接而成的机构，称为四杆机构；而以五个或五个以上构件组成的连杆机构，称为多杆机构。四杆机构是平面连杆机构的最常见的形式，也是多杆机构的基础。连杆机构广泛应用于各种机器和仪器中，例如牛头刨床的导杆机构、活塞式发动机和空气压缩机的曲柄滑块机构等。

内燃机的曲柄滑块机构，如图 3-1-0（b）所示，是由平面连杆机构演化而来的。前面我们已学过，它主要是把活塞的往复直线运动变成曲轴的旋转运动。本任务是用图解法设计内燃机的曲柄滑块机构。

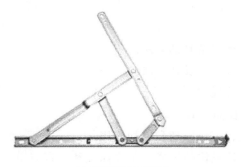

(a) 平开窗的连杆机构   (b) 内燃机曲柄滑块机构

图 3-1-0　连杆机构

任务条件

已知四冲程内燃机中的曲柄滑块机构，其行程速度变化系数 $k=1.04$，活塞的行程 $H=225\text{mm}$，偏距 $e=50\text{mm}$。

任务要求

用图解法，设计内燃机的曲柄滑块机构。

学习目标

◉ 知识目标

(1) 掌握铰链平面连杆机构的概念、组成、运动特点及应用。

(2) 掌握铰链四杆机构的类型与特性。

(3) 掌握铰链四杆机构的转化机构形式。

(4) 掌握平面连杆机构的图解法设计方法和步骤。

◉ 能力目标

（1）学会铰链四杆机构的类型、特性及其演化机构的分析。

（2）学会用图解法设计平面连杆机构。

◉ 素质目标

（1）锻炼观察实践和设计的能力与基本职业素养。

（2）培养创新设计的能力，获得机械设计成果美感。

【知识导航】

知识导图如图 3-1-1 所示。

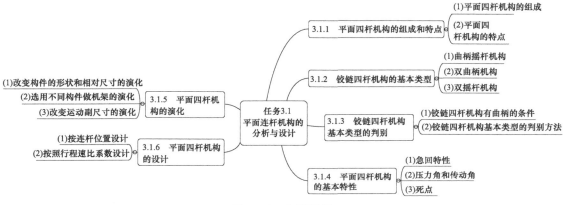

图 3-1-1　知识导图

3.1.1　平面四杆机构的组成和特点

（1）平面四杆机构的组成

平面四杆机构的基本形式是铰链四杆机构。由四个构件用铰链联接而成的机构，称为铰链四杆机构。其他形式的四杆机构都可看成是在它的基础上通过演化而成的。

铰链四杆机构

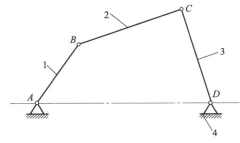

图 3-1-2　铰链四杆机构

1,3—连架杆；2—连杆；4—机架

如图 3-1-2 所示，由三个活动构件（图中 1、2、3）和一个固定构件（4）组成。其基本名称如下。

① 机架：机构中固定不动的构件 4，称为机架。

② 连架杆：与机架相连的构件 1 和 3，称为连架杆。它们分别绕机架上的回转中心 A、D 转动。

③ 连杆：与机架相对的杆件 2，称为连杆。连杆将连架杆 1 和 3 连接在一起，形成机构。

④ 曲柄：在连架杆中，如果杆件能绕回转中心做 $360°$ 的回转运动，此连架杆又称为曲柄。

⑤ 摇杆：在连架杆中，如果连架杆只能在某一角度（小于 $360°$）内摆动，此连架杆又称为摇杆。

（2）平面四杆机构的特点

① 平面四杆机构的优点　由于组成运动副的两构件之间为面接触，因而承受的压强小，

便于润滑，磨损较轻，可以承受较大的载荷；且构件的形状简单，加工方便，工作可靠；在主动件等速连续运动的条件下，当各构件的相对长度不同时，从动件实现多种形式的运动，满足多种运动规律的要求。

② 平面四杆机构的缺点　低副中存在间隙会引起运动误差，设计计算比较复杂，不易实现精确的复杂运动规律；连杆机构运动时产生的惯性力也不适用于高速的场合。

3.1.2　铰链四杆机构的基本类型

铰链四杆机构的基本类型包括三种基本形式：曲柄摇杆机构、双曲柄机构、双摇杆机构。

（1）曲柄摇杆机构

在铰链四杆机构中，若在两连架杆中，一个为曲柄，另一个为摇杆，此机构称为曲柄摇杆机构。在曲柄摇杆机构中，当曲柄为主动件时，可将曲柄的连续回转运动转换成摇杆的往复摆动。

如图 3-1-3 所示的雷达天线俯仰角调整机构，当原动件曲柄 1 转动时，通过连杆 2，使与摇杆 3 固定联接在一起的抛物面天线绕机架 4 做一定角度的摆动，以调整天线的俯仰角度。

如图 3-1-4 所示的汽车前窗刮水器机构，当主动曲柄 AB 转动时，从动杆件 CD 做往复运动，利用摇杆的延长部分实现刮水动作。

如图 3-1-5 所示的缝纫机踏板机构，踏板为主动件，当脚蹬踏板时，可将踏板的往复摆动转换成缝纫机带轮（曲柄）的连续回转运动。

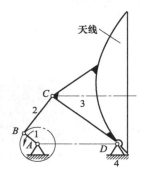
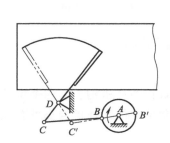
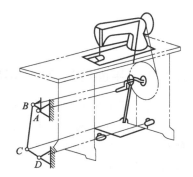

图 3-1-3　雷达天线俯仰角调整机构　　图 3-1-4　汽车前窗刮水器机构　　图 3-1-5　缝纫机踏板机构

（2）双曲柄机构

铰链四杆机构中，若两连架杆均为曲柄时，此机构称为双曲柄机构。通常是主动曲柄做等速转动，从动曲柄做变速转动。在双曲柄机构中，如果两曲柄的长度不相等，主动曲柄等速回转一周，从动曲柄变速回转一周，如图 3-1-6 所示的惯性筛。

如果两曲柄的长度相等，且连杆与机架的长度也相等，称为平行双曲柄机构或平行四边形机构。这种机构运动的特点是两曲柄的角速度始终保持相等，在机器中应用也很广泛，如图 3-1-7 所示的机车车轮联动机构，就是一个典型的应用。平行双曲柄机构又可分为正平行双曲柄机构和反平行双曲柄机构。

① 正平行双曲柄机构　如图 3-1-8（a）所示为正平行双曲柄机构，它的运动特点是两曲柄的转向相同且角速度相等，连杆做平动，因此应用广泛。如图 3-1-7 所示的机车车轮联动机构，就是正平行双曲柄机构的应用实例。

在正平行双曲柄机构中，当各构件共线时，可能出现从动曲柄与主动曲柄转向相反的现

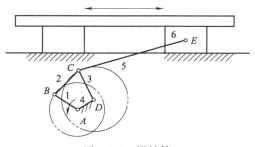

图 3-1-6　惯性筛

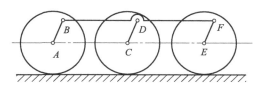

图 3-1-7　机车车轮联动机构

象，即运动不确定现象，成为反平行双曲柄机构。为克服这种现象，可采用辅助曲柄（也就是增加虚约束）或错列机构等措施解决，如图 3-1-7 所示的机车车轮联动机构中，增加一个虚约束，采用三个曲柄的目的之一，就是防止其反转。

② 反平行双曲柄机构　如图 3-1-8（b）所示为反平行双曲柄机构，它的运动特点是两曲柄的转向相反且角速度不等，如图 3-1-9 所示的车门开闭机构是它的一个应用实例，它使两扇车门朝相反的方向转动，从而保证两扇门能同时开启或关闭。

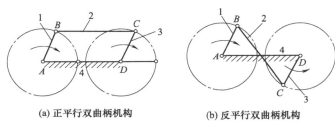

(a) 正平行双曲柄机构　　　　(b) 反平行双曲柄机构

图 3-1-8　两种平行双曲柄机构

（3）双摇杆机构

铰链四杆机构中，若两连架杆均为摇杆时，此机构称为双摇杆机构。一般情况下，两摇杆摆角不等，常用于操纵机构、仪表机构等。

在双摇杆机构中，两摇杆可分别为主动件，当作为主动件的摇杆摆动时，通过连杆带动从动摇杆做摆动运动。如图 3-1-10 所示的码头起重机中的双摇杆机构，当 CD 摇杆摆动时，连杆 BC 上悬挂重物的点 E 近似水平直线移动，以免被吊重物做不必要的上下运动而造成功耗。

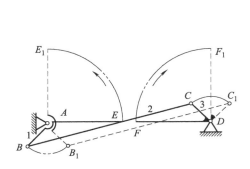

图 3-1-9　车门开闭机构

1,3—曲柄；2—连杆

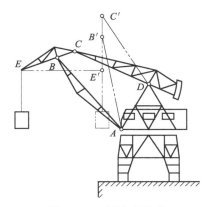

图 3-1-10　码头起重机

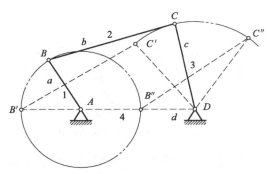

图 3-1-11 铰链四杆机构极限位置图

3.1.3 铰链四杆机构基本类型的判别

（1）铰链四杆机构有曲柄的条件

铰链四杆机构的 3 种基本形式，其区别在于连架杆是否为曲柄；而曲柄是否存在，取决于机构中各杆件的尺寸和机架的选择。现在让我们来分析曲柄存在的条件。

如图 3-1-11 所示，在铰链四杆机构中，AB 为曲柄，BC 为连杆，CD 为摇杆，AD 为机架。设构件的长度分别为 l_1、l_2、l_3、l_4，下面针对不同的情况进行探讨：

① 当机架 AD 的长度大于曲柄 AB 的长度，即 $l_4 > l_1$ 时，根据两个极限位置的三角形的几何条件可知：

在 $\triangle B'C'D$ 中：$l_1 + l_4 \leqslant l_2 + l_3$

在 $\triangle B''C''D$ 中：$l_2 \leqslant (l_4 - l_1) + l_3$ 和 $l_3 \leqslant (l_4 - l_1) + l_2$

经整理后，得出三个公式为：$l_1 + l_4 \leqslant l_2 + l_3$

$$l_1 + l_2 \leqslant l_4 + l_3$$

$$l_1 + l_3 \leqslant l_4 + l_2$$

将以上三个公式两两相加可以得出：$l_1 \leqslant l_3$、$l_1 \leqslant l_4$、$l_1 \leqslant l_2$。上述关系说明：曲柄 AB 为最短杆，并且曲柄与任意杆件的长度之和都小于或等于其他两杆长度之和。

② 当机架 AD 的长度小于曲柄 AB 的长度，即 $l_4 < l_1$ 时，同样可以推导出：机架 AD 为最短杆，并且机架与任意杆件的长度之和都小于或等于其他两杆长度之和。

综上所述，在铰链四杆机构中，曲柄存在的条件（该条件称为格拉肖夫判别式）为：

（A）机架和连架杆中必有一杆为最短构件，称为最短构件条件。

（B）最短杆与最长杆长度之和小于或等于其他两杆长度之和，称为构件长度和条件。

（2）铰链四杆机构基本类型的判别方法

在实际应用中，根据曲柄存在的条件和机架变换的原理，取不同构件为机架时，可得到不同类型的铰链四杆机构。其判别方法如图 3-1-12 所示。

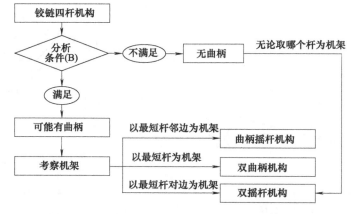

图 3-1-12 判别铰链四杆机构基本类型的方法框图

① 分析条件（B）

a. 若最短杆与最长杆的长度之和大于其余两杆长度之和时，可直接判断为双摇杆机构。

b. 若最短杆与最长杆的长度之和小于或等于其余两杆长度之和时，有没有曲柄，应对机架进行考察，进行下一步。

② 考察机架的形式

a. 如果是以最短杆邻边为机架，得曲柄摇杆机构。

b. 如果是以最短杆为机架，得双曲柄机构。

c. 如果是以最短杆对边为机架，得双摇杆机构。

【引导案例】 已知四杆机构如图 3-1-13 所示，试判断其属于哪种类型。

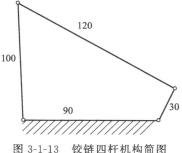

图 3-1-13　铰链四杆机构简图

【参考答案】

（1）先分析条件（B）

由于最短杆＋最长杆＝30＋120≤90＋100，故可能有曲柄，需看机架情况。

（2）考察机架

由于是以最短杆邻边为机架，故可判断为曲柄摇杆机构。

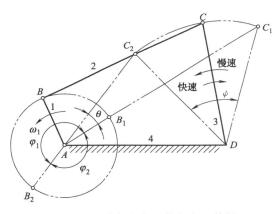

图 3-1-14　曲柄摇杆机构的急回特性

3.1.4　平面四杆机构的基本特性

（1）急回特性

在图 3-1-14 中，设曲柄 AB 为主动件做匀速回转运动，摇杆 CD 为从动件做往复摆动。曲柄 AB 在回转一周的过程中两次与连杆 BC 共线，此时摇杆 CD 分别位于 C_1D 和 C_2D 两个极限位置。摇杆在两个极限位置间的夹角 ψ 称摆角。摇杆在两极限位置时，曲柄两位置间所夹的锐角 θ 称为极位夹角。

当曲柄 AB 由 AB_1 位置开始，逆时针转过 φ_1（$180°＋\theta$）到达 AB_2 位置时，摇杆由右极限位置 C_1D 摆到左极限位置 C_2D，设经历的时间为 t_1，此过程中，铰链 C 点的平均速度为：

$$v_1 = \frac{C_1C_2}{t_1}$$

当曲柄 AB 继续旋转，再由 AB_2 位置转过 φ_2（$180°－\theta$）回到 AB_1 位置时，摇杆自 C_2D 摆回到 C_1D，设经历的时间为 t_2，此过程中，铰链 C 点的平均速度为：

$$v_2 = \frac{C_2C_1}{t_2}$$

因曲柄做匀速回转运动，经历的时间与其相应的转角成正比，由于 $\varphi_1 > \varphi_2$，$t_1 > t_2$，所以 $v_2 > v_1$。

由此可见，主动件曲柄 AB 以等角速度转动时，从动件摇杆 CD 往复摆动的平均速度不相等，摇杆摆回的速度比摆去的速度快。这种从动件回程的速度比进程的速度快的性质，称急回特性；把回程的平均速度与进程的平均速度之比，即 v_2 与 v_1 的比值，称为从动件的行

程速度比系数，以 K 表示。即

$$K=\frac{从动件回程的平均速度}{从动件进程的平均速度}=\frac{v_2}{v_1}=\frac{\dfrac{C_1C_2}{t_2}}{\dfrac{C_1C_2}{t_1}}=\frac{t_1}{t_2}=\frac{\varphi_1}{\varphi_2}=\frac{180°+\theta}{180°-\theta} \tag{3-1-1}$$

将式（3-1-1）整理后得：

$$\theta=180°\times\frac{K-1}{K+1} \tag{3-1-2}$$

铰链四杆机构有无急回运动特性取决于该机构有无极位夹角 θ，θ 角越大，急回运动特性也越显著。K 的大小表示急回的程度，若 $K>1$，机构具有急回特性。若 $K>1$，$\theta\neq0$，θ 越大，机构的急回特性越显著。$\theta=0$，机构无急回特性。

四杆机构的急回特性可以节省空回时间，提高生产效率。工程实际中有很多利用此特性的例子，如牛头刨床的退刀速度明显高于工作速度，就是利用了导杆机构的急回特性；还有往复式输送机、碎石机等。

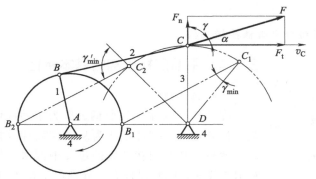

图 3-1-15　曲柄摇杆机构的压力角和传动角

（2）压力角和传动角

在工程实际应用中，要求平面连杆机构不仅要保证实现预定的运动要求，而且应当运转效率高，具有良好的传力特性。通常以压力角或传动角，表明连杆机构的传力特性。

如图 3-1-15 所示的曲柄摇杆机构中，若忽略各杆的质量和铰链中摩擦力影响，则连杆为二力构件，主动件 AB 通过连杆 BC 对从动件摇杆 CD 的作用力 F 沿 BC 方向。

从动件受力 F 方向与受力点速度 v_C 方向之间的锐角，称压力角，用 α 表示。将力 F 分解成沿速度 v_C 方向的分力 F_t 和垂直于 v_C 的分力 F_n。$F_t=F\cos\alpha$ 是推动摇杆绕 D 点转动的有效分力，压力角愈小，有效分力就愈大，所以可用压力角的大小来判断机构的传力特性。$F_n=F\sin\alpha$，不但对摇杆无推动作用，反而在铰链处引起摩擦消耗动力，因此它是有害分力，愈小愈好。

为了度量方便，工程上常用压力角 α 的余角 γ 判断机构传力性能的优劣，γ 角称为传动角。由图 3-1-15 可知，传动角 γ 是连杆 BC 与摇杆 CD 夹的锐角。传动角愈大，机构传力性能愈好。机构运动时，传动角是变化的。为使机构正常工作，通常轻载时取较小值，重载时取较大值。一般机械中推荐应使最小传动角 $r_{min}=40°\sim50°$；对于传递功率大的机构，如冲床、颚式破碎机中的主要执行机构，可取 $r_{min}\geqslant50°$；对于一些非传力机构，如控制、仪表等机构，也可取 $r_{min}<40°$，但不能过小。

（3）死点

在曲柄摇杆机构中，如图 3-1-16 所示，若以摇杆 CD 为主动件，当摇杆处于两个极限位置 C_1D 和 C_2D 时，连杆 BC 与曲柄 AB 共线，连杆传给曲柄的力 F 通过曲柄的回转中心，其力矩为零，因此不能推动曲柄转动。机构的这种位置称为死点位置或止点位置，此时压力角 $\alpha=90°$，传动角 $\gamma=0°$，有效驱动力为零，不能使从动曲柄转动，机构处于停顿状态。

死点位置时，机构"卡死"或运动不确定（即从动件在该位置可能反方向转动）。对于有极限位置的平面四杆机构，当以往复运动构件为主动件时，由于机构有两个极限位置，故它均有两个死点位置。

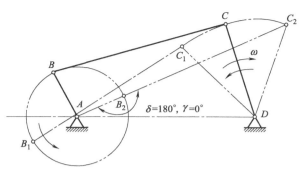

图 3-1-16　曲柄摇杆机构的死点

① 死点存在的条件　通过上面的分析可以得出，四杆机构是否存在死点，取决于从动件和连杆是否存在共线位置。如图 3-1-16 所示，对于曲柄摇杆机构来说，当曲柄 AB 为主动件时，从动件（摇杆）CD 和连杆 BC 不可能出现共线位置，故不会出现死点；当以摇杆 CD 为主动件时，曲柄 AB 和连杆 BC 存在共线位置，所以会出现死点。

② 克服死点的措施　在工程实际中，死点有时是不利的，会影响机构的正常传动，因此要采取措施设法使它能顺利地通过死点位置。

a. 利用惯性越过死点　通常是在曲柄上安装质量较大的飞轮，利用飞轮的惯性使机构按原来的转向通过死点位置，例如拖拉机、缝纫机（它的带轮也起到飞轮的作用）等。

b. 采用机构错位排列　在不宜安装飞轮时，可用多组机构错位排列的方法，即使各组机构的死点位置错开，保证机器的正常运转。如图 3-1-17 所示的机车车轮联动机构。

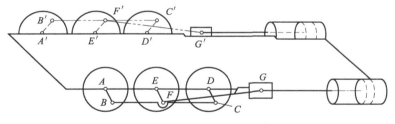

图 3-1-17　机车车轮联动机构

③ 合理地利用死点　死点在机构的运动中是应该加以避免的，但对某些有夹紧或固定要求的机构，工程上有时也利用死点位置进行工作，以达到夹紧或固定的作用。如图 3-1-18 所示的飞机起落架机构，当机轮放下时，BC 杆与 CD 杆共线，机构处于死点位置，地面对机轮的力不会使 CD 杆转动，使飞机降落可靠。如图 3-1-19 的夹紧机构，工件夹紧后 BCD 成一条直线，工作时机件的反力再大，也不能使机构翻转，使夹紧牢固可靠。

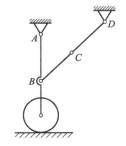

图 3-1-18　飞机起落架机构

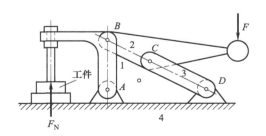

图 3-1-19　夹紧机构

3.1.5 平面四杆机构的演化

在实际生产中所用到的连杆机构，虽然外形和构造形形色色，各有不同，但很多平面连杆机构都是由基本的铰链四杆机构演化而来的。平面铰链四杆机构可通过变更构件长度、扩大回转副和变更机架等途径演化出其他平面连杆机构。

（1）改变构件形状和相对尺寸的演化

铰链四杆机构中，通过改变构件的形状和相对尺寸，将转动副转化成移动副，铰链四杆机构可演化为曲柄滑块机构。

曲柄滑块机构
演化过程

如图 3-1-20 (a) 所示的曲柄摇杆机构，当曲柄 1 绕轴 A 回转时，铰链 C 沿圆弧 m-m 做往复运动。如将摇杆 3 换成滑块形式，如图 3-1-20 (b) 所示，使其在圆弧滑道内往复运动，显然其运动性质并未发生改变，但此时的曲柄摇杆机构演变成了曲线滑轨的曲柄滑块机构。

继续演变如图 3-1-20 (c) 所示，当摇杆 3 的杆长变为无穷大时，铰链 C 的运动轨迹 m-m 由圆弧变为直线，与之对应的圆弧滑轨就变成了直线滑轨，于是曲柄摇杆机构就演化为常见的曲柄滑块机构。

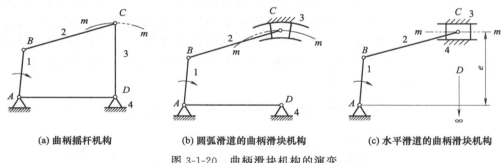

| (a) 曲柄摇杆机构 | (b) 圆弧滑道的曲柄滑块机构 | (c) 水平滑道的曲柄滑块机构 |

图 3-1-20 曲柄滑块机构的演变

典型曲柄滑块机构如图 3-1-21 所示，是由曲柄 AB、连杆 BC、滑块 C 及机架组成的平面连杆机构。在曲柄滑块机构中，若曲柄 AB 为主动件，当曲柄连续回转时，通过连杆 BC 带动滑块做往复直线运动；反之，若滑块为主动件，当滑块做往复直线运动时，通过连杆带动曲柄做连续回转运动。若滑块导路 β-β 通过曲柄回转中心，则为对心曲柄滑块机构，如图 3-1-21 (a) 所示；若滑块导路 β-β 不通过回转中心，则为偏心曲柄滑块机构，如图 3-1-21 (b) 所示。

曲柄滑块机构可以实现往复移动和定轴转动之间的运动转换，广泛应用于内燃机、空气

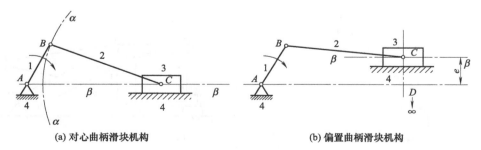

| (a) 对心曲柄滑块机构 | (b) 偏置曲柄滑块机构 |

图 3-1-21 典型曲柄滑块机构

压缩机和自动送料机等机械设备中。

（2）选用不同构件作为机架的演化

以基本的曲柄滑块机构为基础，若取不同构件作为机架，将会得到不同的机构。这些机构都可以看成是通过改变曲柄滑块机构中的机架演化而来的，包括导杆机构、摇块机构和定块机构，如表 3-1-1 所示。对于导杆机构，根据杆件的长度不同，可分为转动导杆机构和摆动导杆机构两种形式。导杆机构由曲柄、滑块、导杆和机架组成，导杆穿过滑块，对滑块的运动起导向作用。

表 3-1-1　改变机架的曲柄滑块机构的演化机构

机构名称		演化方式	图例	应用案例
曲柄滑块机构		从曲柄摇杆机构中演变而来，以 4 为机架，1 为曲柄，2 为连杆，3 为滑块	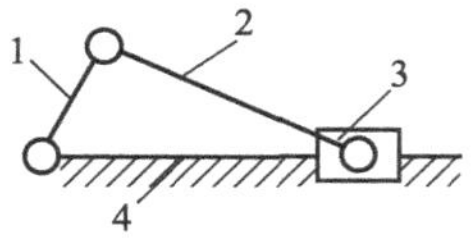	曲柄滑块机构 （见图 3-1-21）
导杆机构	摆动导杆机构	从曲柄滑块机构演变而来，以 1 为机架，2 为曲柄，3 为滑块，4 为摆动导杆。此时导杆 $L_1 > L_2$。 当曲柄 2 连续转动时，滑块 3 一方面沿着导杆 4 滑动，另一方面带动导杆绕铰链 A 往复摆动	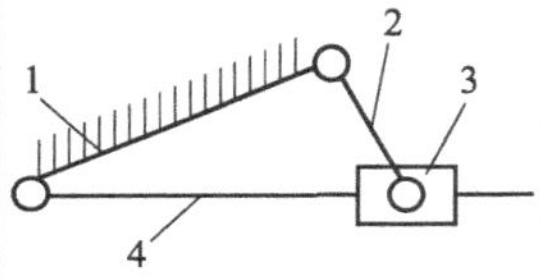	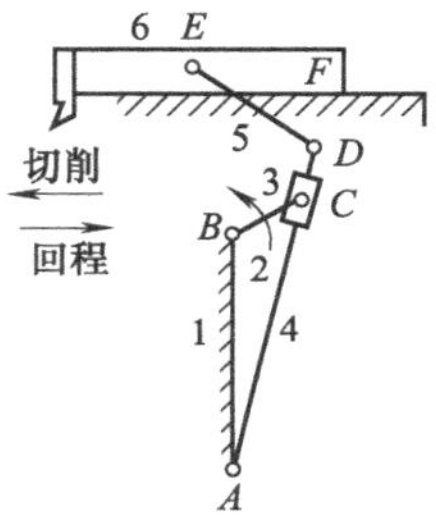 牛头刨床刨刀驱动机构
	转动导杆机构	从曲柄滑块机构演变而来，以 1 为机架，2 为曲柄，3 为滑块，4 为转动导杆。 此时导杆 $L_1 < L_2$，连架杆 2 和导杆 4 均能绕机架做整周运动	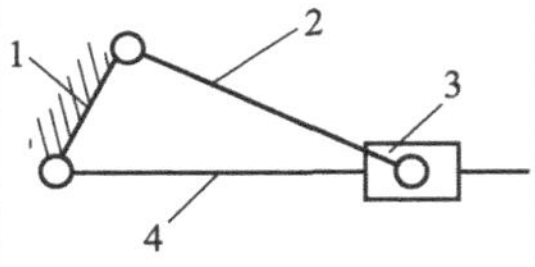	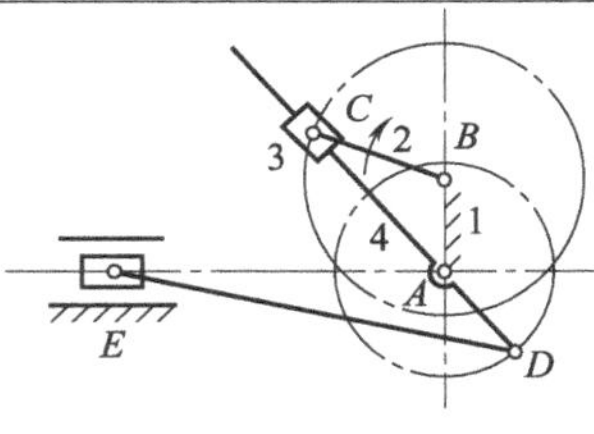 插床插刀驱动机构
摇块机构		从曲柄滑块机构演变而来，以 2 为机架，1 为曲柄，3 为滑块，4 为导杆。此时滑块 3 可摇动或转动。当曲柄 1 为主动件转动或摆动时，连杆 4 相对滑块 3 滑动，并一起绕 C 点摆动	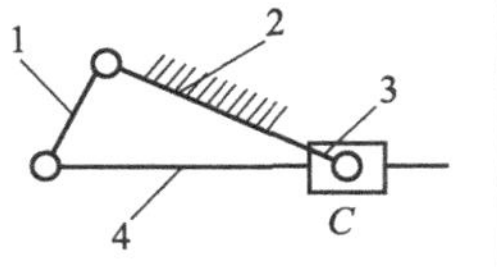	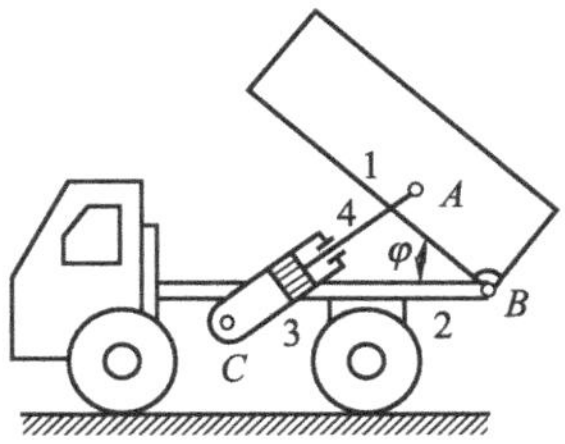 卡车自动卸料机构
定块机构		从曲柄滑块机构演变而来，以滑块 3 为机架，1 为曲柄，2 为连杆，4 为导杆。此时滑块 3 已经固定	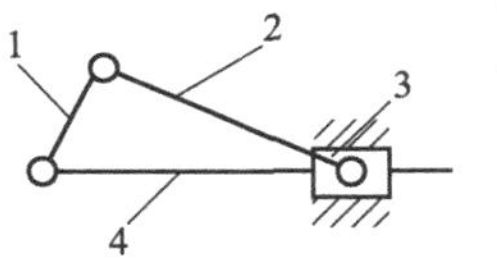	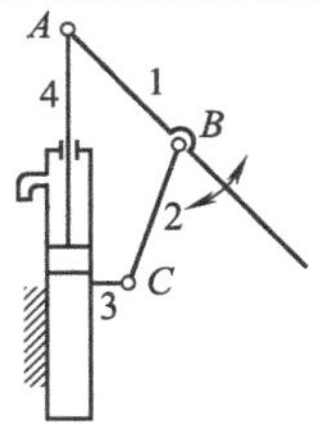 手压抽水机

（3）改变运动副尺寸的演化

通过扩大转动副的尺寸，曲柄滑块机构可演化为偏向轮机构。在实际生产中，当传递力较大，滑块行程又较小，曲柄也就很短，以至于曲柄两端很难安装铰销时，往往用一个回转中心与几何中心不相重合的偏心轮代替曲柄，连杆的一端有大圆环套在偏心轮上，这种机构称偏心轮机构。

如图 3-1-22（a）中的曲柄滑块机构，当曲柄 AB 的尺寸较小时，由于结构需要常将曲柄改为如图 3-1-22（b）所示的一个几何中心不与其回转中心相重合的圆盘，此圆盘称为偏心轮。其回转中心与几何中心的距离称为偏心距（它等于曲柄的长），这种机构就是偏心轮机构。可以认为将图 3-1-22（a）中的曲柄滑块机构的回转副 B 的半径扩大，使之超过曲柄的长度演化而成的。这种机构常用于冲床、剪床等机器中。

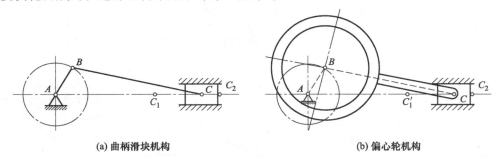

(a) 曲柄滑块机构　　　　　　　　　　　　(b) 偏心轮机构

图 3-1-22　扩大运动副演化成偏心轮机构

3.1.6　平面四杆机构的设计

平面四杆机构的设计方法：图解法、解析法、试验法。本书只探讨用图解法设计平面四杆机构。

（1）按给定的连杆位置设计四杆机构

【已知条件】　已知连杆长度 l_{BC} 及连杆的三个对应位置 B_1C_1、B_2C_2 和 B_3C_3，设计铰链四杆机构。

【设计实质】　此类设计的实质是确定铰链中心 A、D 的位置。

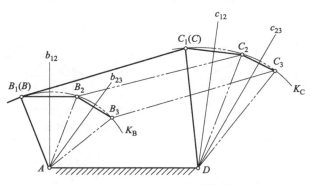

图 3-1-23　按给定的 3 个位置设计四杆机构

【设计步骤】　如图 3-1-23 所示，由于连杆上的两个铰链中心 B、C 的运动轨迹都是圆弧，它们的圆心就是两固定铰链中心 A、D，圆弧的半径即为两个连架杆的长度 l_{AB}、l_{CD}，所以运用已知三点求圆心的方法，即可设计出所求的机构，而且作图过程比较简单。其设计步骤如下：

① 作出连杆的三位置 B_1C_1、B_2C_2 和 B_3C_3；

② 连接 B_1B_2、B_2B_3 和 C_1C_2、C_2C_3，作 B_1B_2 和 B_2B_3 的垂直平分线 b_{12} 和 b_{23}；作 C_1C_2、和 C_2C_3 的垂直平分线 c_{12} 和 c_{23}；

③ b_{12} 和 b_{23} 交于一点 A，c_{12} 和 c_{23} 交于一点 D，连接 AB_1、C_1D，得四杆机构如图 3-1-23 所示。

由上述作图可知，给定连杆 BC 的 3 个位置时只有一个解。如果只给定连杆的两个位置 B_1C_1、B_2C_2，则点 A 和点 D 可分别在 B_1B_2 和 C_1C_2 的中垂线上 b_{12}、c_{12} 任意选择，故可有无穷个解。在实际设计时，可以考虑某些其他附加条件得到确定的解。

（2）按照给定的行程速比系数设计四杆机构

设计具有急回特性的四杆机构时，通常根据实际工作需要，先确定行程速比系数 K，并按公式求得极位夹角 θ，然后结合给定的其他条件进行设计。下面讨论曲柄摇杆机构：

【已知条件】　摇杆长度 l_{CD}，摆角 ψ 和行程速比系数 K。

【设计实质】　确定铰链中心 A 的位置，定出其他三杆的尺寸 l_{AB}、l_{BC}、l_{AD}。

【设计步骤】　如图 3-1-24 所示，步骤如下：

① 计算极位夹角　由给定的行程速度变化系数 K，求出极位夹角 $\theta = 180° \times \dfrac{K-1}{K+1}$。

② 画出摇杆的极限位置　选定比例尺，任取固定铰链中心 D 的位置，按给定的摇杆长度 l_{CD} 及摆角 ψ 画出摇杆的两个极限位置 C_1D 和 C_2D，则 $\angle C_1DC_2 = \psi$，$C_1D = C_2D = l_{CD}$。

③ 作 $\triangle C_1PC_2$　连接 C_1 和 C_2 点，并过 C_1 点作直线 C_1M 垂直于 C_1C_2。作 $\angle C_1C_2N = 90° - \theta$，$C_1M$ 和 C_2N 交于 P 点，得到一个三角形 $\triangle C_1PC_2$，显然 $\angle C_1PC_2 = \theta$。

④ 作 $\triangle C_1PC_2$ 的外接圆　根据数学知识，以 $\triangle C_1PC_2$ 上的斜边 C_2P 为直径，斜边的中点 O 为圆心，即可画出 $\triangle C_1PC_2$ 的外接圆。

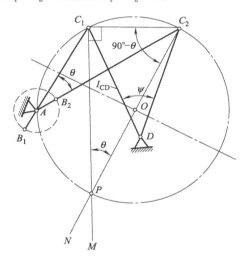

图 3-1-24　按照行程速度变化系数设计曲柄摇杆机构

⑤ 确定曲柄的固定铰链中心 A　在 $\triangle C_1PC_2$ 的外接圆上任取一点 A，作为曲柄的固定铰链中心，连接 AC_1 和 AC_2，因同一圆弧上对应的圆周角相等，故 $\angle C_1AC_2 = \angle C_1PC_2 = \theta$。

⑥ 确定曲柄、连杆和摇杆的尺寸　测量出 AC_1、AC_2 和机架 AD 的长度。因为摇杆在极限位置时，曲柄与连杆共线，所以 $l_{AC_1} = l_{BC} - l_{AB}$，$l_{AC_2} = l_{BC} + l_{AB}$，从而可得：

$$l_{BC} = \frac{l_{AC_1} + l_{AC_2}}{2}, \quad l_{AB} = \frac{l_{AC_2} - AC_1}{2} \tag{3-1-3}$$

故通过计算和测量后，可得出各杆的长度分别为 l_{AB}、l_{BC}、l_{AD}。

⑦ 画出极限位置的运动简图　以 A 为中心、l_{AB} 为半径作圆，交 C_1A 的延长线于 B_1，交 C_2A 的延长线于 B_2，则机构 AB_1C_1D 和 AB_2C_2D 即为该机构两个极限位置的运动简图。

从上面的作图过程可以看出，由于 A 点是在 $\triangle C_1PC_2$ 的外接圆上任意选取，所以满足给定条件的设计结果有无穷多个。但 A 点的位置不同，机构的最小传动角及曲柄、连杆和机架的长度也各不相同。为使机构具有良好的传动性能，可按最小传动角或其他辅助条件来确定 A 点的位置。

知识点滴

飞机起落架与中国大飞机的发展

2017年5月5日，中国人自己的大飞机C919首飞成功，世界上多了一款属于中国的完全按照世界先进标准研制的大型客机。国产大飞机的制造不仅仅是民航工业的进步，而是整个国家工业体系的进步。据报道，飞机降落时冲击力高达360吨力，而飞机起落架那么细，怎么能承受？

毋庸置疑，起落架是飞机起飞、降落时的关键受力部件，号称乘客"生命的支点"。虽然它在飞机大肚子下面，非常不起眼，但选材要求却是非常苛刻的。现在我们常见的大飞机，基本都在100吨以上，为了能够承受飞机上百吨的重量，和起降时的巨大冲击力，起落架的材料必须满足高强度、高韧性、抗疲劳、耐腐蚀等条件。毫不夸张地说，起落架的用钢，能够代表一个国家超高强度钢的最高水平。除了先进的材料之外，起落架的结构也是非常精巧。飞机在接地时，与地面发生剧烈的撞击，除充气轮胎可起小部分缓冲作用外，大部分撞击能量要靠减震器吸收。现代飞机上应用最广的是油液空气减震器，当减震器受撞击压缩时，空气的作用相当于弹簧，贮存能量。而油液以极高的速度穿过小孔，吸收大量撞击能量，把它们转变为热能，使飞机撞击后很快平稳下来，不至于发生巨大的颠簸。

作为起飞和降落阶段的关键部件，起落架的安全性和可靠性对飞机的重要性不言而喻。调查表明，起落架断裂的大部分原因，是由表面应力腐蚀或疲劳裂纹扩展而引起的。为了保证起落架的长寿命、高可靠和结构减重，原材料在制作过程中，必须降低杂质元素含量，提高钢的纯净度，这也是提升起落架用钢其他性能的基础。随着材料技术的发展，国产起落架用钢的研究也实现了突破，已用于C919起落架制造。

【任务实施】

任务分析

根据任务已知的条件，在设计内燃机的曲柄滑块机构时，把偏置曲柄滑块机构的行程 H，视为曲柄摇杆机构当摇杆无限长时 C 点摆过的弦长，应用上述的方法可求得满足要求的机构，为解决图解法的精准性，作图时可用 AutoCAD 软件配合，得到的数据更准确。

任务完成

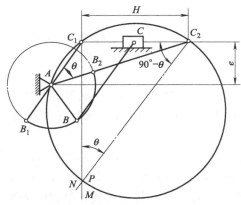

图 3-1-25　曲柄滑块机构设计图解

偏置曲柄滑块机构的设计方法与按照给定的行程速比系数设计四杆机构的方法类似，如图 3-1-25 所示，其设计步骤（以 AutoCAD 软件绘图并测量）为：

（1）计算极位夹角

按公式求出极位夹角 θ，根据式（3-1-2）

$$\theta = 180° \times \frac{K-1}{K+1} = 180° \times \frac{1.04-1}{1.04+1} = 3.5294°$$

（2）画出滑块的极限位置

选定比例尺，画线段 $C_1C_2 = H = 225\text{mm}$，

得到滑块的两个极限位置 C_1 和 C_2。

（3）作 $\triangle C_1 P C_2$

过 C_1 点作直线 $C_1 M$ 垂直于 $C_1 C_2$。作 $\angle C_1 C_2 N = 90° - \theta = 86.4706°$，$C_1 M$ 和 $C_2 N$ 交于 P 点，则 $\angle C_1 P C_2 = \theta = 3.5294°$。

（4）作 $\triangle C_1 P C_2$ 的外接圆

作 $\triangle C_1 P C_2$ 的外接圆。可以看出，在圆上任取一点与 C_1 和 C_2 点连线的夹角都等于 θ。

（5）确定曲柄的固定铰链中心 A

作 $C_1 C_2$ 的平行线，并与 $C_1 C_2$ 的距离为 $e = 50\text{mm}$，此直线与 $\triangle C_1 P C_2$ 的外接圆交点即为曲柄和机架的固定铰链中心 A。

（6）确定曲柄、连杆和摇杆的尺寸

测量出 $l_{AC_1} = 330.12\text{mm}$，$l_{AC_2} = 553.57\text{mm}$，根据式（3-1-3）可以计算出

$$l_{BC} = \frac{l_{AC_1} + l_{AC_2}}{2} = \frac{330.12 + 553.57}{2} = 441.845\text{mm}, \quad l_{AB} = \frac{l_{AC_2} - l_{AC_1}}{2} = \frac{553.57 - 330.12}{2} =$$

111.725mm

（7）画出机构极限位置的运动简图　以 A 为中心、l_{AB} 为半径作圆，交 $C_1 A$ 的延长线于 B_1，交 $C_2 A$ 的延长线于 B_2，则机构 $AB_1 C_1$ 和 $AB_2 C_2$ 即为该机构两个极限位置的运动简图。

【题库训练】

1. 选择题

（1）铰链四杆机构基本类型中，与机架相联接的是（　　）。

A. 机架　　　　　　B. 连杆　　　　　　C. 连架杆　　　　　　D. 滑块

（2）一曲柄摇杆机构，若改为以曲柄为机架，则将演化为（　　）。

A. 曲柄摇杆机构　　　　　　　　　B. 双曲柄机构

C. 双摇杆机构　　　　　　　　　　D. 导杆机构

（3）在铰链四杆机构中，若最短杆与最长杆长度之和小于其他两杆长度之和，则要获得双摇杆机构，机架应取（　　）。

A. 最短杆　　　　　　　　　　　　B. 最短杆的相邻杆

C. 最短杆的对面杆　　　　　　　　D. 无论哪个杆

（4）铰链四杆机构 $ABCD$ 中，AB 为曲柄，CD 为摇杆，BC 为连杆。若杆的长度 $l_{AB} = 30\text{mm}$、$l_{BC} = 70\text{mm}$、$l_{CD} = 80\text{mm}$，则机架最大杆长为（　　）。

A. 80mm　　　　　　　　　　　　B. 100mm

C. 120mm　　　　　　　　　　　　D. 150mm

（5）在曲柄滑块机构中，若取连杆为机架，则可获得（　　）。

A. 曲柄转动导杆机构　　　　　　　B. 曲柄摆动导杆机构

C. 摇块机构　　　　　　　　　　　D. 移动导杆机构

（6）铰链四杆机构的死点位置发生在（　　）。

A. 从动件与连杆共线位置　　　　　B. 从动件与机架共线位置

C. 主动件与连杆共线位置　　　　　D. 主动件与机架共线位置

（7）曲柄摇杆机构处于死点位置时，角度等于零的是（　　　）。

A. 压力角　　　　　　　　　　　　B. 传动角

C. 极位夹角　　　　　　　　　　　D. 摆角

（8）在下列平面四杆机构中，无急回性质的机构是（　　　）。

A. 曲柄摇杆机构　　　　　　　　　B. 摆动导杆机构

C. 对心曲柄滑块机构　　　　　　　D. 偏心曲柄滑块机构

（9）无急回特性的平面四杆机构，其极位夹角（　　　）。

A. $\theta = 0°$　　　　B. $\theta \geqslant 0°$　　　　C. $\theta > 0°$　　　　D. $\theta < 0°$

2. 填空题

（1）铰链四杆机构中，当最短杆与最长杆长度之和（　　　）其他两杆长度之和时，则一定是双摇杆机构。

（2）在铰链四杆机构中，若最短杆与最长杆长度之和小于其他两杆长度之和，取最短杆为机架时，则得到（　　　）机构。

（3）在铰链四杆机构中，若最短杆与最长杆长度和小于其他两杆长度之和，则以（　　　）为连架杆时，可得曲柄摇杆机构。

（4）在曲柄摇杆机构中，当曲柄等速转动时，摇杆往复摆动的平均速度不同的运动特性称为（　　　）。

（5）在平面四杆机构中，从动件的行程速比系数的表达式为（　　　）。

（6）在平面四杆机构中，已知行程速比系数 K，则极位夹角的计算公式为（　　　）。

（7）当摇杆为主动件时，曲柄摇杆机构的死点发生在曲柄与（　　　）共线的位置。

（8）平面四杆机构中是否存在死点位置，决定于从动件是否与连杆（　　　）。

3. 计算题

（1）判断图 3-1-26 所示的四杆机构的类型。

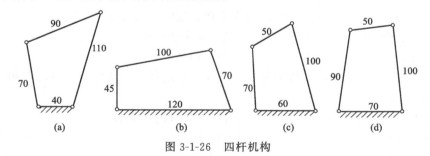

(a)　　　　　　　(b)　　　　　　　(c)　　　　　　　(d)

图 3-1-26　四杆机构

（2）试设计图 3-1-27 所示曲柄滑块机构，已知行程速度变化系数 $K = 1.5$，滑块行程 $H = 50\text{mm}$，偏距 $e = 20\text{mm}$，求曲柄和连杆的长度，并画出其运动简图。

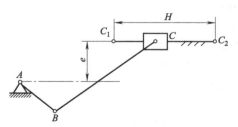

图 3-1-27　曲柄滑块机构

4. 简答题

（1）铰链四杆机构有哪几种基本形式？各有什么特点？

（2）铰链四杆机构可以通过哪几种方式演变成其他形式的四杆机构？试说明曲柄摇块机构是如何演化而来的？

（3）什么是偏心轮机构？它主要用于什么场合？

（4）铰链四杆机构中有可能存在死点位置的机构有哪些？它们存在死点位置的条件是什么？试举出一些克服死点位置的措施和利用死点位置的实例。

任务 3.2 凸轮机构的分析与设计

【任务描述】

在设计机械时，常要求其中某些从动件的位移、速度、加速度按照预定的规律变化。这种要求虽然可用连杆机构实现，但它一般难以精确地满足要求，故在这种情况下，特别是当从动件需按复杂的运动规律运动时，通常采用凸轮机构。

内燃机配气机构（如图 3-2-2）是控制内燃机进气和排气的机构。配气机构主要是通过凸轮机构控制气门的开启与关闭。本任务是对内燃机配气机构进行分析与设计，并用图解法设计盘形凸轮的轮廓曲线。

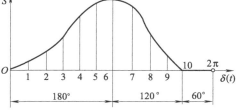

图 3-2-0 从动件运动的位移曲线

任务条件

已知内燃机配气凸轮机构，如图 3-2-2 所示。从动件（顶杆）的运动位移曲线如图 3-2-0 所示，凸轮的基圆半径为 r_b。

任务要求

根据"反转法"原理，用图解法设计平底从动件盘形凸轮机构的凸轮轮廓曲线。

学习目标

◎ 知识目标

（1）掌握凸轮机构的工程应用、分类和特点。

（2）掌握凸轮的结构、材料及工作过程分析。

（3）掌握从动件不同运动规律的凸轮机构特点。

（4）掌握反转法设计凸轮轮廓曲线原理、方法和步骤。

◎ 能力目标

（1）学会分析凸轮机构及其应用。

（2）学会图解法设计盘形凸轮轮廓曲线。

◎ 素质目标

（1）通过设计凸轮机构，培养求真务实、积极探索精神。

（2）培养获取新知识、新技能的学习能力和解决问题的职业素养。

【知识导航】

知识导图如图 3-2-1 所示。

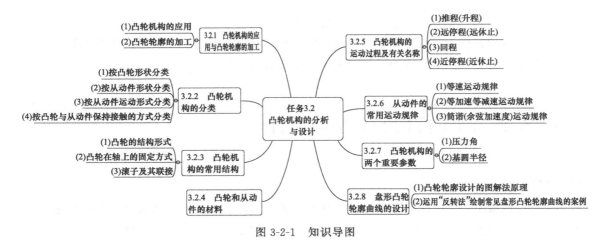

图 3-2-1   知识导图

3.2.1   凸轮机构的应用与凸轮轮廓的加工

（1）凸轮机构的应用

凸轮机构是使从动件做预期规律运动的高副机构，主要由凸轮、从动件和机架三个基本构件组成。其中，凸轮是一个具有曲线轮廓的构件，通常做连续的等速转动、摆动或移动，从动件在凸轮轮廓的控制下，按预定的运动规律做往复移动或摆动。为了实现各种复杂的运动要求，凸轮机构常用作控制机构，特别是在自动化机械中应用较为广泛。

① 内燃机配气机构   如图 3-2-2 所示为内燃机配气机构。当凸轮 1（主动件）做匀速转动时，其轮廓将驱使顶杆和气阀 2（从动件）做往复移动，使其按预定的运动规律开启或关闭（关闭靠弹簧 4 的作用），以控制燃气定时进入气缸或废气定时排出。

② 靠模（仿形）车刀架机构   如图 3-2-3 所示为靠模（仿形）车刀架机构。当工件 1 旋转时，刀架 2（从动件）在具有凸轮轮廓曲线的靠模板 3（相当于带有凸轮轮廓的凸轮）上水平移动时，带动刀具按相同轨迹移动，形成上下往复运动，从而加工出与靠模板（凸轮轮廓）相同的旋转曲面。

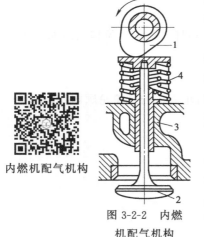

内燃机配气机构

图 3-2-2   内燃机配气机构

1—凸轮；2—顶杆
与气阀；3—缸
体；4—弹簧

③ 自动进退刀机构   如图 3-2-4 所示为一自动车床的自动进刀机构。摆杆 2（从动件）通过滚子 3，嵌在圆柱凸轮 1 的凹槽中，当具有凹槽的圆柱凸轮 1 匀速转动时，其轮廓驱使摆杆 2（从动件）绕轴 O 按一定规律往复摆动，再通过扇形齿轮与齿条的啮合运动使刀架往复运动，实现进刀和退刀的过程。

由以上三例可见，凸轮机构的最大优点是：只要设计出适当的凸轮轮廓，就可以使从动件得到预期的运动规律，并且结构简单、紧凑，易于设计。但由于凸轮轮廓与从动件之间为高副接触，因此其缺点是接触应力较大，易于磨损，因此凸轮机构多用于传递动力不大的场合。

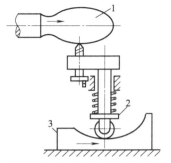

图 3-2-3　靠模（仿形）车刀架机构

1—工件；2—刀架；

3—靠模板（凸轮轮廓）

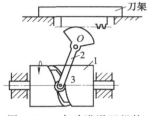

图 3-2-4　自动进退刀机构

1—圆柱凸轮；2—摆杆；

3—滚子

仿形加工

（2）凸轮轮廓的加工

凸轮轮廓的加工方法通常有两种：

① 铣、锉削加工　对用于低速、轻载场合的凸轮，可以在未淬火的凸轮轮坯上通过图解法绘制出轮廓曲线，采用铣床或手工锉削方法加工而成。对于大批量生产的还可采用仿形加工。

② 数控加工　采用数控线切割机床对淬火凸轮进行加工，此种加工方法是目前常用的一种加工凸轮方法。应用专用编程软件，用数控线切割机床切割而成，此方法加工出的凸轮精度高，适用于高速、重载的场合。

3.2.2　凸轮机构的分类

（1）按凸轮形状分类

① 盘形凸轮　盘形凸轮是一个绕固定轴线回转的盘形构件，这种凸轮在外缘或凹槽等具有变化向径，如图 3-2-5（a）所示。它是凸轮的基本形式。如图 3-2-2 所示配气机构中的凸轮就是盘形凸轮。

② 移动凸轮　移动凸轮是盘形凸轮的一种变化形式，可看作是回转半径无限大的盘形凸轮。当盘形凸轮的回转中心趋于无穷远时，凸轮相对机架做往复直线运动，这种凸轮称为移动凸轮，如图 3-2-5（b）所示。有时，也可将移动凸轮固定，而使从动件相对于凸轮移动（如图 3-2-3 所示仿形车刀架机构）。

③ 圆柱凸轮　圆柱凸轮可以看作是将移动凸轮卷成圆柱体而形成的。它是在圆柱端面上作出曲线轮廓［如图 3-2-5（c）所示］或在圆柱面上开有曲线凹槽（如图 3-2-4 所示）的圆柱形构件。

（2）按从动件形状分类

根据从动件与凸轮接触处的结构形式不同，从动件可分为三类：

① 尖顶从动件　如图 3-2-6（a）所示，这种从动件的端部呈尖顶状，以尖顶与凸轮轮廓接触。其结构简单，尖顶能与任意复杂的凸轮轮廓保持接触，以实现从动件的任意运动规律。但尖顶与凸轮属于点接触，易于

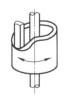

(a) 盘形凸轮　　(b) 移动凸轮　　(c) 圆柱凸轮

图 3-2-5　按凸轮形状分类

磨损，故只适用于传力不大的低速凸轮机构，如仪表机构等。

② 滚子从动件　如图 3-2-6 (b) 所示，为弥补尖顶从动件的缺陷，这种从动件的端部安装一个可以自由转动的滚子，以铰接的滚子与凸轮轮廓接触，故称为滚子从动件。铰接的滚子与凸轮轮廓间为滚动摩擦，不易磨损，可承受较大的载荷，因而应用最为广泛。

③ 平底从动件　如图 3-2-6 (c) 所示，这种从动件的端部是一个平面，以平底与凸轮轮廓接触的从动件，故称平底从动件。它的优点是凸轮对从动件的作用力方向始终与平底垂直，传动效率高，工作平稳，且平底与凸轮接触面间易形成油膜，利于润滑，故常用于高速传动中。其缺点是不能与具有内凹轮廓的凸轮配对使用，也不能与移动凸轮和圆柱凸轮配对使用。

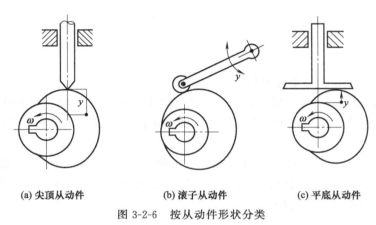

(a) 尖顶从动件　　　(b) 滚子从动件　　　(c) 平底从动件

图 3-2-6　按从动件形状分类

（3）按从动件运动形式分类

① 直动从动件　直动从动件相对机架做往复直线运动。它可分为对心直动从动件和偏置直动从动件。

a. 对心直动从动件　若从动件的尖顶（或滚子中心）运动轨迹的延长线，通过凸轮的回转中心，称为对心直动从动件，如表 3-2-1 中 (a)、(b)、(c) 所示。

b. 偏置直动从动件　若从动件的尖顶（或滚子中心）运动轨迹的延长线，不通过凸轮的回转中心，则称为偏置移动从动件，如表 3-2-1 中 (d)、(e)、(f) 所示，从动件导路与凸轮回转中心的距离称为偏距，用 e 表示。

② 摆动从动件　相对机架绕转动中心做往复摆动的从动件，如表 3-2-1 中 (g)、(h)、(i) 所示。

表 3-2-1　凸轮机构从动件的基本类型和特点

从动件端部的结构形式	运动形式			主要特点
	移动		摆动	
	对心直动	偏置直动		
尖顶	(a)	(d)	(g)	结构简单、紧凑，可准确地实现任意运动规律，易磨损，承载能力小；多用于传力小、速度低、传动灵敏的场合

续表

从动件端部的结构形式	运动形式			主要特点
	移动		摆动	
	对心直动	偏置直动		
滚子	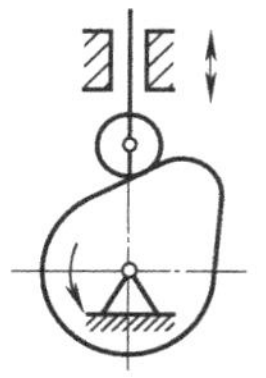 　(b)	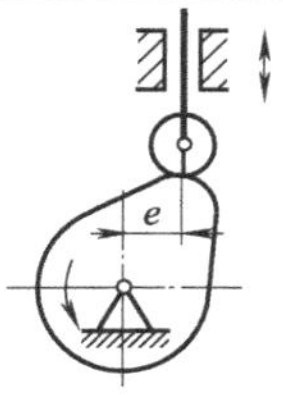 　(e)	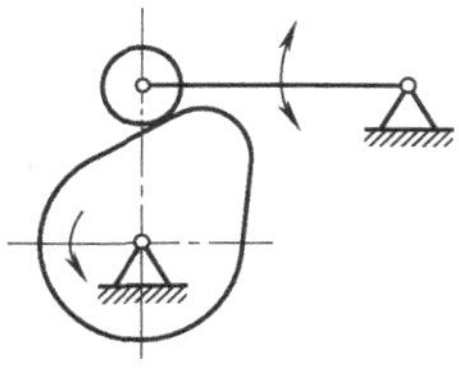 　(h)	滚子接触摩擦阻力小,不易磨损,承载能力较大;但运动规律有局限性,滚子轴处有间隙,不宜高速
平底	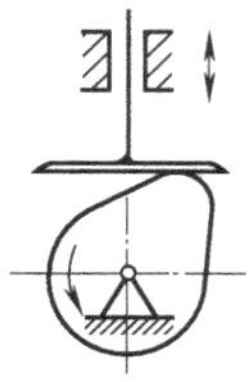 　(c)	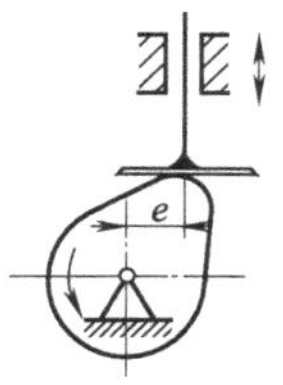 　(f)	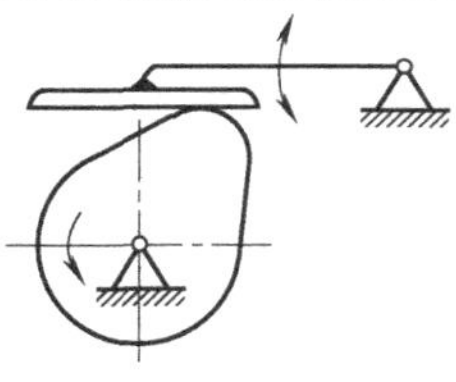 　(i)	结构紧凑,润滑性能好,摩擦阻力小,适用于高速;但凸轮轮廓不允许呈凹形,因此运动规律受到一定限制

（4）按凸轮与从动件保持接触的方式分类

在凸轮机构的传动过程中,应设法保证从动件与凸轮始终保持接触,其保持接触方式有以下几种。

① 力锁合　在这类凸轮机构中,主要利用弹簧力、从动件自重等外力使从动件与凸轮始终保持接触,如表 3-2-2 中的配气凸轮机构即采用力锁合的接触方式。

② 形锁合　在这类凸轮机构中,利用凸轮和从动件的特殊几何结构使两者始终保持接触,如表 3-2-2 中采用槽道凸轮、等宽凸轮、等径凸轮和主回（共轭）凸轮等形锁合的方式。

表 3-2-2　凸轮的锁合方式

力锁合	形锁合			
利用弹簧	槽道凸轮	等宽凸轮	等径凸轮	主回(共轭)凸轮
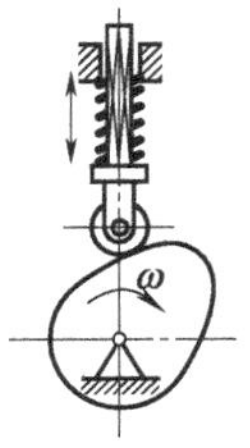	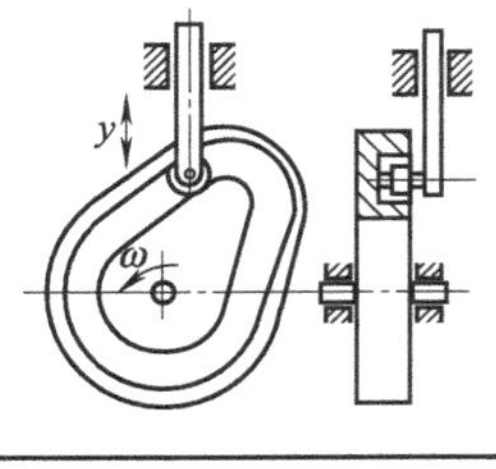	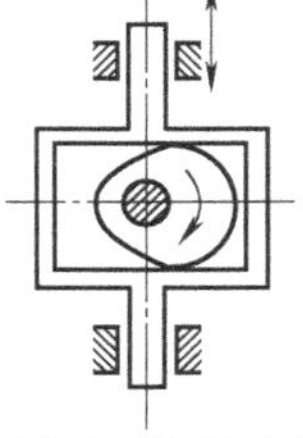	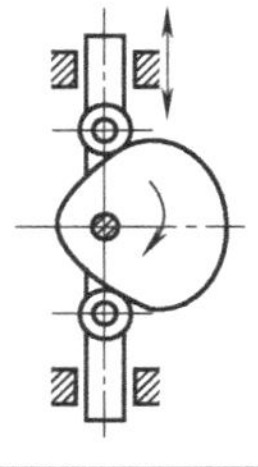	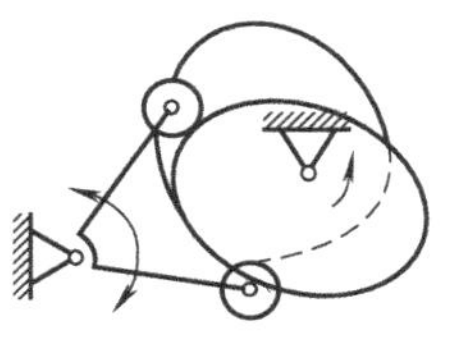

3.2.3　凸轮机构的常用结构

（1）凸轮的结构形式

凸轮的结构常见的有凸轮轴、整体式凸轮和组合式凸轮。对于基圆小的凸轮,当凸轮轮廓尺寸接近轴径尺寸时,凸轮与轴可做成一体,称为凸轮轴［图 3-2-7（a）］;对于基圆较大的凸轮、无特殊要求或不经常拆卸时,当凸轮和轴的尺寸相差比较大时,凸轮可做成整体式套装结构［图3-2-7（b）］，即凸轮上开有轴孔，套装在轴上；对于大型、低速凸轮机构的凸轮或经常调整轮廓形状的凸轮，常采用凸轮和轮毂分开的组合结构［图3-2-7（c）］。

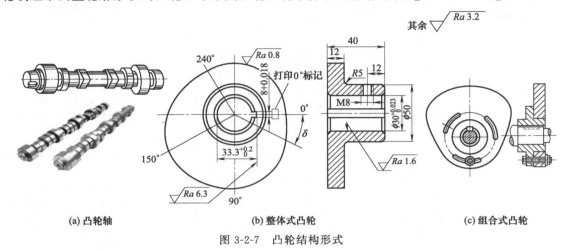

| (a) 凸轮轴 | (b) 整体式凸轮 | (c) 组合式凸轮 |

图 3-2-7　凸轮结构形式

（2）凸轮在轴上的固定方式

除了凸轮轴的形式，凸轮和轴的固定常采用键联接［图3-2-8（a）］、销联接［图3-2-8（b）］和弹性开口圆锥套与螺母联接形式［图3-2-8（c）］。其中，弹性开口圆锥套与螺母联接的形式是一种调整凸轮起始位置的结构。

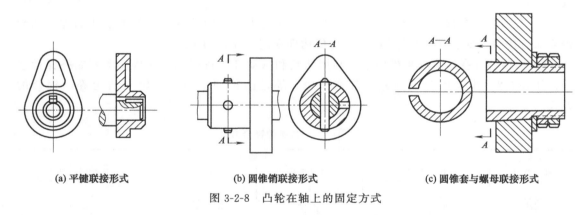

| (a) 平键联接形式 | (b) 圆锥销联接形式 | (c) 圆锥套与螺母联接形式 |

图 3-2-8　凸轮在轴上的固定方式

（3）滚子及其联接

滚子从动件的滚子，可以是专门制造的圆柱体，如图3-2-9（a）、（b）所示；也可以采用滚动轴承，如图3-2-9（c）所示。滚子与从动件可采用螺栓联接，如图3-2-9（a）所示；也可以采用小（胀）轴联接，如图3-2-9（b）、（c）所示。无论哪种装配方式，都必须保证滚子能相对于从动件自由转动。

3.2.4　凸轮和从动件的材料

凸轮机构属于典型的高副机构，凸轮与从动件接触应力大，易在相对滑动时产生严重磨损；另外，多数凸轮机构在工作时还要承受冲击载荷。因此，应合理地选择凸轮的材料，并进行适当的热处理，使滚子和凸轮的工作表面具有较高的硬度和耐磨性，确保芯部具有较好的韧性。

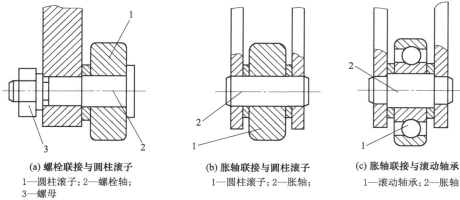

(a) 螺栓联接与圆柱滚子
1—圆柱滚子；2—螺栓轴；
3—螺母

(b) 胀轴联接与圆柱滚子
1—圆柱滚子；2—胀轴；

(c) 胀轴联接与滚动轴承
1—滚动轴承；2—胀轴

图 3-2-9　滚子的装配方式

（1）对于低速、轻载的盘式凸轮机构，可以选用 HT250、HT300、HT600-3 等作为凸轮材料。当使用球墨铸铁时，凸轮轮廓表面可以进行淬火处理，以提高凸轮表面耐磨性。从动件因承受弯曲应力，不易采用脆性材料，可选用 40、45 等中碳结构钢，表面淬火硬度达 40～50HRC。

（2）对于中速、中载荷的凸轮机构，凸轮常用 45 钢，经表面淬火，硬度达 40～50HRC。亦可采用 15、20Cr 和 20CrMnTi，经渗碳淬火硬度达 56～62HRC。从动件可选用 20Cr，渗碳淬火，使其硬度达到 55～60HRC。

（3）对于高速、重载的凸轮机构，通常采用无冲击的从动件运动规律。凸轮常采用 40Cr，表面高频淬火，硬度达 56～60HRC，或用 38CrMoAl，经渗氮处理，硬度达 60～67HRC。从动件可选用 T8、T10、T12 等碳素工具钢来制造，经表面淬火处理，硬度达 58～62HRC；要求高的滚子可用 20Cr，并经表面渗碳淬火处理。

3.2.5　凸轮机构的运动过程及有关名称

现以对心移动尖顶从动件盘形凸轮机构为例进行运动分析。如图 3-2-10 所示，凸轮轮

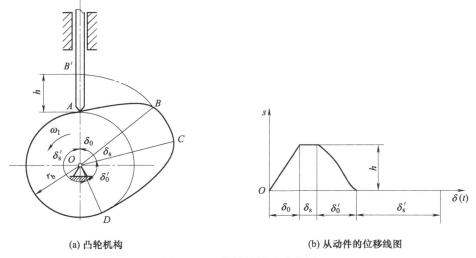

(a) 凸轮机构

(b) 从动件的位移线图

图 3-2-10　凸轮机构运动分析

廓由非圆弧曲线 AB、CD 以及圆弧曲线 BC 和 DA 组成。以凸轮轮廓曲线的最小向径 r_b 为半径所作的圆，称为凸轮的基圆，r_b 称为基圆半径。点 A 为凸轮轮廓曲线的起始点，凸轮的转角为零，从动件的位移也为零。从动件离轴向最近点 A 到最远位置 B' 间移动的距离 h，称为行程。当凸轮以等角速度 ω_1 逆时针转动时，凸轮转过一周，从动件经历推程、远休止、回程、近休止四个阶段，是典型的升-停-降-停的双停歇循环。

（1）推程（升程）

当凸轮与从动件在 A 点接触时，从动件处于距凸轮心 O 最近位置。当凸轮以匀角速度 ω_1 逆时针转动 δ_0 时，凸轮轮廓 AB 段的向径逐渐增加，推动从动件以一定的运动规律达到最高位置 B'，此时从动件处于距凸轮轴心 O 最远位置，这个过程称为推程，即推程是从动件自最低位置升到最高位置的过程，又称升程，这时从动件移动的距离 h。同时，凸轮推动从动件实现推程时的凸轮转角 δ_0，称为推程运动角，简称推程角或升程角。

（2）远停程（远休止）

当凸轮继续转动 δ_s 时，凸轮轮廓 BC 段向径不变，此时从动件处于最远位置停留不动，相应的凸轮转角 δ_s，称为远休止角。

（3）回程

当凸轮继续转动 δ_0' 时，凸轮轮廓 CD 段的向径逐渐减小，从动件在重力或弹簧力的作用下，以一定的运动规律回到起始位置，这个过程称为回程，即回程是从动件移向凸轮轴心的行程。对应的凸轮转角 δ_0'，称为回程运动角。

（4）近停程（近休止）

当凸轮继续转动 δ_s' 时，凸轮轮廓 DA 段的向径不变，此时从动件在最近位置停留不动，相应的凸轮转角 δ_s' 称为近休止角。

当凸轮再继续转动时，从动件重复上述运动循环。此时若以直角坐标系的纵坐标代表从动件位移 s，横坐标代表凸轮的转角 δ，则可画出从动件位移 s 与凸轮转角 δ 之间的关系线图，如图 3-2-10（b）所示，这种曲线则称为从动件位移曲线，可用它来描述从动件的运动规律。

实际上，并不是所有的凸轮机构的从动件都必须有"升-停-降-停"这样的运动循环，工程中，从动件运动也可以是一次停歇或没有停歇的循环。从动件的运动循环应根据工作要求的不同可以只有"升-停-降"或"升-降-停"等的循环过程。

由上述分析可知，从动件的运动规律取决于凸轮的轮廓形状，轮廓形状不同，从动件的运动规律随之变化。反之，从动件位移曲线取决于凸轮轮廓曲线的形状，特别是从动件的位移曲线直观表示了从动件的位移变化规律。因此，要设计凸轮的轮廓曲线，就必须首先知道从动件的运动规律，它是凸轮轮廓设计的依据。

3.2.6 从动件的常用运动规律

所谓从动件的运动规律，是指从动件的位移 s、速度 v、加速度 a 随凸轮转角 δ（或时间 t）的变化规律。以从动件的位移 s（速度 v、加速度 a）为纵坐标，以对应的凸轮转角 δ（或时间 t）为横坐标，逐点画出从动件的位移 s（速度 v、加速度 a）与凸轮转角 δ（或时间 t）之间的关系曲线，称为从动件的运动线图。

从动件的运动规律可以用线图表示，也可以用运动方程表示。设计凸轮轮廓时，首先要根据工作要求确定从动件的运动规律，并按照其位移线图来设计凸轮轮廓。从动件常用运动规律有等速运动规律、等加速等减速运动规律、余弦加速度运动规律（简谐运动规律）。

（1）等速运动规律

① 规律分析 等速运动规律是指从动件在推程或回程的运动速度为常数的运动规律。凸轮以等角速度 ω_1 转动，当凸轮转过推程角时，从动件的位移逐渐增加到 h；回程时，凸轮转过回程转角，从动件的位移由 h 逐渐减小到零。从动件做等速运动规律的运动线图如图 3-2-11 所示。其位移曲线为一条斜直线，速度曲线为一条水平直线，加速度曲线为零线。

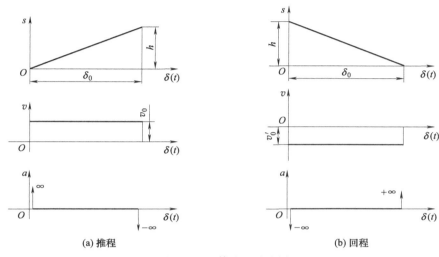

图 3-2-11 等速运动线图

当运动开始的瞬时，从动件的速度由 0 突变为 v_0，理论上该处加速度 a 趋近正无穷；同理，当运动终止的瞬时，从动件的速度由 v_0 突变为 0，a 趋近负无穷。

② 适用范围 由上面的分析，从动件在推程（回程）开始和终止的瞬时，速度由零产生突变，其加速度在理论上为无穷大（实际上由于材料的弹性变形，其加速度和惯性力不可能达到无穷大），根据牛顿第二运动定律可知，此规律将导致极大的惯性力，从而产生强烈的冲击、噪声和磨损。这种从动件在某瞬时速度突变，其加速度及惯性力在理论上均趋于无穷大时所引起的冲击，称为刚性冲击。因此等速运动规律只适用于低速、轻载的凸轮机构。

（2）等加速等减速运动规律

① 规律分析 等加速等减速运动规律是指从动件在一个行程中，前半行程做等加速运动，后半行程做等减速运动的运动规律。其运动线图如图 3-2-12 所示。其位移曲线为两段光滑相连开口相反的抛物线，速度曲线为一条斜直线，加速度曲线为水平直线。由位移方程可知，等加速等减速运动规律的位移曲线为抛物线，故该运动规律又称为抛物线运动规律。

② 适用范围 由图 3-2-12 所示的加速度线图可知，从动件在升程始、末以及等加速过渡到等减速的瞬时（即 A、B、C 三处），加速度出现有限值的突然变化，这将产生有限惯性力的突变，而引起冲击。这种从动件在某瞬时加速度发生有限值的突变时所引起的冲击，称为柔性冲击。因此等加速等减速运动规律不适用于高速，仅用于中、低速的凸轮机构。

（3）简谐（余弦加速度）运动规律

① 规律分析 当一质点在圆周上做匀速运动时，该质点在这个圆的直径上的投影所形成的运动称为简谐运动。简谐运动规律是指从动件加速度按余弦规律变化的运动规律。如图 3-2-13 所示简谐运动规律的运动线图，从动件前半升程做加速运动，后半升程做减速运动。

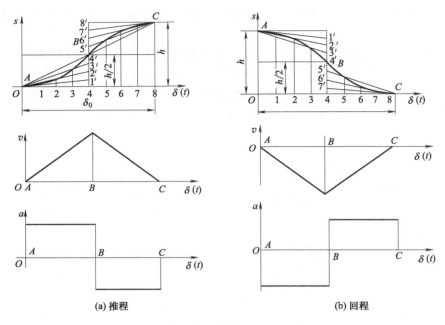

(a) 推程　　　　　　　　　　　　(b) 回程

图 3-2-12　等加速等减速运动线图

其位移曲线为简谐曲线，故又称为简谐运动规律，速度曲线为正弦曲线，加速度曲线为余弦曲线，故又称余弦加速度运动规律。

②　适用范围　由图 3-2-13 所示的加速度线图可知，这种运动规律的从动件在升程的始点和终点两处仍然存在加速度值的有限值突变，也会产生柔性冲击，故不宜用于高速场合，只适用于中速、中载场合。但当从动件做无停歇的升-降-升连续往复运动时，则得到连续的余弦曲线，运动中完全消除了柔性冲击，这种情况下可用于高速传动。

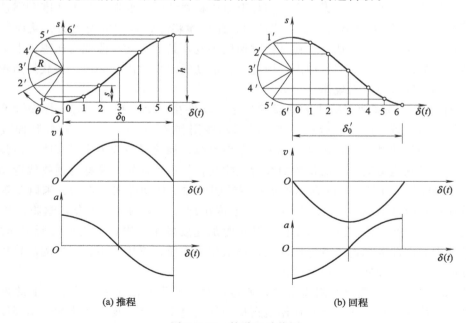

(a) 推程　　　　　　　　　　　　(b) 回程

图 3-2-13　简谐运动线图

3.2.7 凸轮机构的两个重要参数

为了保证凸轮机构在正常条件下有良好的可靠性，就务必要达到从动件在所有位置都能准确地实现给定的运动规律、传力性能好（不能出现自锁）以及结构尺寸紧凑等要求，而能否达到这些要求与凸轮机构的基本参数有着密切的关系。凸轮机构的基本参数包括压力角、凸轮的基圆半径、滚子半径（对滚子从动件凸轮机构而言）等。本书只探讨其中的两个重要参数。

（1）压力角

凸轮机构的压力角是指作用在从动件的驱动力 F 与该力作用点的绝对速度方向间所夹的锐角 α，称为凸轮机构在该位置的压力角。

如图 3-2-14 所示为对心移动尖顶从动件盘形凸轮机构在推程中的一个位置。F_Q 为作用在从动件上的载荷，若不计摩擦，凸轮作用于从动件上的力 F 将沿接触点的法线 n-n 方向。F 可分解为沿从动件导路方向的分力 F_t 及垂直导路方向的分力 F_n。其中 F_t 为有效分力，它推动从动件克服载荷 F_Q 及从动件与导路间的摩擦力向上移动；F_n 为有害分力，它使从动件压紧导路面产生摩擦力。

由图 3-2-14 可知：

$$F_t = F\cos\alpha \qquad (3\text{-}2\text{-}1)$$

$$F_n = F\sin\alpha \qquad (3\text{-}2\text{-}2)$$

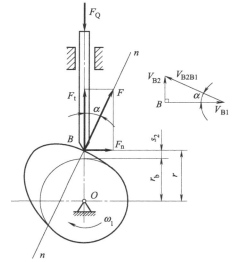

图 3-2-14 凸轮机构的压力角

分析式（3-2-1）和式（3-2-2）可以看出，当驱动力 F 一定时，压力角 α 越大，有用分力 F_t 越小，而有害分力 F_n 越大，由此所引起的摩擦力越大，凸轮机构的效率越低。当 α 增大到一定程度时，由 F_n 引起的摩擦阻力始终大于有效分力 F_t，无论凸轮给从动件施加的作用力多大，从动件都不能运动，这种现象称为自锁。因此，从改善受力情况、提高传动效率、避免自锁的观点看，压力角愈小愈好。但是，从机构尺寸紧凑的观点看，其压力角较大为好。

由于在一般设计过程中，既要求凸轮机构有较高效率、受力情况良好，又要求其机构尺寸紧凑（即基圆半径较小），因此，压力角既不能过大，也不能过小。由于凸轮轮廓曲线上各点的压力角是变化的，因此在设计时，应使轮廓上的最大压力角 α_{max} 不超过许用值。即在满足 $\alpha_{max} \leqslant [\alpha]$ 的前提下，尽量采用较小的基圆半径。在一般工程设计中，尖顶从动件盘形凸轮机构的许用压力角可按表 3-2-3 推荐的值选取。如果采用滚子从动件、润滑良好及支承刚度较大或受力不大而要求结构紧凑时，可取上述数据较大值，否则取小值。

表 3-2-3 尖顶从动件盘形凸轮机构许用压力角 $[\alpha]$

从动件种类	推 程	回 程	
		力封闭	形封闭
直动从动件	$\leqslant 30°$，当要求凸轮尽可能小时，可用到$\leqslant 45°$	$\leqslant 70°\sim80°$	$\leqslant 30°$（可用到 $45°$）
摆动从动件	$\leqslant 35°\sim45°$	$\leqslant 70°\sim80°$	$\leqslant 35°\sim45°$

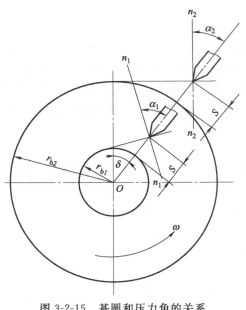

图 3-2-15　基圆和压力角的关系

（2）基圆半径

从机构传力性能的角度看，压力角应该越小越好，但在实际中，凸轮机构的压力角不只是与传力性能有关，还与凸轮的基圆半径有关。从图3-2-15 可以看出，当凸轮转过相同转角 δ 时且从动件上升相同位移 S 时，基圆大小不同的两个凸轮相比，基圆半径较小的轮廓曲线较陡，从而得到的压力角相对较大；相反，基圆半径较大的会得到相应较小的压力角。

凸轮基圆半径 r_b 过小，会使机构压力角增大，受力情况变坏，效率降低，甚至会发生自锁；而基圆半径 r_b 过大，会使机构尺寸增大。因此，基圆半径的确定，应在满足凸轮机构结构设计、最大压力角小于许用值及最小曲率半径 $\rho_{\min}$ 等要求的前提下，尽量采用较小的基圆半径 r_b。在一般设计中，凸轮的基圆半径经常是根据具体的结构条件确定的。如果对机构的尺寸没有严格要求时，可将基圆选大一些以减小压力角，使机构具有良好的传力性能；如果要求减小机构尺寸，则所选的基圆应保证最大压力角不超过许用值。

3.2.8　盘形凸轮轮廓曲线的设计

在凸轮机构的设计过程中，当根据工作条件的要求，选定了凸轮机构的形式、凸轮转向、凸轮的基圆半径和从动件的运动规律后，就可以进行凸轮轮廓曲线的设计。凸轮轮廓曲线的设计方法有图解法和解析法。图解法简便易行，比较直观，但设计精度较低，一般适用于低速或对从动件的运动规律要求不太严格的凸轮机构设计。解析法设计精度较高，常用于运动精度较高的凸轮（如仪表中的凸轮或高速凸轮等）设计，由于其计算工作量较大，适宜在计算机上计算。但这两种设计方法的基本原理是相同的，本节仅讨论图解法。

（1）凸轮轮廓设计的图解法原理

如图 3-2-16 所示为一对心移动尖顶从动件盘形凸轮机构，当凸轮以等角速度 ω_1 绕轴心 O 逆时针转动时，将推动从动件沿其导路做往复移动。为便于绘制凸轮轮廓曲线，设想给整个凸轮机构（含机架、凸轮及从动件）加上一个绕凸轮轴心的公共角速度 $-\omega_1$，根据相对运动原理，这时凸轮与从动件之间的相对运动关系并不发生改变，但此时凸轮将静止不动，而从动件则一方面和机架一起以角速度 $-\omega_1$ 绕凸轮轴心 O 转动，同时又以原有运动规律相对于机架导路做预期的往复运动。由于从动件尖顶在这种复合运动中始终与凸轮轮廓保持接触，所以其尖顶的轨迹就是凸轮轮廓曲线。这种利用相对运动原理设计凸轮轮廓曲线的方法称为"反转法"。

（2）运用"反转法"绘制常见盘形凸轮轮廓曲线的案例

① 对心移动尖顶从动件盘形凸轮轮廓曲线的绘制

【已知条件】　假设在这种凸轮机构中，已知凸轮以等角速度 ω_1 顺时针转动，凸轮基圆半径为 r_b，从动件的运动规律为：凸轮转过推程运动角 δ_0 时，从动件等速上升一个行程 h

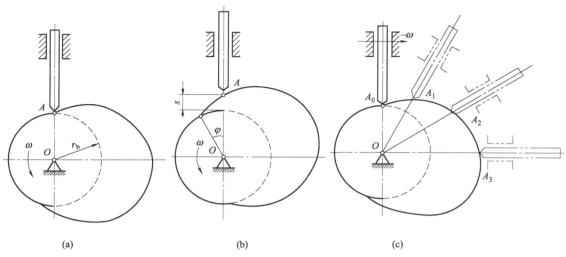

图 3-2-16　凸轮轮廓设计的图解法原理

到达最高位置；凸轮转过远休止角 δ_s，从动件在最高位置停留不动；凸轮继续转过回程运动角 δ_b，从动件以等加速等减速运动回到最低位置；最后凸轮转过近休止角 δ_s'，从动件在最低位置停留不动（此时凸轮正好转动一周），其运动曲线如图 3-2-17（b）所示。

【设计步骤】 根据上述"反转法"，则该凸轮轮廓曲线可按如下步骤作出：

a. 等分从动件的位移曲线　在位移曲线图 3-2-17（b）上，将推程运动角 δ_0 和回程运动角 δ_b 分段等分，并通过各等分点作垂线，与位移曲线相交，即得相应凸轮各转角时从动件的位移 $11', 22', \cdots$。

b. 画基圆，并确定从动件的初始位置　用与位移曲线同样比例尺 μ_s 以 O 为圆心，以 $OB_0 = r_b/\mu_s$ 为半径画基圆，然后画出从动件的形状和导路线，如图 3-2-17（a）所示。基

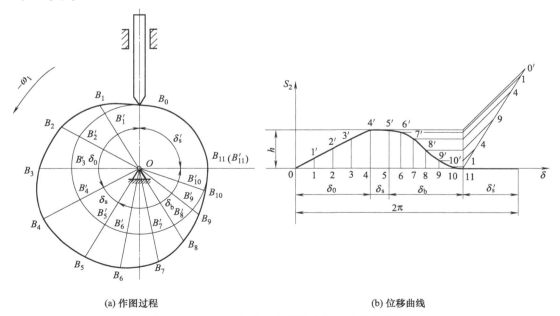

(a) 作图过程　　　　　　　　　　　　　　　(b) 位移曲线

图 3-2-17　对心移动尖顶从动件盘形凸轮设计

圆与从动件导路线的交点 B_0 即为从动件尖顶的起始位置。

　　c. 等分基圆　自 OB_0 沿 ω_1 的相反方向取角度 δ_0，δ_s，δ_b，δ'_s，并将它们各分成与图 3-2-17（b）对应的若干等份，得 B'_1，B'_2，B'_3，…点。联接 OB'_1，OB'_2，OB'_3，…，并延长各径向线，它们便是反转后从动件导路线的各个位置。

　　d. 测量位移，确定从动件的尖顶位置　在位移曲线中量取各个位移量，并取 $B'_1B_1 = 11'$，$B'_2B_2 = 22'$，$B'_3B_3 = 33'$，…，得反转后从动件尖顶的一系列位置 B_1，B_2，B_3，…。

　　e. 连线形成凸轮轮廓曲线　将 B_0，B_1，B_2，…连成光滑的曲线，即是所要求的凸轮轮廓曲线。

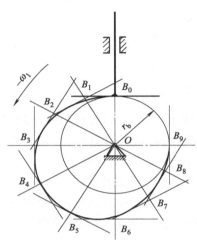

图 3-2-18　平底从动件盘形凸轮设计

　　② 对心移动平底从动件盘形凸轮轮廓曲线的绘制

　　如图 3-2-18 所示的是平底从动件盘形凸轮设计。平底从动件凸轮工作轮廓曲线的绘制与尖顶从动件相仿，只是因为从动件是平底，所以最后要画出平底直线的包络线，才是凸轮的轮廓曲线。因此，除了按尖顶从动件凸轮轮廓曲线的绘制步骤外，还要按下列内容进行：

　　a. 把平底与从动件的导路中心线的交点 B_0 看作尖顶从动件的尖顶，按照尖顶从动件凸轮轮廓曲线的画法，求出导路中心线与平底的各交点 B_1，B_2，B_3，…；

　　b. 过以上各交点 B_1，B_2，B_3，…作一系列表示平底的直线，然后作此直线族的包络线，即得到该凸轮的工作轮廓曲线。

　　由于平底上与实际轮廓曲线相切的点是随机构位置变化的，为了保证在所有位置平底都能与轮廓曲线相切，平底左右两侧的宽度必须分别大于导路至左右最远切点的距离。从作图过程不难看出，对于平底直动从动件，只要不改变导路的方向，无论导路对心或偏置，无论取哪一点为参考点，所得出的直线族和凸轮实际轮廓曲线都是一样的。

知识点滴

观察、思考与解决问题的职业素养

　　在凸轮机构设计中，我们要关注很多注意事项，才能真正设计出与工程实际相符合的机构。这就要求我们要本着求真务实的态度，积极进行探索，解决工程的实际问题。

　　要提升我们有效的观察事物、思考和解决问题的能力，通常要在三个方面进行锻炼。一是要具有问题识别能力。当我们面对各种各样的复杂问题时，我们能迅速而准确识别出隐藏在生活与工作当中的问题，能意识到我们所面临的现实与我们的期望之间的差异。二是要具有问题分析和思考能力。当面临复杂的问题时，我们能够将其分成比较简单的组成部分，找出这些部分的本质属性和彼此之间的关系，单独进行剖析、分辨、观察思考和研究，通过细致的观察和认真的思考，找出问题的主线，并以此来解决问题。三是要具有问题解决的能力。当面对问题情景时，能够按照一定的目标，应用各种认知活动和技能等，经过一系列的思维操作，使问题得以解决。

【任务实施】

任务分析

根据已知条件，分析凸轮机构从动件的位移曲线（图 3-2-0），从动件的运动规律是等加速等减速规律，凸轮转一周，从动件经历了在转角 180°内为等加速等减速升程，在转角 120°内为等加速减速回程，在转角 60°内为近停程，共三个过程。同时，也知道了基圆半径。因此根据工程实际，可用图解法按平底从动件盘形凸轮机构凸轮实际轮廓曲线的设计方法进行。

任务完成

① 首先取平底与导路的交点 O 为参考点，将它看作尖底，运用尖底从动件凸轮的设计方法求出参考点反转后的一系列位置。

② 过这些点画出一系列平底，得一直线族；最后作此直线族的包络线，便可得到凸轮实际轮廓曲线。作图过程见 3-2-19 所示。

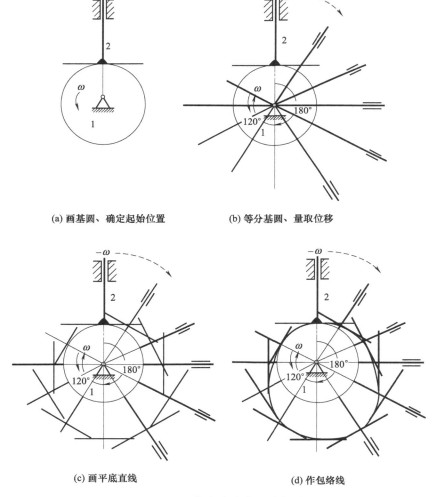

(a) 画基圆、确定起始位置　　　(b) 等分基圆、量取位移

(c) 画平底直线　　　(d) 作包络线

图 3-2-19　任务完成步骤示意图

【题库训练】

1. 判断题

（1）在凸轮从动件运动规律中，等速运动的加速度冲击最小。（　　）

（2）适用于高速运动的凸轮机构从动件运动规律为余弦加速度运动。（　　）

（3）基圆是凸轮实际廓线上到凸轮回转中心距离最小为半径的圆。（　　）

（4）若要使凸轮机构压力角减小，应增大基圆半径。（　　）

（5）凸轮机构的从动件按简谐运动规律运动时，不产生冲击。（　　）

（6）凸轮转速的高低，影响从动件的运动规律。（　　）

（7）凸轮轮廓曲线是根据实际要求而拟定的。（　　）

（8）盘形凸轮的行程是与基圆半径成正比的，基圆半径越大，行程也越大。（　　）

（9）在圆柱面上开有曲线凹槽轮廓的圆柱凸轮，只适用于滚子式从动件。（　　）

（10）由于盘形凸轮制造方便，所以最适用于较大行程的传动。（　　）

2. 单项选择题

（1）与连杆机构相比，凸轮机构最大的缺点是（　　）。

A. 惯性力难以平衡　　　　　　　　　B. 点、线接触，易磨损

C. 设计较为复杂　　　　　　　　　　D. 不能实现间歇运动

（2）与其他机构相比，凸轮机构最大的优点是（　　）。

A. 可实现各种预期的运动规律　　　　B. 制造方便，易获得较高的精度

C. 从动件的行程可较大

（3）下列几种运动规律中，既不会产生柔性冲击，也不会产生刚性冲击，可用于高速场合的是（　　）。

A. 等速运动规律　　　　　　　　　　B. 简谐运动规律

C. 等加速等减速运动规律

（4）（　　）的磨损较小，适用于设有内凹槽凸轮轮廓曲线的高速凸轮机构。

A. 尖顶式从动杆　　　　　　　　　　B. 滚子式从动杆

C. 平底式从动杆

（5）当（　　）有限值的突变引起的冲击为刚性冲击。

A. 位移　　　　　　B. 速度　　　　　　C. 加速度　　　　　　D. 频率

（6）在下列凸轮机构中，从动件与凸轮的运动不在同一平面中的是（　　）。

A. 直动滚子从动件盘形凸轮机构　　　B. 摆动滚子从动件盘形凸轮机构

C. 直动平底从动件盘形凸轮机构　　　D. 摆动从动件圆柱凸轮机构

（7）当从动件在推程按照简谐运动规律运动时，在一般情况下，从动件在行程的（　　）。

A. 起始位置有柔性冲击，终止位置有刚性冲击

B. 起始和终止位置都有刚性冲击

C. 起始位置有刚性冲击，终止位置有柔性冲击

D. 起始和终止位置都有柔性冲击

（8）凸轮机构的从动件选用等速运动规律时，其从动件的运动（　　）。

A. 将产生刚性冲击　　　　　　　　　B. 将产生柔性冲击

C. 没有冲击　　　　　　　　　　　　　D. 既有刚性冲击又有柔性冲击

（9）凸轮机构的从动件选用等加速等减速运动规律时，其从动件的运动（　　　）。

A. 将产生刚性冲击　　　　　　　　　　B. 将产生柔性冲击

C. 没有冲击　　　　　　　　　　　　　D. 既有刚性冲击又有柔性冲击

（10）设计凸轮机构，当凸轮角速度和从动件运动规律已知时，则（　　　）。

A. 基圆半径越大，压力角越大　　　　　B. 基圆半径越小，压力角越大

C. 滚子半径越小，压力角越小　　　　　D. 滚子半径越大，压力角越小

3. 填空题

（1）盘形凸轮的基圆半径越（　　　），则该凸轮机构的传动角越大，机械效率越（　　　）。

（2）凸轮的结构形式有（　　　）、（　　　）、（　　　）。

（3）凸轮轮廓形状由从动件的（　　　）决定。

（4）凸轮机构中，从动件的运动规律取决于（　　　）的形状。

4. 简答题

（1）凸轮机构中，刚性冲击是指什么？举出一种存在刚性冲击的运动规律。

（2）简述用"反转法"设计凸轮机构的基本原理。

（3）简述凸轮机构压力角的概念，凸轮机构在什么情况下发生自锁？

5. 分析设计题

设计一对心直动平底从动件盘形凸轮机构。已知基圆半径 $r_b = 50\text{mm}$，从动件平底与导路中心线垂直，凸轮逆时针等速转动。已知从动件运动规律如下：凸轮转动一周，从动件经历了升—停—降—停，运动角分别是 $\delta_0 = 180°$，$\delta_s = 30°$，$\delta_b = 120°$，$\delta'_s = 30°$，从动件在推程以等速规律上升，在回程以等速运动规律下降，升程 $h = 30\text{mm}$。试绘制从动件位移线图，并用图解法绘出此凸轮轮廓曲线。

任务 3.3　间歇（步进）机构的分析与选择

【任务描述】

在各类机械中，常需要某些构件实现周期性的运动和停歇。能够将主动件的连续运动转换成从动件有规律的运动和停歇的机构，称为间歇运动机构，又称步进运动机构。它在各种自动化机械中得到广泛应用，用来满足送进、制动、转位、分度、超越等工作要求。

实现间歇运动的四种常用机构分别为：棘轮机构、槽轮机构、凸轮式间歇运动机构和不完全齿轮机构。本任务是对其进行分析和选择。

任务条件

已知如图 3-3-2 所示的棘轮机构，图 3-3-10 所示的槽轮机构，图 3-3-14 所示的凸轮式间歇机构，图 3-3-16 所示的不完全齿轮机构。

任务要求

分析各种间歇运动机构的组成和工作原理，并填写下表。

图号	名称	主要组成	工作原理
3-3-2	棘轮机构		
3-3-10	槽轮机构		
3-3-14	凸轮式间歇机构		
3-3-16	不完全齿轮机构		

学习目标

◉ 知识目标

(1) 掌握棘轮和槽轮机构的组成、分类、特点和应用。

(2) 掌握凸轮式间歇机构和不完全齿轮机构的组成、分类、特点和应用。

◉ 能力目标

(1) 学会棘轮机构、槽轮机构的分析和选择。

(2) 学会凸轮式间歇运动机构和不完全齿轮机构的分析和选择。

◉ 素质目标

(1) 培养理论联系实际的思维方式。

(2) 培养选择和设计新机构的创新精神。

【知识导航】

知识导图如图 3-3-1 所示。

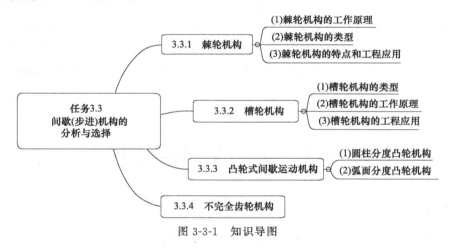

图 3-3-1　知识导图

3.3.1　棘轮机构

(1) 棘轮机构的工作原理

棘轮机构主要由棘轮、主动棘爪、止动棘爪和机架组成，如图 3-3-2 所示。其工作原理是：当主动摆杆 1 顺时针摆动时，摆杆上铰接的主动棘爪 2 插入棘轮 3 的齿内，推动棘轮同向转动一定角度。当主动摆杆逆时针摆动时，止动棘爪 4 阻止棘轮反向转动，此时主动棘爪在棘轮的齿背上滑回原位，棘轮静止不动。此机构将主动件的往复摆动转换为从动棘轮的单向间歇转动。利用弹簧 6 使棘爪紧压齿面，保证止动棘爪工作可靠。

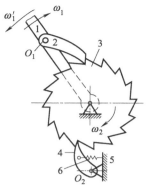

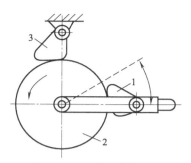

单动式棘轮机构

图 3-3-2　单向轮齿啮合式棘轮机构

1—摆杆；2—主动棘爪；3—棘轮；

4—止动棘爪；5—机架；6—弹簧

图 3-3-3　摩擦式棘轮机构

1—摆杆；2—棘轮；3—摩擦爪

（2）棘轮机构的类型

① 从结构特点和工作原理划分　可分为轮齿啮合式（图 3-3-2）和摩擦式（图 3-3-3）棘轮机构两大类；其中，轮齿啮合式棘轮机构的内外缘或端面上具有刚性的轮齿；摩擦式棘轮机构是靠两个摩擦爪与棘轮的摩擦，实现间歇运动的。

② 从啮合方式划分　可分为外啮合式（图 3-3-4）和内啮合式（图 3-3-5）棘轮机构两种。

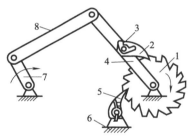

图 3-3-4　外啮合式棘轮机构

1—棘轮；2—主动棘爪；3—扭簧；4—摇杆；

5—止动棘爪；6—机架；7—曲柄；8—连杆

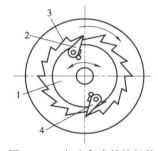

图 3-3-5　内啮合式棘轮机构

1—轮盘；2,4—棘爪；3—棘轮

③ 从棘轮轮齿齿形划分　可分为锯齿形齿式棘轮机构（图 3-3-6）和矩形齿式棘轮机构（图 3-3-7）两种。

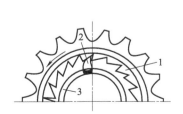

图 3-3-6　锯齿形齿式棘轮机构

1—棘轮；2—棘爪；3—轮毂

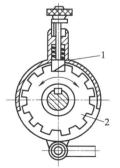

图 3-3-7　矩形齿式棘轮机构

1—棘爪；2—棘轮

④ 从棘轮运动的方向划分   分为单动式、双动式（又称快动式）棘轮机构和可变向式棘轮机构。

a. 单动式棘轮机构   如图 3-3-4 所示的单动式棘轮机构，当摇杆向一个方向摆动时，棘轮沿同一方向转过一定的角度，而摇杆反向摆动时，棘轮则静止不动。

b. 双动式棘轮机构   如图 3-3-8 所示的双动式棘轮机构有两个棘爪 3，当摇杆 1 往复摆动时能使棘轮沿一个方向转动。工作时，摇杆摆动，带动两个棘爪交替推动棘轮 2 转动，所以这种棘轮机构又称为快动式棘轮机构。摇杆 1 往复摆动一次，使棘轮 2 转动两次，而棘轮

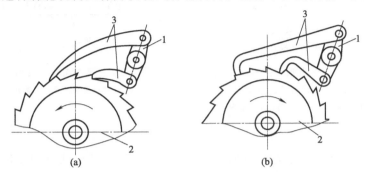

图 3-3-8   双动（快动）式棘轮机构的两种形式
1—摇杆；2—棘轮；3—棘爪

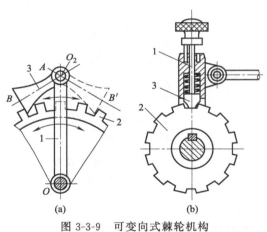

图 3-3-9   可变向式棘轮机构
1—驱动杆；2—棘轮；3—棘爪

转向不变。当提起其中的一个棘爪时，棘轮转角的大小由另一个没有被提起的棘爪的工作情况决定。一个棘爪提起作为主动棘爪时，另一个起止动棘爪的作用。

c. 可变向式棘轮机构   可变向棘轮机构一般采用矩形齿，棘轮在棘爪的推动下，可以实现双向运动。

如图 3-3-9（a）所示的双向式棘轮机构，当棘爪 3 在实线位置时，主动杆将使棘轮 2 沿着逆时针方向间歇运动；而当棘爪 3 反转到虚线位置时，主动杆将使棘轮 2 沿着顺时针间歇运动。

如图 3-3-9（b）所示的双向式棘轮机构，棘爪 3 加工有斜平面，当棘爪 3 在图示位置时，棘轮 2 将沿着逆时针方向间歇运动；当棘爪 3 提起并绕其轴线转过 180°后放下，则可实现棘轮 2 沿着顺时针方向的间歇运动。

（3）棘轮机构的特点和工程应用

棘轮机构常用在低速、轻载下实现间歇运动。摩擦式棘轮机构传递运动平稳、无噪声，棘轮转角可做无级调节。但由于运动准确性差，不宜用于运动精度要求高的场合。在工程实践中，棘轮机构常用于实现间歇送进（如牛头刨床）、止动（如起重和牵引设备中）和超越（如钻床中以滚子楔块式棘轮机构作为传动中的超越离合器，实现自动进给和快速进给功能）等场合。其特点如下。

① 齿式棘轮机构结构简单、制造方便、运动可靠。棘轮的转角在一定范围内可调。

② 棘轮开始和终止运动的瞬间有刚性冲击，运动平稳性差。

③ 摇杆回程时棘爪在棘轮齿面上滑行时会产生噪声和磨损。

因此，齿式棘轮机构常用于低速、轻载的场合。棘轮机构应用举例见表 3-3-1。

表 3-3-1 棘轮机构应用举例

用途	应用场合	图 例
超越	自行车后轴上的棘轮机构： 当脚蹬踏板时，经链轮 1 和链条 2 带动内圈具有棘齿的链轮 3 顺时针转动，再经过棘爪 4 推动后轮轴 5 顺时针转动，从而驱使自行车前进。当自行车下坡或歇脚休息时，踏板不动，后轮轴 5 借助下滑力或惯性超越链轮 3 而转动。此时棘爪 4 在棘轮齿背上滑过，产生从动件 5 转速超过主动件 3 转速的超越运动，从而实现不蹬踏板的滑行，因此自行车滑行时会发出"嗒嗒……"响声	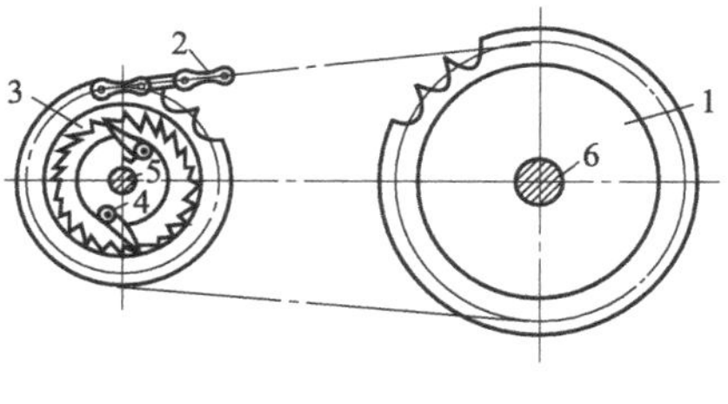
输送	射砂自动浇注输送装置： 卷筒装在棘轮轴上，活塞 1 运动，在棘爪 2 的作用下，棘轮和卷筒做间歇的转动，通过输送带使砂型向右间歇移动。棘轮不转动时，浇包对准砂型进行浇注	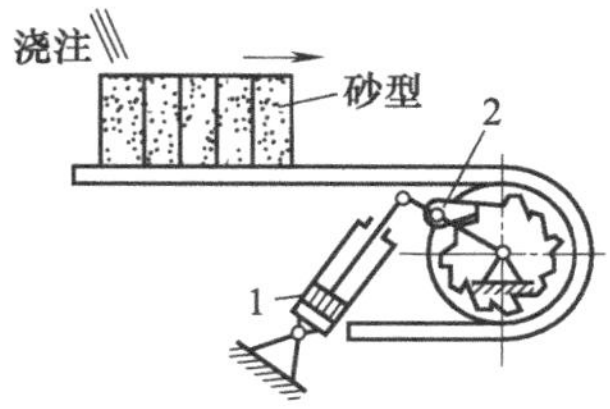
送进	牛头刨床横向进给机构： 销盘 1（相当于曲柄）做等速转动，通过连杆 2 带动摇杆 4 往复摆动，从而使摇杆 4 上的棘爪 3 驱动棘轮 5 做单向间歇运动。此时，与棘轮固接的丝杠 6 间歇转动，带动工作台 7 实现横向间歇进给运动。可通过调整曲柄销 B 的位置来改变摇杆的摆角，以达到改变棘轮转角的目的	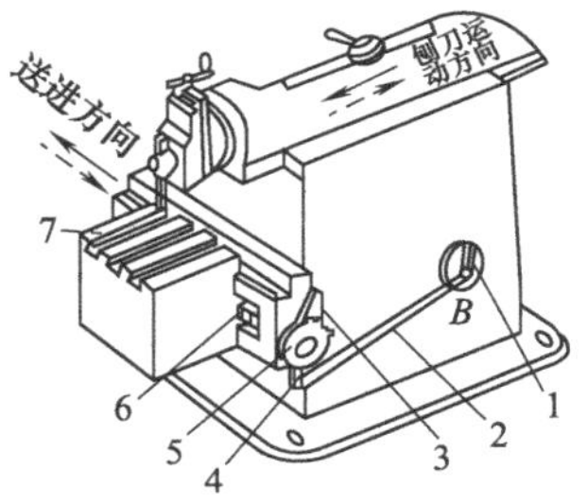
制动	起重机或卷扬机棘轮制动器： 当吊起重物时，棘轮逆时针转动，棘爪 3 在棘轮 2 齿背上滑过；当需使重物停在某一位置时，棘爪将及时插入棘轮的相应齿槽中，防止棘轮在重力 G 作用下顺时针转动使重物下落，以实现制动	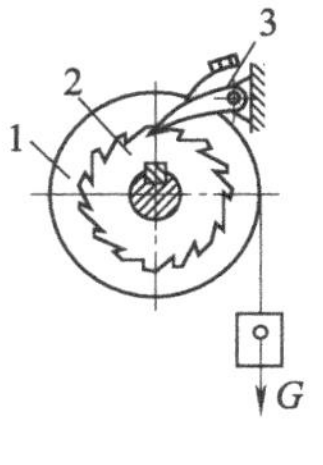

3.3.2 槽轮机构

（1）槽轮机构的类型

槽轮机构

槽轮机构又称马耳他机构或日内瓦机构，也是常用的间歇运动机构之一。普通平面槽轮机构有外接式槽轮机构（图 3-3-10）和内接式槽轮机构（图 3-3-11）两种类型。它主要是由带有均布的径向开口槽的槽轮 2、带有圆柱销 A 的主动拨盘 1 以及机架组成。

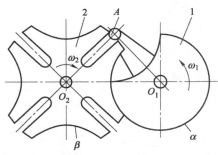

图 3-3-10　外接式槽轮机构
1—主动拨盘；2—槽轮

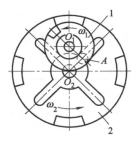

图 3-3-11　内接式槽轮机构
1—主动拨盘；2—槽轮

（2）槽轮机构的工作原理

如图 3-3-10 所示的外接式槽轮机构，在主动拨盘 1 上的圆柱销 A 进入槽轮 2 上的径向槽以前，拨盘上的凸锁止弧 α 将槽轮上的凹锁止弧 β 锁住，则槽轮静止不动。当拨盘圆柱销 A 进入槽轮径向槽时，凸、凹锁止弧刚好分离，圆柱销可以驱动槽轮转动。当圆柱销脱离径向槽时，凸锁止弧又将凹锁止弧锁住，从而使槽轮静止不动。因此，当主动拨盘做连续转动时，槽轮被驱动做单向的间歇转动。

外接式槽轮机构的主动拨盘 1 与槽轮 2 转向相反；内接式槽轮机构的主动拨盘 1 与槽轮 2 转向相同，且传动平稳、占空间小，槽轮停歇时间较短。需要注意的是，为了使槽轮在开始转动和停止转动时运动平稳、避免冲击，圆销在进槽和出槽的瞬时，其线速度方向均应沿径向槽的中心线方向，以使槽轮在启动和停止的瞬时角速度为零。

槽轮机构的特点是结构简单、易加工、效率高，能准确控制转角，运动较平稳。因此在各种自动半自动机械、轻工机械中得到广泛的应用。

（3）槽轮机构的工程应用

图 3-3-12 所示的槽轮机构是用于六角车床刀架转位机构。刀架 3 装有 6 把刀具，与刀架一体的是六槽外槽轮 2，拨盘 1 回转一周，槽轮转过 60°，将下一道工序所需的刀具转动到工作位置上。

图 3-3-13 所示的槽轮机构是电影放映机卷片机构。当拨盘 1 使槽轮 2 转动一次时，卷过一张底片，此过程射灯不发光；但槽轮停歇时，射灯发光，银幕上出现该底片的投影。因为人有"视觉暂留现象"的生理特点，所以断续出现的投影看起来是连续的。

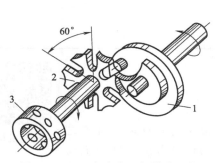

图 3-3-12　六角车床刀架转位机构
1—拨盘；2—外槽轮；3—刀架

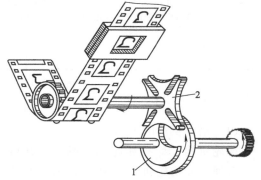

图 3-3-13　电影放映机卷片机构
1—拨盘；2—槽轮

3.3.3 凸轮式间歇运动机构

凸轮式间歇机构是滚子齿形凸轮式间歇运动机构，工程上又称为凸轮分度机构，常见有圆柱分度凸轮机构和弧面分度凸轮机构等。

（1）圆柱分度凸轮机构

圆柱分度凸轮机构如图 3-3-14 所示。该机构由圆柱凸轮 1、转盘 2、滚子 3 和机架组成。转盘上均匀分布着若干个滚子，滚子轴线与转盘轴线相平行，凸轮轴线与转盘轴线垂直交错。

当凸轮匀速转动时，转盘做单向间歇运动，转盘的运动完全取决于凸轮轮廓曲线的形状，凸轮轮廓线由分度段和停歇段组成。当凸轮回转时，其分度段轮廓推动滚子使转盘分度转位；当凸轮转到停歇段轮廓时，转盘上两相邻滚子跨夹在凸轮的圆环面突脊上使转盘停歇。设计时通常取凸轮槽数为 1，转盘滚子数为 6～12，滚子做成上大下小圆锥体，以改善磨损情况。

（2）弧面分度凸轮机构

弧面分度凸轮机构如图 3-3-15 所示。主动件凸轮 1 上有一条突脊犹如蜗杆，从动件转盘 2 的圆柱面上均布着若干滚子 3，滚子轴线沿转盘径线方向。凸轮与转盘两轴线垂直交错。该机构工作原理与圆柱分度凸轮机构完全相同，凸轮连续回转带动转盘做单向间歇性运动。设计时通常取凸轮蜗杆头数为 1，径向滚子数 6～12。

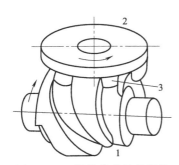

图 3-3-14 圆柱分度凸轮机构
1—圆柱凸轮；2—转盘；3—滚子

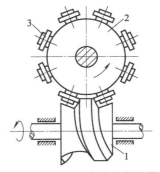

图 3-3-15 弧面分度凸轮机构
1—弧面凸轮；2—转盘；3—滚子

上述两种凸轮式间歇运动机构的共同点是定位可靠，转盘可实现任意运动规律，可以通过合理选择转盘的运动规律，使得机构传动平稳，适应中、高速运转。弧面分度凸轮机构与圆柱分度凸轮机构相比，更能适应高速重载，并且可以通过预载消除啮合间隙，传动精度很高，是目前工作性能最好的一种间歇转位机构。但缺点是凸轮加工较困难且制造成本高。在冲槽机、拉链嵌齿机、火柴包装机等机械装置中，都应用了凸轮间歇运动机构来实现高速分度运动。

3.3.4 不完全齿轮机构

（1）工作原理

不完全齿轮机构也是最常用的一种间歇运动机构（图 3-3-16）。它是由普通齿轮机构演化而来，主动轮 1 为一不完整的齿轮，其上只做出一个或一部分正常齿，而从动轮 2 则是由正常齿和带有内凹锁止弧的厚齿彼此相间地组成的特殊齿轮。

当主动轮上的齿与从动轮上的正常齿啮合时，从动轮转动；当主动轮的无齿圆弧部分

（凸锁止弧）与从动轮上的内凹锁止弧接合时，相互配合锁止，从动轮停歇在预定位置上。所以当主动轮做连续转动时，从动轮获得时转时停的间歇运动。外啮合不完全齿轮机构［图3-3-16（a）］的主、从动轮转向相反；内啮合不完全齿轮机构［图3-3-16（b）］的主、从动轮转向相同。图3-3-17为不完全齿条机构。

外啮合不完全
齿轮机构演示

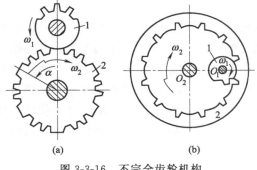

图 3-3-16　不完全齿轮机构

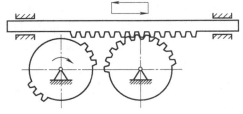

图 3-3-17　不完全齿条机构

（2）特点与应用

不完全齿轮机构与其他间歇运动机构相比，其结构简单，制造方便，从动轮的运动时间和静止时间的比例不受机构结构的限制。当主动轮匀速转动时，从动轮在其运动期间做匀速转动。但是当从动轮由停歇到突然转动，或由转动到突然停止时，都会产生刚性冲击。因此它不宜用于转速很高的场合。因从动轮在一周转动中可做多次停歇，所以常用于多工位、多工序的自动机械或生产线上，实现工作台的间歇转位和进给运动。

各类间歇运动机构具有不同的性能，这就要求在设计时应根据具体的工作要求和应用场合，合理选用间歇运动机构。关于各种间歇运动机构的详细设计，可参阅有关设计手册。

知识点滴

机构创新设计的典型案例

机械工程学科虽然经历了几千年的发展，但仍然存在巨大的创新潜能，世界上永远没有十全十美的机械，创新永无止境，这就为工程技术人员从事技术革新和发明创造提供了施展才能的舞台。在机械创新设计中，机构的创新尤为重要，一种新机构的出现，往往蕴含有多种潜在的用途或者导致行业技术瓶颈的重大突破，因此，机构创新具有更强的生命力，意义更为重大。连杆机构、齿轮机构、凸轮机构、滚动轴承、螺旋传动、发动机功率传输机构等是几类司空见惯的常用机构和传动装置，也同样具有创新的可能，对这几类机构和传动装置的创新设计，需要运用创新思维和方法。下面介绍一下新型内燃机的开发实例：

一般圆柱凸轮机构是将凸轮的回转运动变为从动杆的往复运动，而此处利用反动作，即当活塞往复运动时，通过连杆端部的滑块在凸轮槽中滑动而推动凸轮转动，经输出轴输出转矩。活塞往复两次，凸轮旋转360°。系统中设有飞轮，控制回转运动平稳。这种无曲轴式活塞发动机可将圆柱凸轮安装在发动机的中心部位，并在其周围设置多个气缸，制成多缸发动机。通过改变圆柱凸轮的凸轮轮廓形状可以改变输出轴的转速，达到减速增矩的目的，目前已用于船舶、重型机械、建筑机械等行业。

随着科学技术的发展，必然会出现更多新型的内燃机和动力机械。人们总是在发现矛盾和解决矛盾的过程中不断取得进步。在开发设计过程中，我们要敢于突破，善于运用类比、组合、替代等创新技法，认真进行科学分析，将会得到更多创新的、进步的、高级的产品。

【任务实施】

任务分析

间歇（步进）运动机构的工作原理是指实现主动件做连续运动，而从动件做间歇运动的传动过程。其组成根据各自的特点，由不同的零件组成。

任务完成

图号	名称	主要组成	工作原理
3-3-2	棘轮机构	摆杆、主动棘爪、棘轮、止动棘爪、弹簧、机架	当摆杆做顺时针转动时,主动棘爪会进入棘轮的轮槽中,驱动棘轮转过一定的角度。当摆杆做逆时针转动时,主动棘爪在棘轮的齿背上滑过,与此同时,止动棘爪将限制棘轮随主动棘爪做逆时针转动,即棘轮不发生转动。当摆杆做连续往复摆动时,就可以实现棘轮做单向的间歇运动
3-3-10	槽轮机构	拨盘、槽轮、机架	当固连在拨盘上的圆柱销 A 进入槽轮的径向槽时,拨盘的外凸锁弧面与槽轮的内凹锁弧面刚好脱离,使圆柱销 A 推动槽轮开始转动(变速);槽轮转过一定角度后圆柱销 A 离开径向槽,同时拨盘与槽轮的锁弧面进入锁合状态,槽轮停止转动。之后进入下一个循环,当圆柱销 A 再次进入槽轮径向槽时,槽轮便又重复上述运动。如此,作为主动件的拨盘连续回转运动即可转换为槽轮(从动件)的间歇运动
3-3-14	凸轮式间歇机构	圆柱凸轮、转盘、滚子、机架	凸轮做连续转动,带动盘形构件做间歇分度运动。当凸轮回转时,其分度段轮廓推动滚子使转盘分度转位;当凸轮转到停歇段轮廓时,转盘上两相邻滚子跨夹在凸轮的圆环面突脊上使转盘停歇
3-3-16	不完全齿轮机构	不完全齿轮、齿条	当主动轮上的齿与从动轮上的正常齿啮合时,从动轮转动;当主动轮的无齿圆弧部分(凸锁止弧)与从动轮上的内凹锁止弧接合时,相互配合锁止,从动轮停歇在预定位置上。所以当主动轮做连续转动时,从动轮获得时转时停的间歇运动

【题库训练】

1. 单项选择题

（1）棘轮机构的主动件，是做（   ）的。

A. 往复摆动运动　　　B. 直线往复运动　　　C. 等速旋转运动

（2）槽轮机构的主动件是（   ）。

A. 槽轮　　　　　　　B. 曲柄　　　　　　　C. 圆销

（3）双向运动的棘轮机构（   ）止动棘爪。

A. 有　　　　　　　　　　　　　　　　B. 没有

（4）能满足超越要求的机构是（   ）。

A. 外啮合棘轮机构　　　　　　　　　　B. 内啮合棘轮机构

C. 外啮合槽轮机构　　　　　　　　　　D. 内啮合槽轮机构

（5）槽轮机构所实现的运动变换是（   ）。

A. 变等速连续转动为不等速连续转动　　B. 变等速连续转动为移动

C. 变等速连续转动为间歇转动　　　　　D. 变等速连续转动为摆动

（6）棘轮机构中采用了止回棘爪主要是为了（   ）。

A. 防止棘轮反转　　　　　　　　　　　B. 对棘轮进行双向定位

C. 保证棘轮每次转过相同的角度　　　　　　D. 驱动棘轮转动

（7）在单圆销的平面槽轮机构中，当圆销所在构件做单向连续转动时，槽轮的运动通常为（　　）。

A. 双向往复摆动　　　　　　　　　　　B. 单向间歇转动

C. 单向连续转动　　　　　　　　　　　D. 双向间歇摆动

（8）起重设备中常用（　　）机构来阻止鼓轮反转。

A. 偏心轮　　　　　　B. 凸轮　　　　　　C. 棘轮　　　　　　D. 摩擦轮

（9）下面能实现间歇运动的机构是（　　）。

A. 棘轮机构　　　　　　　　　　　　　B. 普通带传动机构

C. 普通蜗杆蜗轮机构　　　　　　　　　D. 普通齿轮机构

（10）棘轮机构的主要构件中，不包括（　　）。

A. 曲柄　　　　　　B. 棘轮　　　　　　C. 棘爪　　　　　　D. 机架

2. 判断题

（1）槽轮机构都有锁止圆弧，因此没有锁止圆弧的间歇运动机构都是棘轮机构。（　　）

（2）棘轮机构，必须具有止动棘爪。（　　）

（3）凡是棘爪以往复摆动运动来推动棘轮做间歇运动的棘轮机构，都是单向间歇运动的。（　　）

（4）与双向式对称棘爪相配合的棘轮，其齿槽必定是梯形槽。　　（　　）

（5）齿槽为梯形槽的棘轮，必然要与双向式对称棘爪相配合组成棘轮机构。（　　）

（6）棘轮机构和槽轮机构的主动件，都是做往复摆动运动的。（　　）

（7）棘轮机构和间歇齿轮机构，在运行中都会出现严重的冲击现象。（　　）

（8）棘轮的转角大小是可以调节的。　　　　　　　　（　　）

（9）间歇齿轮机构，因为是齿轮传动，所以在工作中是不会出现冲击现象的。（　　）

（10）摩擦式棘轮机构是"无级"转动的。（　　）

3. 填空题

（1）在内啮合槽轮机构中，主动拨盘与从动槽轮的转向（　　）。

（2）为了使棘轮转角能做无级调节，可采用（　　）式棘轮机构。

（3）在棘轮机构中，当摇杆做连续的往复摆动时，棘轮便得到单方向（　　）转动。

（4）在外啮合槽轮机构中，主动拨盘与从动槽轮的转向（　　）。

（5）棘轮机构中，采用止动棘爪主要是为了（　　）。

（6）将连续回转运动转换为单向间歇转动的机构有（　　）、（　　）、（　　）。

（7）欲将一匀速回转运动转变成单向间歇回转运动，采用的机构有（　　）、（　　）、（　　）等，其中间歇时间可调的机构是（　　）机构。

（8）齿式棘轮机构止动爪的作用是（　　）。

4. 简答题

（1）列举至少三项间歇运动机构在工业生产中的应用。

（2）简述棘轮机构的组成和类型。

（3）摩擦式棘轮机构有何特点？

（4）简述槽轮机构的组成及工作原理。

（5）简述不完全齿轮机构的工作特点。

情境4
常用机械传动的分析与设计

【情境简介】

在机器的运转中，把运动从原动机传递到工作机，把运动从机器的这部分机件传递给另一部分机件叫做传动。传动的方式很多，有机械传动，也有液压、气压传动以及电气传动。本情境是学会常用机械传动的分析与设计。

机械传动在机械工程中应用非常广泛，主要是指利用机械方式传递动力和运动的传动。分为两类：一是靠机件间的摩擦力传递动力的摩擦传动，二是靠主动件与从动件啮合或借助中间件啮合传递动力或运动的啮合传动。机械传动是采用带轮、齿轮、链轮、轴、蜗杆和蜗轮、螺母和螺杆等机械零件组成的传动装置。

常用的机械传动有带传动、链传动、齿轮传动、蜗杆传动和螺旋传动。分析和选择传动装置的类型及其组合，是拟定传动方案的重要一环，应综合考虑工作装置载荷、运动以及机器的其他要求，结合各种传动的特点和适用范围，加以分析比较，合理选择。下列几点可供参考：

① 带传动承载能力较低，在传递相同转矩时，结构尺寸较啮合传动大；但带传动平稳，能缓冲吸振，应尽量置于传动系统的高速级。

② 一般滚子链传动运转不均匀，有冲击，宜布置在低速级。

③ 蜗杆传动多用于大传动比和中小功率场合，为获得较小的结构尺寸，宜置于高速级。

④ 齿轮（特别是大模数锥齿轮）的加工较困难，为减小其直径和模数，一般宜置于高速级。斜齿轮传动较直齿轮传动平稳，相对应用于高速级。开式齿轮传动一般工作环境较差，润滑不良，外廓紧凑性低于闭式传动，应布置在低速级。

⑤ 制动器通常设在高速轴，传动系统中制动装置后面不应出现带传动、摩擦传动和摩擦离合器等重载时可能出现摩擦打滑的装置。

⑥ 为简化传动装置，一般总是将改变运动形式的机构（如螺旋传动、连杆机构、凸轮机构等），布置在多级传动中的最后一级，即靠近执行机构。对于许多控制机构一般也尽量放在传动系统的末端或低速处，以免造成大的累积误差，降低传动精度。

⑦ 传动装置的布局应结构紧凑、匀称，强度和刚度好，并适合车间布置情况和工人操作，便于装拆和维修。

⑧ 在传动装置总体设计中，必须注意防止因过载或操作疏忽而造成机器损坏和人员工伤，可视具体情况在传动系统的某一环节加设安全保险装置。

知识导图：

任务 4.1　带传动的分析与设计

【任务描述】

在机械设计过程中，当机械产品的总体设计完成后，一般要进行传动系统的设计，带传动是一种常见的机械传动形式，它的主要作用是传递扭矩和改变转速。大部分带传动是依靠挠性带和带轮间的摩擦力来传递运动和动力的。本任务以带式输送机上的传动装置为例，学会带传动的分析与设计。

任务条件

如图 1-2-0 所示的输送机，采用的是 Y132S-4 三相异步电机，其额定功率 $P_{ed}=5.5kW$，转速 $n_1=1440r/min$。其带传动如图 4-1-0 所示，带传动的传动比 $i=3$，每天工作 $10\sim16h$，载荷变动较小。

图 4-1-0　带传动

任务要求

带式输送机的第一级传动形式为普通的 V 带传动，如图 4-1-0 所示。根据给定的任务条件，设计输送机的 V 带传动。

学习目标

◉ 知识目标

(1) 熟悉带传动的主要类型、特点和应用。

(2) 掌握 V 带传动的结构、类型和参数计算。

(3) 掌握带传动的工作原理和应力分析以及弹性滑动和打滑。

(4) 掌握带传动的失效形式和设计准则。

◉ 能力目标

(1) 学会分析和选择带传动。

(2) 学会 V 带传动的设计。

◉ 素质目标

(1) 培养遵循规则的意识，养成良好的行为习惯。

(2) 通过带的疲劳破坏的学习，确立为人处事张弛有度的理念。

【知识导航】

知识导图如图 4-1-1 所示。

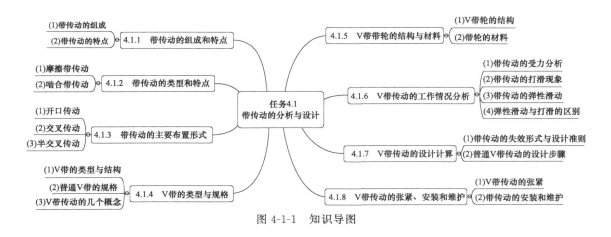

图 4-1-1　知识导图

4.1.1　带传动的组成和特点

（1）带传动的组成

如果要把运动从原动机传递到距离较远的工作机，最简单最常用的方法，就是采用带传动。带传动是利用张紧在带轮上的传动带与带轮的摩擦或啮合来传递运动和动力的。由于带传动具有传动平稳、结构简单、造价低廉、不需润滑和能缓冲吸振等优点，所以在机械中应用广泛。

如图 4-1-2 所示，带传动是由主动轮 1、从动轮 2 和张紧在两轮上的传动带 3 及机架组成。图中先转动起来的小皮带轮叫主动轮，被主动轮带动而转动的大皮带轮叫被动轮或从动轮。

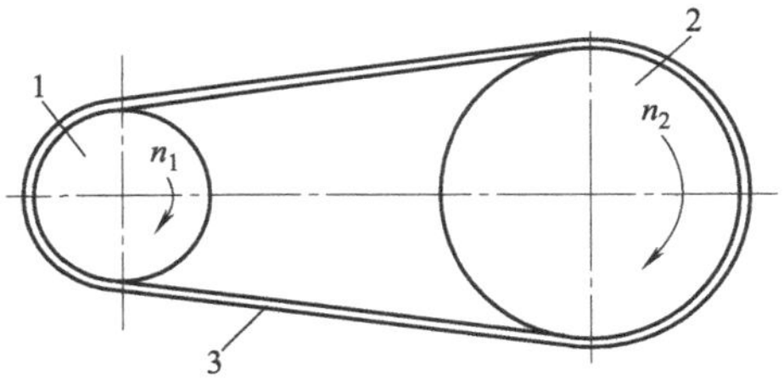

（2）带传动的特点

带传动适用于传递功率不大或不需要保证精确传动比的场合。在多级减速装置中，带传动通常配置在高速级。

① 摩擦带传动的主要优点

a. 带是弹性体，可以缓冲和吸振，故传动平稳、噪声小。

图 4-1-2　带传动的组成
1—主动轮；2—从动轮；3—传动带

b. 当传动过载时，带在带轮上打滑，从而起到保护其他传动件免受损坏的作用。

c. 带传动可用于中心距较大的传动，结构简单，制造、装拆和维护较方便，且成本低廉。

② 摩擦带传动的主要缺点

a. 由于带和带轮之间存在弹性滑动，导致速度损失、传动比不准确。

b. 外廓尺寸大，传动效率低。

c. 带的寿命一般较短，不宜用于高温易燃场合。

4.1.2　带传动的类型和特点

根据传动原理不同，带传动可分为摩擦传动型和啮合传动型两大类。

（1）摩擦带传动

在摩擦带传动中由于张紧，在带和带轮的接触面间产生了压紧力，当主动轮旋转时，借摩擦力带动从动轮旋转，这样就把主动轴的动力传给从动轴。按带的截面形状分，摩擦带可分平带、V带、多楔带、圆形带等。如图 4-1-3 所示。

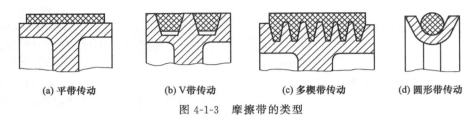

(a) 平带传动　　(b) V带传动　　(c) 多楔带传动　　(d) 圆形带传动

图 4-1-3　摩擦带的类型

① 平带传动　如图 4-1-3（a）所示，平带的截面为扁平矩形，其工作面是与带轮接触的内表面。平带传动结构最简单，带轮也容易制造，传动效率一般为 $\eta = 94\% \sim 98\%$，适用于高速和传动中心距较大的场合。传动比一般取 $i \leqslant 3 \sim 5$。常用的有皮革平带、帆布芯平带、编织平带、复合平带等。其中以帆布芯平带应用最为广泛。平带需要用胶合、缝合、铰链带扣等方式接头。

② V带传动　如图 4-1-3（b）所示，V带截面为等腰梯形，带轮上也开有相应的环形槽与带配合，带的工作面为两侧表面。在同样的张紧力的作用下，V带传动比平带传动能产生更大的摩擦力，传递更大的功率。其结构紧凑，传动比一般为 $i \leqslant 7$，运行较平稳，在机械中应用最为广泛。

V带已成标准化、系列化生产。

③ 多楔带传动　如图 4-1-3（c）所示，多楔带的楔形部分嵌入带轮的楔形槽内，靠楔形面摩擦进行工作。多楔带兼有平带弯曲应力小和 V 带摩擦力大等优点，可代替多根 V 带传动，同时解决了因多根 V 带长度不一而造成的受力不均的问题，传动平稳、振动小、传递功率大。常用于结构紧凑、功率大的场合，也可用于载荷变动较大或有冲击载荷的传动。

④ 圆形带传动　如图 4-1-3（d）所示，圆带的横截面为圆形，常用皮革制成，也有圆绳带和圆绵纶带等。圆带传动只适合用于 $v \leqslant 15\text{m/s}$，$i = 0.5 \sim 3$ 的小功率、低速、轻载的机械，如缝纫机、牙科医疗器械。

（2）啮合带传动

啮合带传动通过带和带轮之间的啮合来传递运动和动力。常用的有同步齿形带和齿孔带。

① 同步齿形带传动　如图 4-1-4 所示，同步齿形带简称同步带。其工作面上设有带齿 1，带轮的轮缘表面设有相应的齿槽 2，带和带轮主要靠齿槽之间的啮合来传递运动和动力，带和带轮之间没有滑动，传动比恒定。同步传动时的线速度可达 50m/s，传动比 $i = 10$，传动效率可达 98%。常用于数控机床和纺织机械中。

② 齿孔带传动　如图 4-1-5 所示，齿孔带工作时，带上的孔和带轮上的齿相互啮合，以传递运动和动力。

4.1.3　带传动的主要布置形式

按照布置情况的不同，带传动主要可以分为三种形式：开口传动、交叉传动以及半交叉传动，如图 4-1-6 所示。应该注意的是，只有平带传动可以选择交叉传动和半交叉传动形式；

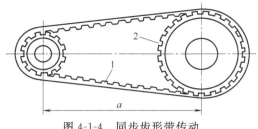

图 4-1-4　同步齿形带传动

1—同步带带齿；2—带轮齿槽

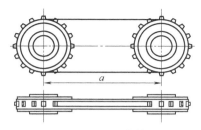

图 4-1-5　齿孔带传动

而其他带传动则采用开口传动的形式。

（1）开口传动

开口传动如图 4-1-6（a）所示，它是带传动中运用最广泛的一种布置形式。工作时，两轴平行且转向一致，V 带传动一般也常采用该种布置形式。这种形式主要应用于主、从动轮轴线平行而且旋转方向相同的场合。

（2）交叉传动

交叉传动如图 4-1-6（b）所示，这种传动的布置形式可以用来使两平行轴的回转方向反向（使主、从动轮的回转方向相反）。但由于带在交叉处会产生相互摩擦，致使带磨损加剧，所以这种形式的传动应用于带速较低、中心距较大、主从动轮轴线平行而且旋转方向相反的场合。

（3）半交叉传动

半交叉传动如图 4-1-6（c）所示，这种传动的布置形式主要用来传递空间两交错轴间的回转运动，一般两轴交错角为 90°，但它只能进行单向传动。这种形式主要应用于主、从动轮轴线不平行而且旋转方向相反的场合。

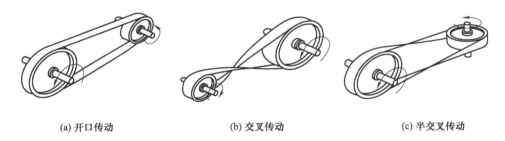

(a) 开口传动　　　　　　(b) 交叉传动　　　　　　(c) 半交叉传动

图 4-1-6　带传动的主要布置形式

4.1.4　V 带的类型与规格

（1）V 带的类型与结构

V 带有普通 V 带、窄 V 带、联组 V 带、齿形 V 带、大楔角 V 带和宽 V 带等多种类型。本书主要介绍普通 V 带和窄 V 带。

普通 V 带又分为两种结构：线绳芯结构［图 4-1-7（a）］和帘布芯结构［图 4-1-7（b）］，都由四个层构成：顶胶层 1、抗拉体（承载层）2、底胶层 3 和包布层 4。其中，顶胶和底胶的材料为弹性橡胶。抗拉体是普通 V 带的主要承载部分，帘布芯结构的承载层是胶帘布，

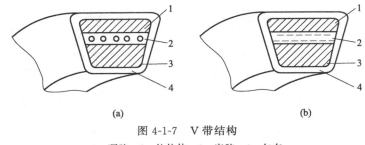

图 4-1-7　V 带结构
1—顶胶；2—抗拉体；3—底胶；4—包布

抗拉强度较高；线绳芯结构的承载层是线绳，绳芯结构柔韧性好，适用于转速较高，带轮直径较小的场合。包布层的材料是橡胶帆布，可以起到保护作用并提高带的耐磨性。V 带制成无接头的环形，基准长度 L_d。V 带两摩擦面间的夹角称为楔角，楔角都是 40°。

窄 V 带有 SPZ、SPA、SPB 和 SPC 四种型号。窄 V 带是用合成纤维或钢丝做承载层，与普通 V 带相比，在相同宽度下，窄 V 带的高度比普通 V 带大，截面积大，允许带速高（最佳速度 $v=25\sim30\,\text{m/s}$），绕转次数多，传动中心距小，承载能力可提高 1.5～2.5 倍，承载能力大，寿命长，适用于传递动力大而又要求传动装置紧凑的场合。窄 V 带的应用日益广泛，完全可以替代普通 V 带。

（2）普通 V 带的规格

V 带的尺寸已经标准化，其截面尺寸和基准长度见表 4-1-1 和表 4-1-2。普通 V 带为标准件，国家标准 GB/T 11544—2012 规定，按截面尺寸由小到大的顺序排列，共有 Y、Z、A、B、C、D、E 七种型号。其中 Y 型尺寸最小，只适用于传动运动。常用 Z、A、B、C 等型号。其标记为：截面—基准长度—标准编号。如：B1000 GB/T 11544—2012，表示 B 型带，长度为 1000mm。带的标记通常压印在带的外表面上，以便选用识别。

表 4-1-1　普通 V 带截面基本尺寸　　　　　　　　　　　　mm

型号	Y	Z	A	B	C	D	E
顶宽 b	6.0	10.0	13.0	17.0	22.0	32.0	38.0
节宽 b_p	5.3	8.5	11.0	14.0	19.0	27.0	32.0
高度 h	4.0	6.0	8.0	11.0	14.0	19.0	23.0
楔角 α	40°						
每米质量 $q/(\text{kg/m})$	0.04	0.06	0.10	0.17	0.30	0.62	0.87

（3）V 带传动的几个概念

① 节宽与节面（中性层）　V 带工作时，带绕在带轮上会产生弯曲，使外层部分受拉后伸长，内层受压后缩短，从而在内外层之间必有一个长度不变的中性层，称为节面，其宽度 b_p 称为节宽，如表 4-1-1 中的图形所示。

② 基准宽度与基准直径　与带的节面宽度重合的带槽宽度，称为带槽的基准宽度 b_d，$b_d=b_p$。带槽基准宽度所在的圆，叫基准圆，其直径 d_d 称为带轮的基准直径，如图 4-1-8（a）所示。

③ 基准长度　与带轮基准直径相应的带的周线（节线）长度称为基准长度，用 L_d 表示，又称为带的公称长度。其长度系列及系数，见表 4-1-2 所示。

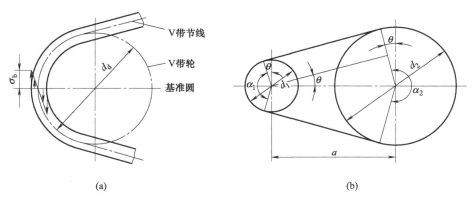

图 4-1-8　带传动的基本名称

表 4-1-2　普通 V 带的基准长度系列及长度系数

基准长度	长度系数 K_L										
L_d/mm	Y	Z	A	B	C	D	E	SPZ	SPA	SPB	SPC
500	1.02	0.91									
560		0.94									
630		0.96	0.81					0.82			
710		0.99	0.83					0.84			
800		1.00	0.85					0.86	0.81		
900		1.03	0.87	0.82				0.88	0.83		
1000		1.06	0.89	0.84				0.90	0.85		
1120		1.08	0.91	0.86				0.93	0.87		
1250		1.11	0.93	0.88				0.94	0.89	0.82	
1400		1.14	0.96	0.90				0.96	0.91	0.84	
1600		1.16	0.99	0.92	0.83			1.00	0.93	0.86	
1800		1.18	1.01	0.95	0.86			1.01	0.95	0.88	
2000			1.03	0.98	0.88			1.02	0.96	0.90	0.81
2240			1.06	1.00	0.91			1.05	0.98	0.92	0.83
2500			1.09	1.03	0.93			1.07	1.00	0.94	0.86
2800			1.11	1.05	0.95	0.83		1.09	1.02	0.96	0.88
3150			1.13	1.07	0.97	0.86		1.11	1.04	0.98	0.90
3550			1.17	1.09	0.99	0.89		1.13	1.06	1.00	0.92
4000			1.19	1.13	1.02	0.91			1.08	1.02	0.94
4500				1.15	1.04	0.93	0.90		1.09	1.04	0.96
5000				1.18	1.07	0.96	0.92			1.06	0.98
5600					1.09	0.98	0.95			1.08	1.00
6300					1.12	1.00	0.97			1.10	1.02
7100					1.15	1.03	1.00			1.12	1.04
8000					1.18	1.06	1.02			1.14	1.06
9000					1.21	1.08	1.05				1.08
10000					1.23	1.11	1.07				1.10
11200						1.14	1.10				1.12
12500						1.17	1.12				1.14
14000						1.20	1.15				
16000						1.22	1.18				

④ 中心距　两带轮轴线间的距离 a，称为中心距，如图 4-1-8（b）所示。

⑤ 带的包角　如图 4-1-9 所示，带与带轮接触弧所对应的中心角，称为包角 α_1 和 α_2。

⑥ 带的楔角和轮槽角　如表 4-1-3 所示，V 带两侧的工作面夹角称为带的楔角。成型带的楔角要求为剖面角 $\varphi=40°$，为保证带与轮槽接触良好，增大摩擦力，与其配合的带轮的轮槽角，一般为 $\varphi'=32°$、34°、36°、38°，轮槽角小于楔角，即 $\varphi'<\varphi$。

4.1.5　V 带带轮的结构与材料

（1）V 带轮的结构

① 带轮的组成与轮槽尺寸　如表 4-1-3 所示，V 带轮由轮缘、腹板（轮辐）和轮毂三部分组成。轮缘是带的工作部分，制有梯形轮槽，用以安装传动带。腹板（轮辐）是轮缘和轮毂相联接的部分；轮毂是带轮与轴的联接部分，用以安装在轴上。轮缘与轮毂则用轮辐（腹板）联接成一整体。

② 带轮的结构形式　带轮的典型结构形式有实心式、腹板式、孔板式和轮辐式。设计时，当带轮的基准直径 $d_d \leqslant (2.5 \sim 3)d$（$d$ 为带轮轴的直径）时，可采用实心式；当 $d_d \leqslant 300mm$ 时，可采用腹板式；当孔板外、内圆直径之差大于或等于 100mm 时，即 $d_2 - d_1 \geqslant 100mm$ 时，可采用孔板式；当 $d_d > 300mm$ 时，可采用轮辐式。其结构与计算公式见表 4-1-4 和表 4-1-5 所示。

表 4-1-3　普通 V 带轮的组成与轮槽尺寸

槽型 尺寸			型号					
		Y	Z	A	B	C	D	E
h_a		1.6	2.0	2.75	3.5	4.8	8.1	9.6
h_{fmin}		4.7	7.0	8.7	10.8	14.3	19.9	23.4
b_d		5.3	8.5	11	14	19	27	32
e		8	12	15	19	25.5	37	44.5
f		6	7	9	11.5	16	23	28
δ		5	5.5	6	7.5	10	12	15
B		$B=(z-1)e+2f$　z 为带根数						
φ	32°	d_d	≤60					
	34°			≤80	≤118	≤190	≤315	
	36°		>60				≤475	≤600
	38°			>80	>118	>190	>315	>475	>600

（轮槽的视图：$Ra\,6.3$、$Ra\,3.2$、$Ra\,12.5$，φ、d_a、d_d、b、b_p、h_a、h_f、δ、f、e、B）

（带轮的组成：轮缘、腹板、轮毂，d_d、s_1、s、B、L）

表 4-1-4　典型带轮的结构与计算公式

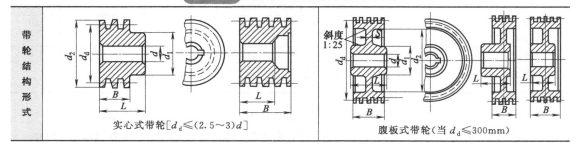

带轮结构形式	
实心式带轮[$d_d \leqslant (2.5\sim3)d$]	腹板式带轮（当 $d_d \leqslant 300mm$）

续表

带轮结构形式	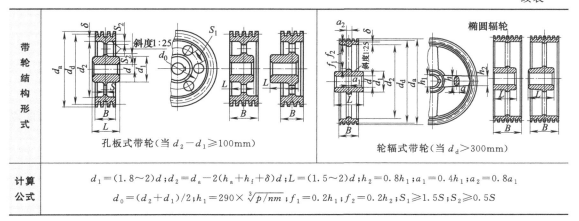 孔板式带轮(当 $d_2-d_1\geqslant100\text{mm}$)　　　　轮辐式带轮(当 $d_d>300\text{mm}$)
计算公式	$d_1=(1.8\sim2)d$；$d_2=d_a-2(h_a+h_f+\delta)d$；$L=(1.5\sim2)d$；$h_2=0.8h_1$；$a_1=0.4h_1$；$a_2=0.8a_1$ $d_0=(d_2+d_1)/2$；$h_1=290\times\sqrt[3]{p/nm}$；$f_1=0.2h_1$；$f_2=0.2h_2$；$S_1\geqslant1.5S$；$S_2\geqslant0.5S$

表 4-1-5　S 的最小值表

型号	Z	A	B	C	D	E
$S_{\min}$/mm	6	10	14	18	22	28

（2）带轮的材料

带轮材料常采用灰铸铁、钢、铝合金或工程塑料等。灰铸铁应用最广，当 $v\leqslant25\text{m/s}$ 时，多采用 HT150 或 HT200，$v\geqslant25\sim40\text{m/s}$ 时，宜采用球墨铸铁或铸钢，也可用锻钢、钢板冲压后焊接带轮。当低速或传递小功率传动时，可以采用铸铝或塑料，以减轻带轮重量。

4.1.6　V 带传动的工作情况分析

（1）带传动的受力分析

为保证带传动正常工作，传动带必须以一定的张紧力套在带轮上。当传动带静止时，带两边承受相等的拉力，称为初拉力 F_0，如图 4-1-9（a）所示。当传动带传动时，由于带与带轮接触面之间摩擦力的作用，带两边的拉力不再相等，如图 4-1-9（b）所示。一边被拉紧，拉力由 F_0 增大到 F_1，称为紧边；一边被放松，拉力由 F_0 减小到 F_2，称为松边。设环形带的总长度不变，则紧边拉力的增加量 F_1-F_0 应等于松边拉力的减小量 F_0-F_2。

经过分析，带在不打滑的条件下所能传递的最大有效圆周力为

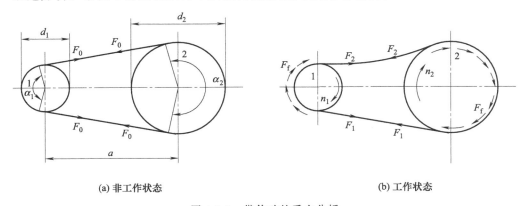

(a) 非工作状态　　　　　　　　　　　(b) 工作状态

图 4-1-9　带传动的受力分析

$$F_{\max} = 2F_0 \frac{e^{f\alpha} - 1}{e^{f\alpha} + 1} \tag{4-1-1}$$

式中 f——带与带轮接触面间的当量摩擦系数；

　　α——带在带轮上的包角；

　　e——值为 2.718。

根据公式（4-1-1）可以分析出带传动的最大有效圆周力与下列因素有关：

① 初拉力 F_0 越大，有效圆周力亦越大；但初拉力过大会使带的摩擦加剧，降低带的寿命，而初拉力过小又会造成带的工作能力降低。

② 摩擦系数 f 越大，摩擦力也越大，带所能传递的有效圆周力越大。

③ 包角 α 增大，有效圆周力增大，从而提高传动能力。由于大带轮的包角大于小带轮的包角，打滑会首先在小带轮上发生，一般要求 $\alpha_1 \geqslant 120°$。

（2）带传动的打滑现象

带传动是靠摩擦工作的，在初拉力 F_0 一定时，当传递的有效圆周力 F 超过带与轮面间的极限摩擦力时，带就会在带轮轮面上发生明显的全面滑动，这种现象称为打滑。当传动出现打滑现象时，虽然主动带轮仍在继续转动，但从动带轮及传动带有较大的速度损失，甚至完全不动。

由于大带轮上的包角大于小带轮的包角，所以打滑总是在小带轮上首先开始的。打滑是一种有害现象，它使传动失效并加剧带的磨损，传动效率降低。因此，在正常工作时，应避免打滑现象。

产生打滑后，使带剧烈磨损，转速急剧下降，不能传递转矩 T，从动轮转速为零，带传动失效，但打滑可以实现过载保护。因为打滑是由于过载所引起的带在带轮上的全面滑动，所以打滑又是可以避免的，只要不过载即可。打滑的危害是过量的磨损，严重的发生火灾甚至是爆炸。

（3）带传动的弹性滑动

传动带是弹性体，受力后会产生弹性伸长。带传动工作时，紧边和松边由于拉力不相等，导致带的弹性伸长量不相同。带在绕过主动轮时，作用在带上的拉力逐渐减少，弹性伸长量也相应减少。因而带一方面随主动轮不断绕入，另一方面相对主动轮边走边收缩（因为力越来越小），因此带的速度低于主动轮的圆周速度，造成两者之间发生相对滑动。而在带绕过从动轮时，情况正好相反，即带的速度大于从动轮的圆周速度，两者之间也发生相对滑动。

这种由于带的弹性和拉力差引起的带在带轮上的滑动，称为带的弹性滑动。弹性滑动是因材料的弹性变形而引起带与带轮表面产生的相对滑动现象，是不可避免的。弹性滑动会造成从动轮的圆周速度低于主动轮，造成速度上的损失；降低了传动效率；使传动比不稳定；引起带的磨损；使带温度升高。

（4）弹性滑动与打滑的区别

弹性滑动是由于带是挠性件，摩擦力引发的拉力差使带产生弹性变形量不同而引起，是带传动所固有的，是正常工作中不可避免的。打滑是过载引起的，是失效形式之一，是正常工作所不允许的，是可以避免也是应该避免的。

弹性滑动影响传动比 i，使 i 不稳定，常发热、磨损，使从动轮的圆周速度 v_2 低于主动轮的圆周速度 v_1，其圆周速度的相对降低程度可用滑动率 ε 来表示。一般带传动的滑动率为 0.01～0.02，可以忽略不计。故计算时用的传动比公式为：

$$i_{12} = \frac{n_1}{n_2} = \frac{d_{d2}}{d_{d1}} \tag{4-1-2}$$

式中，d_{d1} 和 d_{d2} 为带轮的基准直径。

4.1.7　V 带传动的设计计算

（1）带传动的失效形式与设计准则

① 带传动的失效形式　带传动每绕过带轮一次，应力就由小变大，又由大变小地变化一次。带绕过带轮的次数越多，带轮转速越高，带越短，带的应力变化就越频繁，传动带的工作寿命就越短。带的主要失效形式有：

a. 因过载、松弛或张紧不足，使带在带轮轮廓上打滑。

b. 因疲劳应力，使带产生脱层、撕裂和拉断。

c. 带的工作面磨损。

② 带传动的设计准则

a. 保证带传动不打滑。

b. 带在一定的工作时限内，具有足够的疲劳强度和使用寿命。

（2）普通 V 带传动的设计步骤

V 带传动设计主要是确定普通 V 带的型号、基准长度 L_d、根数 Z、传动中心距 a、带轮基准直径及其他结构尺寸等；进行带轮的结构设计；绘制带轮零件工作图。其设计步骤如下：

① 确定设计功率 P_c

$$P_c = K_A \times P \tag{4-1-3}$$

式中　P——传递的额定功率，kW；

　　　K_A——工作情况系数，按表 4-1-6 选择。

表 4-1-6　工作情况系数 K_A

工作机		原动机					
		空、轻载启动			重载启动		
		每天工作时间/h					
		<10	10～16	>16	<10	10～16	>16
载荷平稳	液体搅拌机；离心式水泵；通风机和鼓风机（≤5kW）；离心式压缩机；轻型运输机	1.0	1.1	1.2	1.1	1.2	1.3
载荷变动较小	带式运输机（运送砂石、谷物），通风机（>7.5kW）；发电机；旋转式水泵；金属切削机床；剪床；压力机；印刷机；振动筛	1.1	1.2	1.3	1.2	1.3	1.4
载荷变动较大	螺旋式运输机；斗式提升机；往复式水泵和压缩机；锻锤；磨粉机；锯木机和木工机械；纺织机械	1.2	1.3	1.4	1.4	1.5	1.6
载荷变动很大	粉碎机（旋转式、颚式等）；球磨机，棒磨机；起重机；挖掘机；橡胶辊压机	1.3	1.4	1.5	1.5	1.6	1.8

注：1. 空、轻载启动——电动机（交流启动、△启动、直流并励），四缸以上的内燃机，装有离心式离合器、液力联轴器的动力机。

2. 重载启动——电动机（联机交流启动、直流复励或串励），四缸以下的内燃机。

3. 在反复启动、正反转频繁、工作条件恶劣等场合，K_A 应取表值的 1.2 倍。

② 选择 V 带的型号　根据设计功率 P_c 和小带轮的转速 n_1，按图 4-1-10 选取 V 带的型号。若临近两种型号的界线时，可按两种型号同时计算，通过分析比较进行取舍。

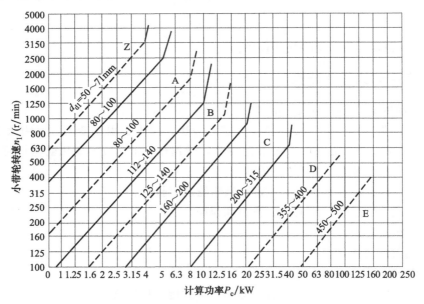

图 4-1-10　普通 V 带选型

③ 确定带轮基准直径　因为小轮直径越小，带的弯曲应力越大，疲劳寿命越小，故对带轮的最小直径应加以限制。表 4-1-7 给出了各型号 V 带许用最小带轮基准直径 d_{dmin}。但为使结构紧凑，应将小带轮直径取小些：$d_{d1} \geqslant d_{dmin}$，并取表中标准值；确定大带轮基准直径 $d_{d2} = i d_{d1}$，大带轮的基准直径应圆整成相近的带轮基准直径的标准值。

表 4-1-7　V 带轮的最小直径和直径的标准系列　　　　　　　　　　　　　　　　　　mm

V 带型号	d_{min}	d_d 的范围	直径的标准范围值
Y	20	20～125	20,22.4,25,28,31.5,35.5,40,45,50,56,63,71,80,90,100,106,112,125
Z	50	50～630	50,56,63,71,75,80,90,100,112,125,132,140,150, 160, 180, 200, 224, 250, 280, 315, 355,400, 500,530,630
A	75	75～800	75,80,85,90,95,100,106,112,118,125,132,140,150, 160, 180,200, 224, 250, 280,315, 355, 400,450,500,560 630,710,800
B	125	125～1120	125,132,140,150,160,170,180,200,250,280,300,315, 355, 400, 450, 500, 560, 630, 710,750, 800, 900,1000, 1120
C	200	200～2000	200, 212,224, 236,250, 265,280, 300,315, 335, 355, 400, 450, 500, 560,600, 630, 710,750, 800, 900,1000, 1120, 1250, 1400, 1600, 2000
D	355	355～2000	355,375,400,425,450,475,500,560,600,630,710,750,800,900,1000, 1060,1120,1250,1400,1500,1600,1800,2000
E	500	500～2250	500,560,600,630,670,710,800 900,1000,1060,1120 1250,1400,1500, 1600,1800, 2000,2240, 2500

④ 验算带的速度

$$v = \frac{\pi \times d_{d1} \times n_1}{60 \times 1000} \tag{4-1-4}$$

带速应控制在 $5\text{m/s} \leqslant v \leqslant 25\text{m/s}$ 范围内，最佳带速 $v = 10 \sim 20\text{m/s}$，否则要重新选取传

动带的直径。若 v 太小，由 $P=Fv$ 可知，传递同样功率 P 时，圆周力 F 太大，带的根数太多，应采取增大小带轮直径或增大带的型号的措施。若 v 太大，则离心力太大，带与轮的正压力减小，摩擦力下降，传递载荷能力下降，传递同样载荷时所需张紧力增加，带的疲劳寿命下降，这时应采取减小小带轮直径的措施，否则寿命太短。

⑤ 确定中心距和基准长度

a. 初定中心距　若结构布置已有要求，则中心距 a 按结构确定。若中心距没有限定时，可按下式初定中心距 a_0：

$$0.7(d_{d1}+d_{d2})\leqslant a_0\leqslant 2(d_{d1}+d_{d2}) \tag{4-1-5}$$

当 d_{d1}、d_{d2} 一定时，中心距 a 增大，则小轮包角 α_1 增大，带的传动能力提高，但 a 过大使结构尺寸增加，并在高速传动时引起带的颤动。中心距 a 小则结构紧凑，但若过小，除包角减小，基准长度 L_d 减小，则在转速 v 一定时，单位时间绕过带轮的次数增多，带中应力变化次数多，加速造成带的疲劳破坏。

b. 确定普通 V 带的基准长度

$$L_{d0}=2a_0+\frac{\pi}{2}(d_{d1}+d_{d2})+\frac{(d_{d2}-d_{d1})^2}{4a_0} \tag{4-1-6}$$

根据计算出的 L_{d0} 查表 4-1-2，选定相应的基准长度 L_d。

c. 最终确定实际中心距 a

$$a\approx a_0+\frac{(L_d-L_{d0})}{2} \tag{4-1-7}$$

考虑到安装、张紧的调整，将中心距设计成可调式：

$$a_{\min}=a-0.015L_d \qquad a_{\max}=a+0.03L_d \tag{4-1-8}$$

⑥ 验算小带轮包角

$$\alpha_1=180°-\frac{d_{d2}-d_{d1}}{a}\times 57.3°\geqslant 120° \tag{4-1-9}$$

若不满足条件，可适当增大中心距或减小两轮的直径差，也可以加张紧轮。

⑦ 确定 V 带根数 Z

$$Z\geqslant\frac{P_c}{[P_0]}=\frac{P_c}{(P_0+\Delta P_0)K_\alpha K_L} \tag{4-1-10}$$

式中　P_0——单根普通 V 带基本额定功率，kW，见表 4-1-8；

ΔP_0——单根普通 V 带传动比 $i\neq1$ 时传递功率的增量，kW，见表 4-1-9；

K_α——小带轮包角修正系数，见表 4-1-10；

K_L——带长修正系数，见表 4-1-2。

带的根数应取整数，且通常 $Z=2\sim5$ 为宜，以使各根带受力均匀，一般不应超过 8 根，若计算结果不满足要求，可改选 V 带型号或加大带轮直径重新计算。

表 4-1-8　单根普通 V 带的基本额定功率 P_0（$\alpha_1=\alpha_2=180°$，特定长度，载荷平稳）　kW

| 带型 | 小带轮基准直径 | 小带轮转速 n_1/(r/min) | | | | | | |
	d_{d1}/mm	400	730	800	980	1200	1460	2800
Z	50	0.06	0.09	0.10	0.12	0.14	0.16	0.26
	63	0.08	0.13	0.15	0.18	0.22	0.25	0.41
	71	0.09	0.17	0.20	0.23	0.27	0.31	0.50
	80	0.14	0.20	0.22	0.26	0.30	0.36	0.56

续表

带型	小带轮基准直径 d_{d1}/mm	小带轮转速 n_1/(r/min)						
		400	730	800	980	1200	1460	2800
A	75	0.27	0.42	0.45	0.52	0.60	0.68	1.00
	90	0.39	0.63	0.68	0.79	0.93	1.07	1.64
	100	0.47	0.77	0.83	0.97	1.14	1.32	2.05
	112	0.56	0.93	1.00	1.18	1.39	1.62	2.51
	125	0.67	1.11	1.19	1.40	1.66	1.93	2.98
	140	0.78	1.31	1.41	1.66	1.96	2.29	3.48
B	125	0.84	1.34	1.44	1.67	1.93	2.20	2.96
	140	1.05	1.69	1.82	2.13	2.47	2.83	3.85
	160	1.32	2.16	2.32	2.72	3.17	3.64	4.89
	180	1.59	2.61	2.81	3.30	3.85	4.41	5.76
	200	1.85	3.05	3.30	3.86	4.50	5.15	6.43
C	200	2.41	3.80	4.07	4.66	5.29	5.86	5.01
	224	2.99	4.78	5.12	5.89	6.71	7.47	6.08
	250	3.62	5.82	6.23	7.18	8.21	9.06	6.56
	280	4.32	6.99	7.52	8.65	9.81	10.74	6.13
	315	5.14	8.34	8.92	10.23	11.53	12.48	4.16
	400	7.06	11.52	12.1	13.67	15.04	15.51	

表 4-1-9　单根普通 V 带 $i \neq 1$ 时额定功率的增量 ΔP_0　　　　kW

带型	小带轮转速 n_1/(r/min)	传动比									
		1.00~1.01	1.02~1.04	1.05~1.08	1.09~1.12	1.13~1.18	1.19~1.24	1.25~1.34	1.35~1.51	1.52~1.99	≥2.0
A	400	0.00	0.01	0.01	0.02	0.02	0.03	0.03	0.04	0.04	0.05
	730	0.00	0.01	0.02	0.03	0.04	0.05	0.06	0.07	0.08	0.09
	800	0.00	0.01	0.02	0.03	0.04	0.05	0.06	0.08	0.09	0.10
	980	0.00	0.01	0.03	0.04	0.05	0.06	0.07	0.08	0.10	0.11
	1200	0.00	0.02	0.03	0.05	0.07	0.08	0.10	0.11	0.13	0.15
	1460	0.00	0.02	0.04	0.06	0.08	0.09	0.11	0.13	0.15	0.17
	2800	0.00	0.04	0.08	0.11	0.15	0.19	0.23	0.26	0.30	0.34
B	400	0.00	0.01	0.03	0.04	0.06	0.07	0.08	0.10	0.11	0.13
	730	0.00	0.02	0.05	0.07	0.10	0.12	0.15	0.17	0.20	0.22
	800	0.00	0.03	0.06	0.08	0.11	0.14	0.17	0.20	0.23	0.25
	980	0.00	0.03	0.07	0.10	0.13	0.17	0.20	0.23	0.26	0.30
	1200	0.00	0.04	0.08	0.13	0.17	0.21	0.25	0.30	0.34	0.38
	1460	0.00	0.05	0.10	0.15	0.20	0.25	0.31	0.36	0.40	0.46
	2800	0.00	0.10	0.20	0.29	0.39	0.49	0.59	0.69	0.79	0.89
C	400	0.00	0.04	0.08	0.12	0.16	0.20	0.23	0.27	0.31	0.35
	730	0.00	0.07	0.14	0.21	0.27	0.34	0.41	0.48	0.55	0.62
	800	0.00	0.08	0.16	0.23	0.31	0.39	0.47	0.55	0.63	0.71
	980	0.00	0.09	0.19	0.27	0.37	0.47	0.56	0.65	0.74	0.83
	1200	0.00	0.12	0.24	0.35	0.47	0.59	0.70	0.82	0.94	1.06
	1460	0.00	0.14	0.28	0.42	0.58	0.71	0.85	0.99	1.14	1.27
	2800	0.00	0.27	0.55	0.82	1.10	1.37	1.64	1.92	2.19	2.47

表 4-1-10　小带轮包角修正系数 K_α

包角 α/°	70	80	90	100	110	120	130	140
k_α	0.56	0.62	0.68	0.73	0.78	0.82	0.86	0.89
包角 α/°	150	160	170	180	190	200	210	220
k_α	0.92	0.95	0.96	1.00	1.05	1.10	1.15	1.20

⑧ 确定初拉力 F_0

$$F_0 = 500 \times \frac{P_c}{Zv}\left(\frac{2.5}{K_\alpha} - 1\right) + q \cdot v^2 (\mathrm{N}) \tag{4-1-11}$$

初拉力的大小是保证带传动正常工作的重要因素，如果过小，产生的摩擦力小，易发生打滑；如果过大，将增大轴上的载荷，从而降低带的寿命。对于不能调整中心距的新带，初拉力应为计算值的 1.5 倍。

⑨ 计算带对轴的压力　为了设计安装带轮的轴和轴承，必须确定带传动作用在轴上的压力。

$$F_Q = 2F_0 Z \sin\frac{\alpha_1}{2} \tag{4-1-12}$$

⑩ V 带带轮的设计　确定结构类型、结构尺寸和轮槽尺寸，画出带轮工作图。

4.1.8　V 带传动的张紧、安装和维护

（1）V 带传动的张紧

带传动运转一定时间后，带会松弛，为了保证带传动的能力，必须重新张紧，才能正常工作。V 带常见的张紧装置有定期张紧装置和自动张紧装置。

① 调整中心距的方式

a. 定期张紧。定期调整中心距以恢复张紧力。常见的有滑动式［图 4-1-11（a）］和摆架式［图 4-1-11（b）］两种，通过调节螺栓来调节中心距。滑动式适用于水平传动或倾斜不大的传动场合。摆架式适用于垂直或接近垂直的布置。

b. 自动张紧。自动张紧装置是将电动机安装在浮动的摆架上，利用电动机自重，使带始终在一定的张紧力下工作，如图 4-1-12 所示。

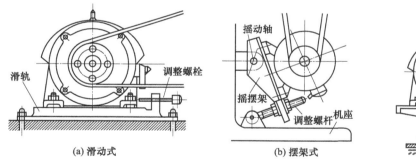

图 4-1-11　定期张紧装置　　　　　图 4-1-12　自动张紧装置

② 加张紧轮　若带传动的轴间距不可调整时，可采用以下张紧轮装置：

a. 调位式内张紧轮装置，如图 4-1-13（a）所示。

b. 摆锤式外张紧轮装置，如图 4-1-13（b）所示。

张紧轮一般设置在松边内侧，使带只受到单向弯曲，并尽量靠近大带轮，以保证小带轮有较大的包角，其直径宜小于小带轮的直径。若设置在外侧时，则应使其靠近小轮，这样可以增加小带轮的包角。

（2）带传动的安装和维护

① 带轮的安装　通常应通过调整各轮中心距的方式来安装带和张紧，切忌硬将传动带从带轮上拨下扳上，严禁用撬棍等工具将带强行撬入或撬出带轮。

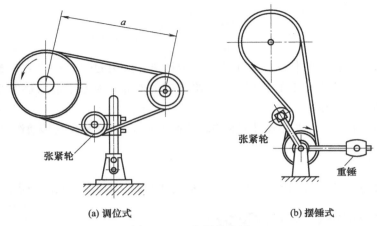

(a) 调位式　　　　　　　(b) 摆锤式

图 4-1-13　张紧轮装置

　　a. 安装 V 带时，首先缩小中心距，将 V 带套入轮槽中，再按初拉力张紧。同组使用的 V 带应型号相同、长度相等，不同厂家生产的 V 带、新旧 V 带禁止同时使用。

　　b. 安装带轮时，应使带轮的轴线保持平行。两轮对应轮槽的中心线应重合，偏斜角 β 应小于 $\pm 20'$（图 4-1-14）以防带侧面磨损加剧。

　　c. 安装时，应按规定的初拉力张紧，对于中等中心距的带传动，也可凭经验张紧，带的张紧程度以大拇指能将带按下 10～15mm 为宜（图 4-1-15）。新带使用前，最好预先拉紧一段时间后再使用。

图 4-1-14　两带轮的相对位置　　　　　图 4-1-15　带的张紧程度

　　d. V 带在轮槽中要有一正确位置（图 4-1-16）。V 带的顶面与带轮的外缘相齐平或略高一点，底面与轮槽间留有一定间隙。

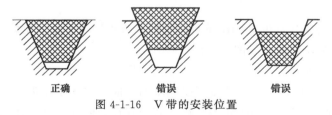

正确　　　　　　　错误　　　　　　　错误

图 4-1-16　V 带的安装位置

　　② 带传动的维护

　　a. 带传动装置的外面应加防护罩以保证安全，防止带与酸碱或油接触而腐蚀传动带。

　　b. 带传动不需要润滑，禁止往带上加润滑油或润滑脂，应及时清理带轮槽内及传动带的油污。

c. 应定期检查传动带，如有一根松弛或损坏则应全部更换新带。带传动的工作温度不应超过 60℃。如果带传动装置闲置时，应将传动带放松。

知识点滴

疲劳的影响与良好习惯

带传动因为疲劳应力的作用，带会产生脱层、撕裂和拉断。没有感知的物体都会因疲劳而失效或生命周期缩短，更何况我们人类呢？过度疲劳对人体造成的危害很多，持续性的生理疲劳会使人体出现影响身体健康的多种症状，所以生活当中，应该劳逸结合，避免过度的疲劳。

疲劳主要分为躯体疲劳和脑力疲劳。对于躯体的疲劳来说，最重要的就是保证充足的睡眠、休息。脑力疲劳主要是由于长期的压力以及高强度的、紧张的、注意力集中的工作引起的，最主要的是要注意调节放松情绪，可以选择的方法有默想、听舒缓的音乐、唱歌、画画、弹琴等等。还要注意加强运动，适当的体育锻炼，可以明显地改善情绪、缓解疲劳症状。

【任务实施】

任务分析

针对带传动（图 4-1-0）的主要失效形式，按照保证工作中不打滑，并且具备一定疲劳寿命的设计准则，确定普通 V 带的型号、长度、根数、传动中心距以及带轮的结构和尺寸等。

任务完成

根据任务条件，设计 V 带传动的步骤如下：

设计步骤	计算与说明	计算结果
1. 确定计算功率 P_c	查表 4-1-6 得工作情况系数 $K_A=1.2$，根据式(4-1-3)有： $P_c=K_A \times P=1.2 \times 5.5=6.6kW$	$P_c=6.6kW$
2. 选择 V 带的型号	根据 $P_c=6.6kW$，$n_1=1440r/min$，从图 4-1-10 中选用 A 型普通 V 带	A 型
3. 确定带轮基准直径	由表 4-1-7 查得主动轮的最小基准直径 $d_{d1min}=75mm$，根据带轮的基准直径系列，取 $d_{d1}=100mm$。 根据式(4-1-2)，计算从动轮基准直径 $d_{d2}=d_{d1}i=100 \times 3=300mm$ 根据基准直径系列，取 $d_{d2}=315mm$	$d_{d1}=100mm$ $d_{d2}=315mm$
4. 验算带的速度	根据式(4-1-4)有 $v=\dfrac{\pi \times d_{d1} \times n_1}{60 \times 1000}=\dfrac{3.14 \times 100 \times 1440}{60 \times 1000}=7.536m/s$	速度在 $v \leqslant 5 \sim 25m/s$ 内，合适
5. 确定普通 V 带传动中心距的基准长度	根据式(4-1-5) $a_0=(0.7 \sim 2) \times (100+315)=(290.5 \sim 830)mm$ 初步确定中心距 $a_0=500mm$ 根据式(4-1-6)计算带的初选长度 $L_{d0}=2a_0+\dfrac{\pi}{2}(d_{d1}+d_{d2})+\dfrac{(d_{d2}-d_{d1})^2}{4a_0}=2 \times 500+\dfrac{3.14}{2}$ $(100+315)+\dfrac{(315-100)^2}{4 \times 500}=1674.66mm$ 根据表 4-1-2 选带的基准长度 $L_d=1800mm$ 根据式(4-1-7)，带的实际中心距 a $a=a_0+\dfrac{(L_d-L_{d0})}{2}=500+\dfrac{1800-1674.66}{2} \approx 563mm$ 考虑到安装、张紧的调整，将中心距设计成可调式，根据式(4-1-8)调整范围为： $a_{min}=a-0.015L_d=563-0.015 \times 1800=536mm$ $a_{max}=a+0.03L_d=563+0.03 \times 1800=617mm$	$L_d=1800mm$ $a \approx 563mm$

续表

设计步骤	计算与说明	计算结果
6. 验算主动轮上的包角 α_1	根据式(4-1-9)有 $\alpha_1 = 180° - \dfrac{d_{d2}-d_{d1}}{a} \times 57.3° = 180° - \dfrac{315-100}{563} \times 57.3° = 158.12° \geqslant 120°$	$\alpha_1 = 158.12° \geqslant 120°$ 主动轮上的包角合适
7. 计算 V 带的根数 Z	由 A 型 V 带，$n_1 = 1440\text{r/min}$，$d_{d1} = 100\text{mm}$，查表 4-1-8 得 $P_0 = 1.32\text{kW}$ 由 $i = 3$，查表 4-1-9 得 $\Delta P_0 = 0.17\text{kW}$ 由 $\alpha_1 = 158.12°$，查表 4-1-10 得 $K_\alpha = 0.944$；由 $L_d = 1800\text{mm}$，查表 4-1-2 得 $K_L = 1.01$。然后由式(4-1-10)可得： $Z \geqslant \dfrac{P_c}{[P_0]} = \dfrac{P_c}{(P_0+\Delta P_0)K_\alpha K_L} = \dfrac{6.6}{(1.32+0.17)\times 0.944 \times 1.01} = 4.65$ 根据计算结果，取 $Z = 5$ 根	取 $Z = 5$ 结论：选用的 V 带 A1800 GB/T 11544—2012，根数为 5 根
以下略	略去的内容为：计算初拉力 F_0、计算作用在轴上的压力 F_Q 和 V 带轮的设计	

【题库训练】

1. 填空题

(1) 根据传动原理，带传动可分为（　　）、（　　）两种类型。

(2) V 带传动的线速度应限制在适当的范围内，一般为（　　）。

(3) 带与带轮接触弧所对应的中心角叫（　　），用 α 表示。为提高传动能力，对平带传动一般要求 $\alpha \geqslant$（　　），对 V 带传动一般要求 $\alpha \geqslant$（　　）。

(4) V 带的张紧程度要适当，在中等中心距的情况下，一般以 V 带安装后，用大拇指能将带按下（　　）左右为合适。

(5) 为了保证 V 带截面在轮槽中的正确位置，V 带的（　　）应与带轮的（　　）取齐，V 带的（　　）与轮槽的（　　）不应接触。

(6) 带传动的主要失效形式为（　　）和（　　）。

(7) 常见的带传动的张紧装置有（　　）、（　　）和（　　）等几种。

(8) 在设计 V 带传动时，V 带的型号是根据（　　）和（　　）选取的。

(9) 当中心距不能调节时，可采用张紧轮将带张紧，张紧轮一般应放在（　　）的内侧，这样可以使带只受（　　）弯曲。为避免过分影响（　　）带轮上的包角，张紧轮应尽量靠近（　　）带轮。

2. 选择题

(1) 带传动采用张紧装置的目的是（　　）。

A. 减轻带的弹性滑动　　　　B. 改变带的运动方向　　　　C. 调节带的预紧力

(2) 若带传动的传动比 $i \neq 1$，则打滑现象主要发生在（　　）。

A. 小带轮　　　　　　B. 大带轮　　　　　　C. 张紧轮　　　　　　D. 不能确定

(3) 普通 V 带传动中，V 带的楔角 α 是（　　）。

A. 34°　　　　　　　B. 36°　　　　　　　C. 38°　　　　　　　D. 40°

(4) 平带、V 带传动主要依靠（　　）传递运动和动力。

A. 带的紧边拉力　　　　　　　　　　B. 带和带轮接触面间的摩擦力

C. 带的预紧力

（5）在一般传递动力的机械中，主要采用（　　）传动。

A. 平带　　　　　　　B. 同步带　　　　　　C. V 带　　　　　　　D. 多楔带

（6）在预紧力相同的条件下，V 带比平带能传递较大的功率，是因为 V 带（　　）。

A. 强度高　　　　　B. 尺寸小　　　　　C. 有楔形增压作用　　D. 没有接头

（7）V 带传动中，带截面楔角为 40°，带轮的轮槽角应（　　）40°。

A. 大于　　　　　　　B. 等于　　　　　　　C. 小于

（8）带传动正常工作时不能保证准确的传动比是因为（　　）。

A. 带的材料不符合胡克定律　　　　　　B. 带容易变形和磨损

C. 带在轮上打滑　　　　　　　　　　　D. 带的弹性滑动

（9）带传动工作时产生弹性滑动是因为（　　）。

A. 带的预紧力不够　　　　　　　　　　B. 带的紧边和松边拉力不等

C. 带和带轮间摩擦力不够

（10）带传动打滑总是（　　）。

A. 在小轮上先开始　　　　　　　　　　B. 在大轮上先开始

C. 在两轮上同时开始

（11）V 带传动设计中，限制小带轮的最小直径主要是为了（　　）。

A. 使结构紧凑　　　　　　　　　　　　B. 限制弯曲应力

C. 保证带和带轮接触面间有足够摩擦力　D. 限制小带轮上的包角

（12）用（　　）提高带传动功率是不合适的。

A. 适当增大预紧力 F_0　　　　　　　　B. 增大轴间距 a

C. 增加带轮表面粗糙度　　　　　　　　D. 增大小带轮基准直径 d_d

（13）V 带传动设计中，选取小带轮基准直径的依据是（　　）。

A. 带的型号　　　B. 带的速度　　　C. 主动轮转速　　　D. 传动比

3. 判断题

（1）平带传动属于摩擦传动。（　　）

（2）考虑 V 带弯曲时横截面的变形，带轮的槽角 φ' 应小于 V 带横截面楔角 φ。（　　）

（3）在相同的条件下，普通 V 带的传动能力约为平带传动能力的 3 倍。（　　）

（4）V 带传动使用张紧轮的目的是增大小带轮上的包角，从而增大张紧力。（　　）

（5）带传动由于工作中存在打滑，造成转速比不能保持准确。（　　）

（6）V 带传动比平带传动允许较大的传动比和较小的中心距，原因是其无接头。（　　）

（7）一般带传动包角越大，其所能传递的功率就越大。（　　）

（8）带工作时存在弹性滑动，因此从动带轮的实际圆周速度小于主动带轮的圆周速度。（　　）

（9）增加带的初拉力可以避免带传动工作时的弹性滑动。（　　）

（10）在带的线速度一定时，增加带的长度可以提高带的疲劳寿命。（　　）

4. 简答题

（1）我国生产的普通 V 带有哪几种型号？窄 V 带有哪几种型号？

（2）在带传动中为什么要限制带速？V 带传动一般带速为多少？

（3）带传动为什么要限制其最小中心距？

（4）带传动的弹性滑动是什么原因引起的？它对传动的影响如何？

（5）打滑是失效形式之一，应当避免，但又有过载保护作用，过载保护作用与打滑是否矛盾？

（6）设计中限制小带轮的直径 $d_{d1} \geqslant d_{dmin}$ 是为什么？

（7）在 V 带设计过程中，为什么要校验带速 $5\mathrm{m/s} \leqslant v \leqslant 25\mathrm{m/s}$ 和包角 $\alpha \geqslant 120°$？

（8）带传动张紧的目的是什么？张紧轮应安放在松边还是紧边上？内张紧轮应靠近大带轮还是小带轮？外张紧轮又该怎样？分析说明两种张紧方式的利弊。

5. 计算题

C618 车床的电动机和床头箱之间采用垂直布置的 V 型带传动。已知电动机功率 $P = 4.5\mathrm{kW}$，转速 $n = 1440\mathrm{r/min}$，传动比 $i = 2.1$，二班制工作，根据机床结构，带轮中心距 a 应为 900mm 左右。试设计此 V 带传动。

任务 4.2　链传动的分析与选择

【任务描述】

链传动是通过链条将具有特殊齿形的主动链轮的运动和动力传递到具有特殊齿形的从动链轮的一种传动方式。链传动是挠性传动，通过环形挠性元件，在两个或多个传动轮之间传递运动和动力。

链传动由两轴平行的大、小链轮和链条组成。链传动与带传动有相似之处：链轮与链条啮合，其中链条相当于带传动中的挠性带，但又不是靠摩擦力传动，而是靠链轮齿和链条之间的啮合来传动。链传动主要用在要求工作可靠，两轴相距较远，以及其他不宜采用齿轮传动的场合，且工作条件恶劣等，如农业机械、建筑机械、石油机械、采矿机械、起重机械、金属切削机床、摩托车、自行车等。本任务是学习链传动的分析与选择。

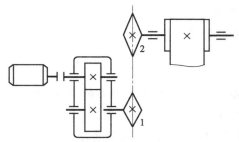

图 4-2-0　链式运输机滚子链传动示意图
1,2—链条传动

任务条件

已知一链式运输机的滚子链传动示意图，如图 4-2-0 所示，采用的是滚子链传动。

任务要求

分析链传动的工作原理和运动特性，滚子链及链轮的结构；分析链传动的失效形式，链传动安装、张紧、维护和润滑方法。

学习目标

◉ 知识目标

（1）了解链传动的类型、特点和应用。

（2）掌握滚子链的结构、规格和基本参数。

（3）掌握链传动的运动特性、失效形式、设计准则和设计步骤。

（4）掌握链传动的布置、张紧和润滑

◉ 能力目标

（1）能够分析和选择滚子链传动。

（2）能够进行链传动的使用与维护。

◉ 素质目标

（1）培养观察生活、理论联系实际和不断探究的钻研精神。

（2）培养"关键时刻不掉链子"的行为习惯与方法。

【知识导航】

知识导图如图 4-2-1 所示。

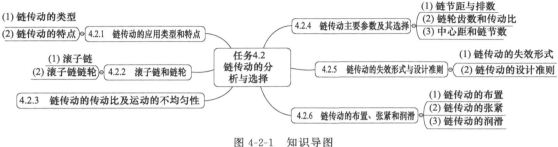

图 4-2-1　知识导图

4.2.1　链传动的应用类型和特点

（1）链传动的类型

链传动是以链条为中间传动件的啮合传动。如图 4-2-2 所示链传动由主动链轮 1、从动链轮 2 和绕在链轮上并与链轮啮合的链条 3 组成。

按照用途不同，链可分为起重链、牵引链和传动链三大类。起重链主要用于起重机械中提起重物，其工作速度 $v \leqslant 0.25 \mathrm{m/s}$；牵引链主要用于链式输送机中移动重物，其工作速度 $v \leqslant 2 \sim 4 \mathrm{m/s}$；传动链用于一般机械中传递运动和动力，通常工作速度 $v \leqslant 15 \mathrm{m/s}$。

传动链有齿形链和滚子链两种。齿形链是利用特定齿形的链片和链轮相啮合来实现传动的，如图 4-2-3 所示。齿形链传动平稳，噪声很小，故又称无声链传动。齿形链允许的工作速度可达 $40 \mathrm{m/s}$，但制造成本高，重量大，故多用于高速或运动精度要求较高的场合。本任务重点讨论应用最广泛的套筒滚子链传动。

（2）链传动的特点

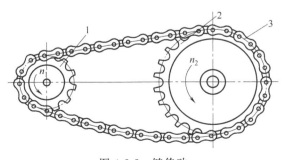

图 4-2-2　链传动

1—主动链轮；2—从动链轮；3—链条

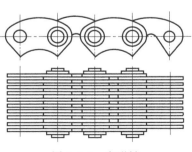

图 4-2-3　齿形链

① 主要优点   与摩擦型带传动相比，链传动无弹性滑动和打滑现象，因而能保持准确的传动比（平均传动比），传动效率较高（润滑良好的链传动的效率约为 97%～98%）；又因链条不需要像带那样张得很紧，所以作用在轴上的压轴力较小；在同样条件下，链传动的结构较紧凑；同时链传动能在温度较高、有水或油等恶劣环境下工作。与齿轮传动相比，链传动易于安装，成本低廉；在远距离传动时，结构更显轻便。

② 主要缺点   运转时不能保持恒定传动比，传动的平稳性差；工作时冲击和噪声较大；磨损后易发生跳齿；只能用于平行轴间的传动。

4.2.2 滚子链和链轮

（1）滚子链

① 滚子链的结构   滚子链由内链板、套筒、销轴、外链板和滚子组成，如图 4-2-4 所示。滚子链的内链板和套筒、外链板和销轴用过盈配合固定，构成内链节和外链节。销轴和套筒之间为间隙配合，构成铰链，将若干内外链节依次铰接形成链条。滚子松套在套筒上可自由转动，链轮轮齿与滚子之间的摩擦主要是滚动摩擦。

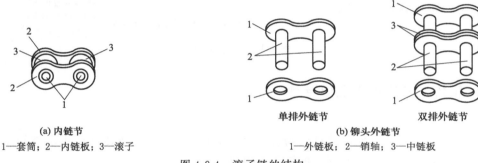

(a) 内链节	(b) 铆头外链节
1—套筒；2—内链板；3—滚子	1—外链板；2—销轴；3—中链板

图 4-2-4 滚子链的结构

当内、外链板相对转动时，套筒可绕销轴自由转动。工作时，滚子沿链轮齿廓滚动，可减轻齿廓的磨损。链的磨损主要发生在"销轴—套筒"以及"滚子—套筒"之间的接触面上，因此，内、外链板间及滚子与内链板间应留少许间隙，以便润滑油渗入上述摩擦面间。内、外链板均制成"8"字形，以使各个横截面具有接近相等的抗拉强度，同时也减小了链的重量和运动时的惯性力。

链条上相邻两销轴中心的距离称为节距，用 p 表示，节距是链传动的重要参数。节距 p 越大，链的各部分尺寸和重量也越大，承载能力越高，且在链轮齿数一定时，链轮尺寸和重量随之增大。因此，设计时在保证承载能力的前提下，应尽量采取较小的节距。载荷较大时可选用双排链或多排链，如图 4-2-5 所示；但排数一般不超过三排或四排，以免由于制造和安装误差的影响使各排链受载不均。

(a) 单排链   (b) 双排链   (c) 三排链

图 4-2-5 滚子链形式

②　**滚子链的接头形式**　链条的长度用链节数表示，一般选用偶数链节，这样链的接头处可采用弹性锁片［图 4-2-6（a）］或开口销［图 4-2-6（b）］来固定，前者用于大节距链，后者用于小节距链。当链节为奇数时，需采用过渡链节［图 4-2-6（c）、（d）］，但由于过渡链节的链板受附加弯矩的作用，一般应避免采用，最好用偶数链节。

(a) 带弹性锁片的连接链节　　　　　　　(b) 带开口销的连接链节

1—弹性锁片；2—连接销轴；3—外链板；4—可拆装链板；5—开口销

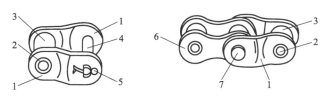

(c) 单节过渡链节　　　　　　　(d) 复合过渡链节

1—过渡链板；2—套筒；3—滚子；4—可拆式销轴；5—开口销；6—内链板；7—铆头销轴

图 4-2-6　滚子链接头形式

③　**滚子链的标准**　滚子链已标准化。GB/T 1243—2006 规定滚子链分为 A、B 系列，其中 A 系列较为常用。A 系列滚子链适用于重载、高速和重要的传动；B 系列滚子链适用于一般传动。A 系列基本参数如表 4-2-1 所示。表中链号和相应的国际标准号一致，链号乘以 25.4/16mm 即为节距值。

表 4-2-1　**A 系列滚子链的基本参数和尺寸**（摘自 GB/T 1243—2006）

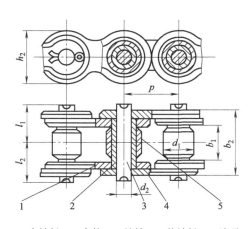

1—内链板；2—套筒；3—销轴；4—外链板；5—滚子

续表

链号	节距 p /mm	排距 p_t /mm	滚子外径 d_1/mm	内链节内宽 b_1/mm	销轴直径 d_2/mm	内链板高度 h_2/mm	单排极限拉伸载荷 F/kN	单排每米质量 q/kg/m
08A	12.70	14.38	7.92	7.85	3.98	12.07	13.8	0.60
10A	15.875	18.11	10.16	9.40	5.09	15.09	21.8	1.00
12A	19.05	22.78	11.91	12.57	5.96	18.08	31.1	1.50
16A	25.40	29.29	15.88	15.75	7.94	24.13	55.6	2.60
20A	31.75	35.76	19.05	18.90	9.54	30.18	86.7	3.80
24A	38.10	45.44	22.23	25.22	11.11	36.20	124.6	5.60
28A	44.45	48.87	25.40	25.22	12.71	42.24	169.0	7.50
32A	50.80	58.55	28.58	31.55	14.29	48.26	222.4	10.10
40A	63.50	71.55	39.68	37.85	19.85	60.33	347.0	16.10
48A	76.20	87.83	47.63	47.35	23.81	72.39	500.4	22.60

滚子链的标记为：链号—排数×链节数　标准号。

例如：16A—1×82　GB/T 1243—2006 表示：A 系列滚子链、节距为 25.4mm、单排、链节数为 82、制造标准 GB/T 1243—2006。

（2）滚子链链轮

① 链轮的基本参数及主要尺寸　链轮的基本参数为：链轮的齿数 z、配用链条的节距 p、滚子外径 d_1 及排距 p_t。链轮的主要尺寸及计算公式如表 4-2-2 所示。

表 4-2-2　滚子链链轮主要尺寸及计算公式　　　　　　　　　　　　　mm

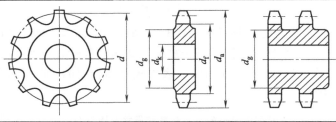

名称	代号	计算公式	备注
分度圆直径	d	$d = p / \sin\dfrac{180°}{z}$	p——链条节距 z——链轮齿数
齿顶圆直径	d_a	$d_{amax} = d + 1.25p - d_1$ $d_{amin} = d + (1 - 1.6/z)p - d_1$	可在 d_{amax}、d_{amin} 范围内任意选取,但选用 d_{amax} 时,应考虑采用展成法加工时,有发生顶切的可能性
分度圆弦齿高	h_a	$h_{amax} = (0.625 + 0.8/z)p - 0.5d_1$ $h_{amin} = 0.5(p - d_1)$	h_a 是为简化放大齿形图的绘制而引入的辅助尺寸。 h_{amax} 相应于 d_{amax},h_{amin} 相应于 d_{amin}
齿根圆直径	d_f	$d_f = d - d_1$	
齿侧凸缘(或排间槽)直径	d_g	$d_g \leqslant p\cot\dfrac{180°}{z} - 1.04h_2 - 0.76$	h_2——内链板高度

注：d_a、d_g 值取整数，其他尺寸精确到 0.01mm。

② 链轮的齿形　链轮的齿形应能保证链节平稳而自由地进入和退出啮合，不易脱链，且形状简单便于加工。为了便于链节平稳进入和退出啮合，链轮应有正确的齿形。滚子链与链轮的啮合属于非共轭啮合，其链轮齿形的设计可以有较大的灵活性。因此 GB/T 1243—

2006 中没有规定具体的链轮齿形。在此推荐使用目前较流行的一种，即三圆弧一直线齿形，链轮的齿形应保证链节能平稳而自由地进入和退出啮合，并便于加工。

三圆弧一直线链轮的端面齿形如图 4-2-7 所示，它由三段圆弧（$\overset{\frown}{aa}$、$\overset{\frown}{ab}$、$\overset{\frown}{cd}$）和一段直线 bc 光滑连接而成；当采用这种齿形并用相应的标准刀具加工时，链轮齿形在工作图上可不画出，只需在图上标明按"GB 1243—2006 规定制造和检验"即可。链轮轴面齿形有圆弧和直线两种。圆弧形齿廓有利于链节啮入和啮出。

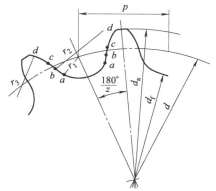

图 4-2-7　滚子链链轮端面齿形

③ 链轮的结构　链轮的结构如图 4-2-8 所示。直径小的链轮常制成实心式 [图 (a)]；中等直径的链轮常制成腹板式 [图 (b)]；大直径（$d > 200mm$）的链轮常制成组合式，可采用螺栓联接 [图 (c)] 或将齿圈焊接在轮毂上 [图 (d)]。

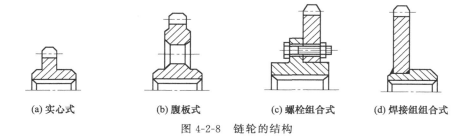

(a) 实心式　　　(b) 腹板式　　　(c) 螺栓组合式　　　(d) 焊接组组合式

图 4-2-8　链轮的结构

④ 链轮的材料　链轮的材料应有足够的强度和耐磨性，齿面要经过热处理。由于小链轮轮齿的啮合次数比大链轮轮齿的啮合次数多，受冲击也比较大，因此所用材料应优于大链轮，链轮所用材料及热处理见表 4-2-3 所示。

表 4-2-3　链轮材料及热处理

材料	热处理	齿面硬度	应用范围
15、20	渗碳淬火、回火	50～60HRC	$z \leqslant 25$ 有冲击载荷的链轮
35	正火	160～200HBS	$z > 25$ 的主、从动链轮
45、50 45Mn、ZG310-570	淬火、回火	40～50HRC	无剧烈冲击振动和要求耐磨的主、从动链轮
15Cr、20Cr	渗碳淬火、回火	55～60HRC	$z < 30$ 传递较大功率的重要链轮
40Cr、35SiMn、35CrMo	淬火、回火	40～50HRC	要求强度较高又要求耐磨的重要链轮
Q235-A、Q275	焊接后退火	140HBS	中低速、功率不大的较大链轮
灰铸铁(不低于 HT200)	淬火、回火	260～280HBS	$z > 50$ 的从动链轮及外形复杂或强度要求一般的链轮
夹布胶木			$P < 6kW$，速度较高，要求传动平稳和噪声小的链轮

4.2.3　链传动的传动比及运动的不均匀性

链传动的运动情况和绕在多边形轮子上的带很相似，如图 4-2-9 所示。多边形边长相当于链节距 p，边数相当于链轮的齿数 z。链轮每转过一周，链条转过的长度为 pz，当两链轮的转速分别为 n_1 和 n_2 时，链条的平均速度为：

$$v = \frac{z_1 p n_1}{60 \times 1000} = \frac{z_2 p n_2}{60 \times 1000} (\text{m/s}) \qquad (4\text{-}2\text{-}1)$$

由上式得链传动的平均传动比为：

$$i_{12} = \frac{n_1}{n_2} = \frac{z_2}{z_1} \qquad (4\text{-}2\text{-}2)$$

虽然链传动的平均速度和平均传动比不变，但它们的瞬时值却是周期性变化的。为便于分析，设链的紧边（主动边）在传动时总处于水平位置，图 4-2-9（a）中铰链已进入啮合。主动轮以角速度 ω_1 回转，其圆周速度 $v_1 = r_1 \omega_1$，将其分解为沿链条前进方向的分速度 v 和垂直方向的分速度 v'，则：

$$v = v_1 \cos\beta_1 = r_1 \omega_1 \cos\beta_1 \qquad (4\text{-}2\text{-}3)$$
$$v' = v_1 \sin\beta_1 = r_1 \omega_1 \sin\beta_1 \qquad (4\text{-}2\text{-}4)$$

式中，β_1 为主动轮上铰链 A 的圆周速度方向与链条前进方向的夹角。

当链节依次进入啮合时，β_1 角在 $\pm 180°/z_1$ 范围内变动，从而引起链速 v 相应做周期性变化。当 $\beta_1 = \pm 180°/z_1$ 时 [图 4-2-9（b）、（d）] 链速最小，$v_{\min} = r_1 \omega_1 \cos(180°/z_1)$；当 $\beta_1 = 0°$ 时 [图 4-2-9（c）] 链速最大，$v_{\max} = r_1 \omega_1$。故即使 ω_1 为常数，链轮每送走一个链节，其链速 v 也经历"最小—最大—最小"的周期性变化。同理，链条在垂直方向的速度 v' 也做周期性变化，使链条上下抖动 [图 4-2-9（b）、（c）、（d）]。

用同样的方法对从动轮进行分析可知，从动轮角速度 ω_2 也是变化的，故链传动的瞬时传动比（$i_{12} = \omega_1/\omega_2$）也是变化的。

链速和传动比的变化使链传动中产生加速度，从而产生附加动载荷，引起冲击振动，故链传动不适合高速传动。为减小动载荷和运动的不均匀性，链传动应尽量选取较多的齿数 z_1 和较小的节距 p（这样可使 β_1 减小），并使链速在允许的范围内变化。

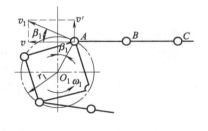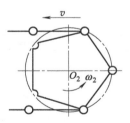

(a)

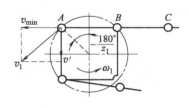

(b)　　　　　　　　(c)　　　　　　　　(d)

图 4-2-9　链传动运动分析

4.2.4　链传动主要参数及其选择

（1）链节距与排数

链节距 p 越大，承载能力越大，但引起的冲击、振动和噪声也越大。为使传动平稳和结构紧凑，应尽量选用节距较小的单排链，高速重载时，可选用小节距的多排链。

选择链传动的链节距，可先根据单排链的额定功率 P_0 和小链轮的转速 n_1，从图 4-2-10 的链传动的额定功率曲线中选取链的型号，再依据表 4-2-1 查出节距 p。但要注意以下事项：

① 图 4-2-10 所示的 A 系列滚子链额定功率曲线制定条件为：$z_1=19$；$L_P=100$ 节；$i=3$；$a=40p$；满负荷连续运转寿命为 15000h；两轮端面共面；采用推荐的润滑方式润滑。

② 当链传动不能按推荐的方式润滑时，图中规定的功率 P_0 应降低取下列数值：$v\leqslant1.5$m/s 时，取 $(0.3\sim0.6)P_0$；1.5m/s$\leqslant v\leqslant7$m/s 时，取 $(0.15\sim0.3)P_0$；$v\geqslant7$m/s 润滑不良时传动不可靠，不宜采用。

③ 当要求实际工作寿命低于 15000h 时，可按有限寿命设计，此时允许传递的功率高些。

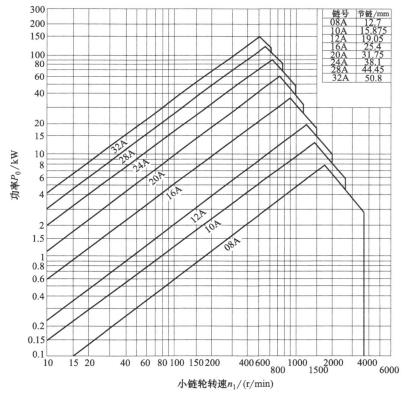

图 4-2-10　A 系列滚子链的额定功率曲线

（2）链轮齿数和传动比

链轮的齿数对链传动的平稳性和使用寿命有很大的影响。小链轮齿数少，动载荷增大，传动平衡性差。因此需要限制小链轮最少齿数，一般 $z_{1min}=17$。链速很低时，z_1 可取为 9，z_1 也不可过多，以免增大传动尺寸。推荐范围：$z_1\approx21\sim29$。

z_2 和 z_1 的关系为 $z_2=iz_1$，链轮齿数 $z_{max}=120$，因为链轮齿数过多时，链的使用寿命将缩短，链条稍有磨损即从链轮上脱落。另外，为避免使用过渡链节，链节数 L_P 一般为偶数，考虑到均匀磨损，链轮齿数 z_1、z_2 最好选用与链节数互为质数的奇数，并优先选用数列 17、19、21、23、25、38、57、76、85、114。通常，链传动传动比 $i \leqslant 6$。推荐 $i = 2 \sim 3.5$。

（3）中心距和链节数

中心距 a 取大些，链长度增加，链条应力循环次数减少，疲劳寿命增加，同时，链的磨损较慢，有利于提高链的寿命；中心距 a 取大些，则小链轮上包角增大，同时啮合轮齿多，对传动有利。但中心距 a 过大时，松边也易于上、下颤动，使传动平稳性下降，因此，一般取初定中心距 $a_0 = (30 \sim 50)p$，最大中心距 $a_{max} = 80p$，且保证小链轮包角 $\alpha_1 \geqslant 120°$。

链条长度 L 常以链节数 L_P 来表示，$L = pL_P$。为保证链长有合适的垂度，实际中心距应小于理论中心距。

（4）链速 v

链速应不超过 12m/s，否则会出现过大动载荷。对高精度的链传动以及用合金钢制造的链，链速允许到 20～30m/s。

4.2.5　链传动的失效形式与设计准则

（1）链传动的失效形式

由于链条的强度比链轮的强度低，故一般链传动的失效主要是链条失效，其失效形式主要有以下几种：

① 链条疲劳破坏　链传动时，由于链条在松边和紧边所受的拉力不同，故链条工作在交变拉应力状态。经过一定的应力循环次数后，链条元件由于疲劳强度不足而破坏，链板将发生疲劳断裂，或套筒、滚子表面出现疲劳点蚀。在润滑良好的链传动时，疲劳强度决定链传动能力的主要因素。

② 链条冲击破断　对于因张紧不好而有较大松边垂度的链传动，在反复启动、制动或反转时所产生的巨大冲击，将会使销轴、套筒、滚子等元件不到疲劳时就产生冲击破断。

③ 链条铰链的磨损　链传动时，销轴与套筒的压力较大，彼此又产生相对转动，因而导致铰链磨损，使链的实际节距变长。铰链磨损后，增加了各链节的实际节距的不均匀性，使传动不平稳。链的实际节距因磨损而伸长到一定程度时，链条与轮齿的啮合情况变坏，从而发生爬高和跳齿现象，磨损是润滑不良的开式链传动的主要失效形式，造成链传动寿命大大降低。

④ 链条铰链的胶合　链速过高时销轴和套筒的工作表面由于摩擦产生瞬时高温，使两摩擦表面相互黏结，并在相对运动中将较软的金属撕下，这种现象称为胶合。在高速重载时，销轴与套筒接触表面间难以形成润滑油膜，金属直接接触导致胶合。胶合限制了链传动的极限转速。

⑤ 链条的过载拉断　在低速、重载或突然过载时，载荷超过链条的静强度，链条将被拉断。这是低速重载的链条传动中经常发生的现象。

（2）链传动的设计准则

链的传动速度一般分为：高速传动（$v > 8$m/s），中速传动（$v < 0.6 \sim 8$m/s），低速传动（$v < 0.6$m/s）。其设计准则为：对于中高速链传动一般按功率曲线图进行设计；对低速链传动，一般按链的静强度进行设计计算。

4.2.6 链传动的布置、张紧和润滑

（1）链传动的布置

链传动的布置，按两轮中心连线的位置可分为：水平布置［图 4-2-11（a）］、倾斜布置［图 4-2-11（b）］和垂直布置［图 4-2-11（c）］三种。通常情况下两轴线应在同一水平面（水平布置）。两轮的回转平面应在同一平面内，否则很容易引起脱链和不正常磨损。应让链条紧边在上，松边在下，以免松边垂度过大使链与轮齿相干涉或紧松边相碰。倾斜布置时，两轮中心线与水平面夹角 φ 应尽量小于 45°。应尽量避免垂直布置，以防止下链轮啮合不良。

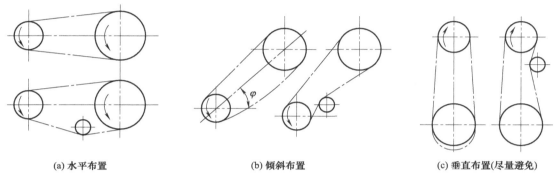

(a) 水平布置   (b) 倾斜布置   (c) 垂直布置(尽量避免)

图 4-2-11 链传动的布置和张紧

（2）链传动的张紧

链条包在链轮上应松紧适度。通常用测量松边垂度 f 的方法来控制链的松紧程度，如图 4-2-12 所示。链传动工作时合适的松边垂度一般为：$f＝（0.01～0.02）a$，a 为传动中心距。对于重载、反复启动及接近垂直的链传动，松边垂直度应适当减小。若垂度过大，将引起啮合不良或振动现象，所以必须张紧。

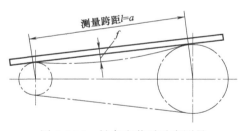

图 4-2-12 链条安装时垂度测量

使用时，当铰链磨损使链长度增大而垂度过大时，可采取如下张紧措施：

① 调整中心距。最常见的张紧方法是调整中心距法，使链条张紧。

② 减小链节。当中心距不可调整时，可采用拆去 1～2 个链节的方法进行张紧。

③ 加张紧轮。当中心距不可调整时，可以设置张紧轮，使链条张紧。张紧轮常位于松边的外侧靠近小链轮处。张紧轮可以是链轮也可以是无齿的辊轮，其直径与小链轮相近。常见的张紧装置有：利用弹簧自动张紧的方式，如图 4-2-13（a）所示；利用重锤自动张紧的方式，如图 4-2-13（b）所示；定期调节螺旋张紧的方式，如图 4-2-13（c）所示。

（3）链传动的润滑

良好的润滑能减小链传动的摩擦和磨损，能缓和冲击，帮助散热，这是链传动正常工作的必要条件。具体的润滑装置如图 4-2-14 所示。润滑油应加于松边，因为松边面间比压较小，便于润滑油的渗入。润滑油推荐用 L-AN32、L-AN46 和 L-AN68 号全损耗系统用油。

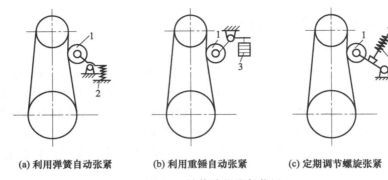

(a) 利用弹簧自动张紧   (b) 利用重锤自动张紧   (c) 定期调节螺旋张紧

图 4-2-13   链传动的张紧装置

1—张紧轮；2—弹簧；3—重锤；4—调节螺旋

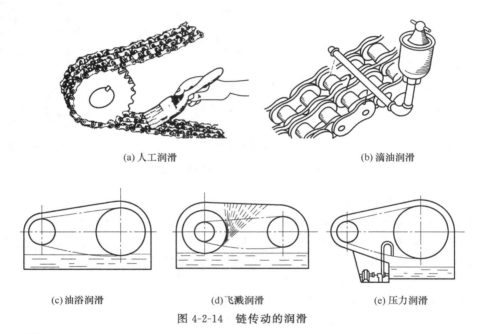

(a) 人工润滑   (b) 滴油润滑

(c) 油浴润滑   (d) 飞溅润滑   (e) 压力润滑

图 4-2-14   链传动的润滑

链传动采用的润滑方式有以下几种：

① 人工润滑   用油壶或油刷定期在链条的松边内、外板间隙中注油，每班注油一次。适用于低速 $v \leqslant 4\text{m/s}$ 的不重要链传动，见图 4-2-14（a）。

② 滴油润滑   装有简单外壳，用油杯通过油管滴入松边内、外链板间隙处，每分钟约 5～20 滴。适用于 $v \leqslant 10\text{m/s}$ 的链传动，见图 4-2-14（b）。

③ 油浴润滑   采用不漏油的外壳，将松边链条浸入油盘中，浸油深度为 6～12mm，适用于 $v \leqslant 12\text{m/s}$ 的链传动，见图 4-2-14（c）。

④ 飞溅润滑   在密封容器中，甩油盘将油甩起，沿壳体流入集油处，然后引导至链条上。但甩油盘线速度应大于 3m/s，油盘浸油深度为 12～35mm，见图 4-2-14（d）。

⑤ 压力润滑   当采用 $v > 8\text{m/s}$ 的大功率传动时，采用不漏油的外壳，液压泵强制供油，用特设的油泵将油喷射至链轮链条啮合处，润滑油应均匀喷在链条的松边并跨过全链宽。每个喷油口的供油量可根据链节距及链速大小，查阅有关手册。循环油可起冷却作用，见图 4-2-14（e）。

知识点滴

链条与掉链子现象启示案例

由链条传动，想起了"关键时刻掉链子"这句话。原指自行车的一种常见故障，在行驶过程中，链条从传动的链轮上脱落，从而失去了传动能力，引申为在关键时刻出现失误影响了最终的结果，即关键时刻或者是比较重要的事情没做好，或者说做"砸"了。

在现实生活中，有些人总是在关键时刻掉链子，造成工作失误或失败。因此，我们要采取有效措施，切莫关键时刻"掉链子"。对待工作和学习，不能有丝毫懈怠之心，更容不得半途而废。既要积极履责，又要创新方法。应该最大限度地调动主观能动性，发挥团队的力量和积极作用，把思想的弦绷紧，把各项举措落实落细，锐意改革创新，强化担当实干，才能有效地防止关键时刻"掉链子"。要关键时刻冲得上去、危难关头豁得出来。冲得上去就是挺身而出，不能掉链子；豁得出来就是豁得出一切甚至生命。党的十八大以来，在关键时刻、危难关头涌现出一大批冲得上去、豁得出来的党员干部，成为新时代的先锋模范，是我们学习的榜样。

【任务实施】

任务分析

本任务的输送机链条传动，从结构上看是一个非常典型的水平布置传动形式。按照链传动的基本知识，根据条件进行分析即可。

任务完成

① 链传动的工作原理：链传动是利用中间的挠性链条和链轮的啮合进行传动。

② 链传动的运动特性：链的瞬时速度是周期变化的，形成多边形效应。

③ 滚子链及链轮的结构：滚子链由滚子、套筒、销轴、内链板和外链板组成；链轮有整体式、孔板式和组装式。

④ 链传动的失效形式：链条疲劳破坏、链板的多次冲击破断、链条铰链磨损、销轴与套筒胶合、链条过载拉断。

⑤ 链传动的安装、张紧和维护：链传动的安装形式有水平、倾斜和垂直安装形式，垂直安装应尽量避免；张紧形式有调节中心距和加张紧轮等形式；要定期润滑和维护。

⑥ 链传动的润滑方式：有人工润滑、滴油润滑、油浴润滑、飞溅润滑和压力润滑。

【题库训练】

1. 选择题

（1）与带传动相比较，链传动的优点是（　　）。

A. 工作平稳，无噪声　　　　　　B. 寿命长

C. 制造费用低　　　　　　　　　D. 能保持准确的瞬时传动比

（2）链传动张紧的目的是（　　）。

A. 使链条产生初拉力，以使链传动能传递运动和功率

B. 使链条与轮齿之间产生摩擦力，以使链传动能传递运动和功率

C. 避免链条垂度过大时产生啮合不良

D. 避免打滑

（3）与齿轮传动相比较，链传动的优点是（   ）。

A. 传动效率高   B. 工作平稳，无噪声

C. 承载能力大   D. 能传递的中心距大

（4）在一定转速下，要减轻链传动的运动不均匀性和动载荷，应（   ）。

A. 增大链节距和链轮齿数   B. 减小链节距和链轮齿数

C. 增大链节距，减小链轮齿数   D. 减小链条节距，增大链轮齿数

（5）为了限制链传动的动载荷，在链节距和小链轮齿数一定时，应限制（   ）。

A. 小链轮的转速   B. 传递的功率

C. 传动比   D. 传递的圆周力

（6）大链轮的齿数不能取得过多的原因是（   ）。

A. 齿数越多，链条的磨损就越大

B. 齿数越多，链传动的动载荷与冲击就越大

C. 齿数越多，链传动的噪声就越大

D. 齿数越多，链条磨损后，越容易发生"脱链"现象

（7）链传动中心距过小的缺点是（   ）。

A. 链条工作时易颤动，运动不平稳

B. 链条运动不均匀性和冲击作用增强

C. 小链轮上的包角小，链条磨损快

D. 容易发生"脱链"现象

（8）两轮轴线不在同一水平面的链传动，链条的紧边应布置在上面，松边应布置在下面，这样可以使（   ）。

A. 链条平稳工作，降低运行噪声   B. 松边下垂量增大后不致与链轮卡死

C. 链条的磨损减小   D. 链传动达到自动张紧的目的

（9）链条由于静强度不够而被拉断的现象，多发生在（   ）情况下。

A. 低速重载   B. 高速重载

C. 高速轻载   D. 低速轻载

（10）链条的节数宜采用（   ）。

A. 奇数   B. 偶数

C. 5 的倍数   D. 10 的倍数

2. 填空题

（1）链传动中，即使主动轮的角速度等于常数，也只有当（   ）时，从动轮的角速度和传动比才能得到恒定值。

（2）对于高速重载的滚子链传动，应选用节距（   ）的（   ）排链；对于低速重载的滚子链传动，应选用节距（   ）的链传动。

（3）与带传动相比较，链传动的承载能力（   ），传动效率（   ），作用在轴上的径向压力（   ）。

（4）在滚子链的结构中，内链板与套筒之间、外链板与销轴之间采用（   ）配合，滚子与套筒之间、套筒与销轴之间采用（   ）配合。

（5）链传动一般应布置在（   ）平面内，尽可能避免布置在（   ）平面或（   ）

平面内。

（6）在链传动中，当两链轮的轴线在同一平面时，应将（　　）边布置在上面，（　　）边布置在下面。

3. 问答题

（1）为什么自行车通常采用链传动而不采用其他形式的传动？

（2）为什么小链轮的齿数不能选择得过少，而大链轮的齿数又不能选择得过多？

（3）链条节距的选用原则是什么？什么情况下宜选用小节距的多排链？什么情况下宜选用大节距的单排链？

（4）如何确定链传动的润滑方式？常用的润滑装置和润滑油有哪些？

（5）链传动和带传动相比有哪些优缺点？

（6）链传动的主要失效形式有哪几种？

（7）链传动的合理布置有哪些要求？

（8）链传动为何要适当张紧？常用的张紧方法有哪些？

（9）链传动应该放在传动系统的哪一级上？为什么？

任务 4.3　齿轮传动的分析与设计

【任务描述】

齿轮传动（如图 4-3-0）是靠一对齿轮的轮齿依次相互啮合传递运动或功率，是现代机械中应用最广泛的传动形式之一。齿轮传动可以用来传递平行轴、相交轴和交错轴之间的运动和动力。本任务是学会分析与设计输送机用的单级圆柱齿轮减速器的齿轮传动。

齿轮传动

图 4-3-0　齿轮传动

任务条件

如图 1-2-0 所示的带式输送机，采用单级直齿圆柱齿轮减速器，其齿轮传动为渐开线齿轮。标准直齿圆柱齿轮（正常齿），大齿轮已损坏，小齿轮的齿数 $z_1=23$，齿顶圆直径 $d_{a1}=75mm$，中心距 $a=150mm$。

任务要求

计算该齿轮的分度圆直径 d、齿顶高 h_a、齿根高 h_f、顶隙 c、齿顶圆直径 d_a、齿根圆直径 d_f、基圆直径 d_b、齿距 p、齿厚 s 和齿槽宽 e。

采用类比法，查取单级圆柱齿轮减速器的齿轮传动的情况，并将结果填写下表。

内容	小齿轮	大齿轮
分度圆直径 d/mm		
齿顶高 h_a/mm		
齿根高 h_f/mm		
顶隙 c/mm		
齿顶圆直径 d_a/mm		

续表

内容	小齿轮	大齿轮
齿根圆直径 d_f/mm		
基圆直径 d_b/mm		
齿距 p/mm		
齿厚 s/mm		
齿槽宽 e/mm		
材料		
润滑方式		

学习目标

◉ 知识目标

(1) 掌握齿轮传动常用类型和工程应用。

(2) 了解渐开线的形成及性质。

(3) 掌握渐开线齿廓符合齿廓啮合基本定律和齿轮传动的特性。

(4) 掌握标准直齿圆柱齿轮的基本参数和几何尺寸计算。

(5) 掌握齿轮的结构设计、材料及精度选择。

◉ 能力目标

(1) 学会渐开线圆柱齿轮的主要参数和基本尺寸计算。

(2) 学会分析齿轮传动的失效形式和设计准则。

(3) 拓展熟悉圆锥齿轮传动和轮系的基本知识。

◉ 素质目标

(1) 通过模数标准化的学习，培养形成专业化思维，强化标准意识。

(2) 培养学生树立正确的设计思想，学会运用手册、标准、规范等资料。

【知识导航】

知识导图如图 4-3-1 所示。

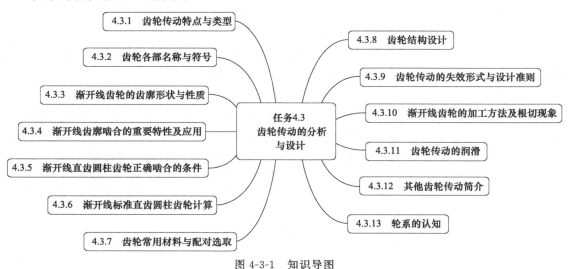

图 4-3-1　知识导图

4.3.1　齿轮传动特点与类型

（1）齿轮传动的特点

齿轮传动是依靠两齿轮轮齿之间互相推压作用的啮合传动。它可以用来传递平行轴、相交轴和交错轴之间的运动和动力。齿轮传动有着带传动、链传动等不可替代的优点。齿轮传动适用的范围比较广，其圆周速度可达 300m/s，传递功率可达 10×10^4 kW，其传动效率最高，可达 99％。与其他传动相比，齿轮传动有着突出的特点：

① 齿轮传动的优点

a. 能保证两齿轮瞬时传动比恒定不变。

b. 能实现两平行轴、相交轴和交错轴间的各种传动。

c. 圆周速度和功率适用范围广，效率高。

d. 工作可靠、使用寿命长。

② 齿轮传动的缺点

a. 制造和安装精度要求较高，加工齿轮需要专用机床和设备，成本较高。

b. 不适合两轴相距较远的传动。

c. 对冲击和振动较为敏感。

（2）齿轮传动的类型

① 按照齿轮轴线间相互位置、齿向和啮合情况，齿轮传动的类型与特点见表 4-3-1。

表 4-3-1　齿轮传动的类型与特点

传动形式	齿轮形状		主要特点
两轴平行的齿轮传动	直齿圆柱齿轮传动	外啮合	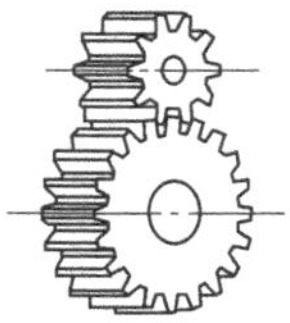 （1）两轮轴线互相平行； （2）轮齿的齿长方向与齿轮轴线互相平行； （3）两轮转动方向相反； （4）此种传动形式应用最广泛
		内啮合	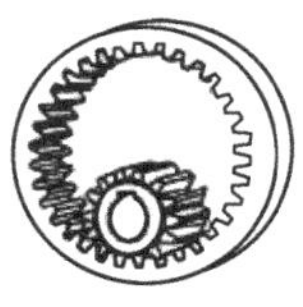 （1）两轮轴线互相平行； （2）两轮转动方向相同； （3）轮齿的齿长方向与齿轮轴线互相平行
	斜齿圆柱齿轮传动	外啮合	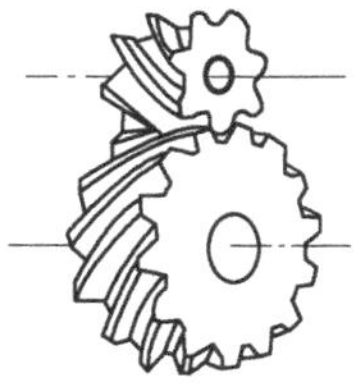 （1）轮齿齿长方向线与齿轮轴线倾斜一个角度； （2）与直齿圆柱齿轮传动相比，同时啮合的齿数增多，传动平稳，传递的扭矩也比较大； （3）运转时存在轴向力； （4）加工制造比直齿圆柱齿轮麻烦些
		内啮合	

传动形式	齿轮形状			主要特点
两轴平行的齿轮传动	人字齿轮传动 人字齿圆柱齿轮传动	外啮合		(1)具有斜齿圆柱齿轮的优点,同时,运转时不产生轴向力; (2)适用于传递功率大,需做正反向运转的机构中; (3)加工制造比斜齿圆柱齿轮麻烦
	齿轮与齿条传动	直齿形	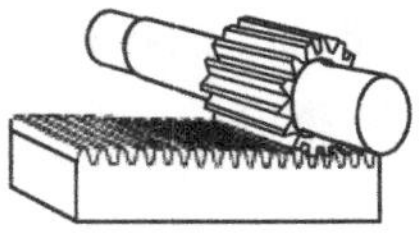	(1)把齿轮直径无限放大,就形成了齿条,所以它是圆柱齿轮的一种特例; (2)可以用来把旋转运动变为直线运动,也可以把直线运动变为旋转运动
		斜齿形		
	非圆齿轮传动		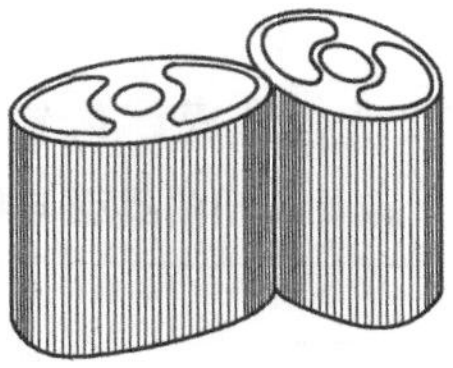	(1)目前常见的非圆齿轮有椭圆形和扇形两种; (2)当主动轮等速转动时从动轮可以实现有规律的不等速转动; (3)此种传动多用于自动化机构
两轴相交的锥齿轮传动	直齿锥齿轮传动		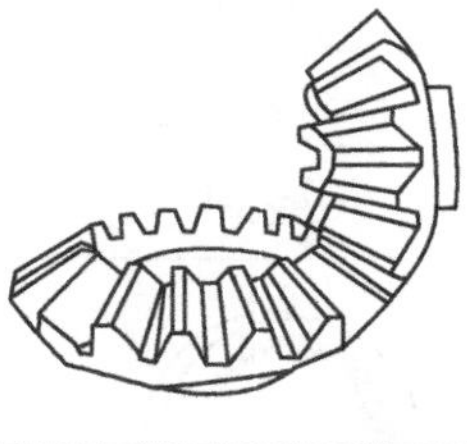	(1)两轮轴线相交于锥顶点,轴交角Σ有三种:$\Sigma>90°$,$\Sigma=90°$(正交),$\Sigma<90°$; (2)轮齿齿线的延长线通过锥顶点
	斜齿锥齿轮传动		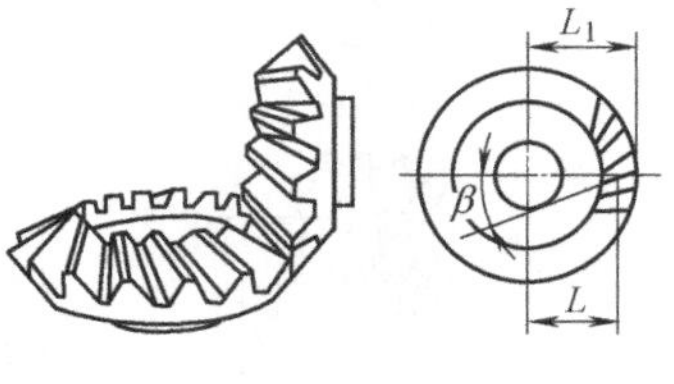	(1)轮齿齿线呈斜向,或者说,齿线的延长线不通过锥顶点,而是与某一圆相切; (2)两轮螺旋角相等,螺旋方向相反
	弧齿锥齿轮传动		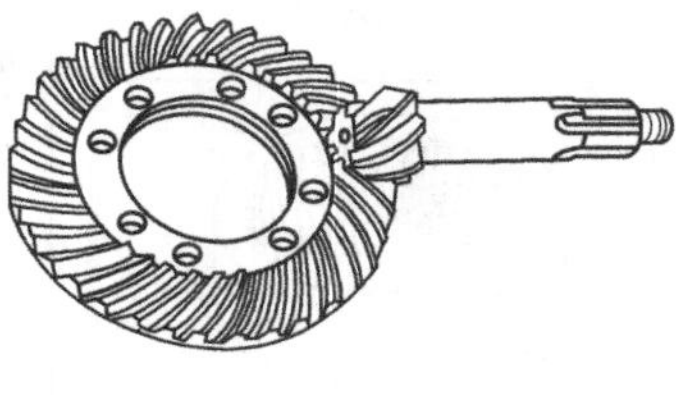	(1)轮齿齿线呈圆弧形; (2)两轮螺旋角相等,螺旋方向相反; (3)与直齿锥齿轮传动相比,同时参加啮合的齿数增多,传动平稳,传递扭矩较大

传动形式	齿轮形状		主要特点
两轴交叉的齿轮传动	交叉轴斜齿轮传动		（1）两轮轴线不在同一平面上，成任意交错，或者是垂直交错； （2）两轮的螺旋角可以相等，也可以不相等； （3）两轮螺旋方向可以相同，也可以不相同
	准双曲面齿轮传动		（1）两轮螺旋角不等，螺旋方向相反； （2）两轮轴线成垂直交错； （3）与弧齿锥齿轮传动相比，传动更平稳可靠，噪声小

② 按照工作条件分类，齿轮传动的类型与特点

a. 闭式齿轮传动　齿轮安装在封闭的箱体内，具有良好的润滑和维护条件，能防尘，安装精确。重要的齿轮传动都采用闭式齿轮传动。

b. 开式齿轮传动　齿轮暴露在箱体之外，工作时易落入灰尘杂质，不能保证良好的润滑，轮齿容易磨损。多用于低速或不太重要的场合。

c. 半开式齿轮传动　齿轮在防护罩内，但不密封，可以设置油池润滑，润滑条件较好；有的仅用防护罩把齿轮罩上，只起防尘作用，润滑条件较差。

4.3.2　齿轮各部分名称与符号

如图 4-3-2 所示为标准直齿圆柱齿轮。

① 齿顶圆：由轮齿顶部所确定的圆，其直径（半径）用 d_a（r_a）表示。

② 齿根圆：由轮齿根部所确定的圆，其直径（半径）用 d_f（r_f）表示。

③ 分度圆：渐开线齿廓上压力角为 20°处之圆，其直径（半径）用 d（r）表示。它是齿轮加工、几何尺寸计算的基准。分度圆直径用 d 表示，分度圆上的齿厚、齿槽宽、齿距分别用 s、e、p 表示，且 $s=e=p/2$。

④ 齿顶高：齿顶圆与分度圆之间的径向距离，称为齿顶高，用 h_a 表示。

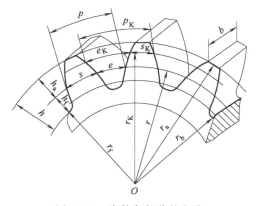

图 4-3-2　齿轮各部分的名称

⑤ 齿根高：齿根圆与分度圆之间的径向距离，称为齿根高，用 h_f 表示。

⑥ 全齿高：齿顶圆与齿根圆之间的径向距离，称为全齿高，用 h 表示。

⑦ 齿宽：沿齿轮轴线方向量得轮齿宽度，用 b 表示。

⑧ 齿槽宽：一个齿槽齿廓间在任意圆周上的弧长，用 e_K 表示。

⑨ 齿厚：任意圆周上量得轮齿厚度（弧长），用 s_K 表示。

⑩ 齿距：任意圆周上相邻两齿对应点间的弧长，用 p_K 表示，$p_K = s_K + e_K$。

4.3.3 渐开线齿轮的齿廓形状与性质

渐开线的轮齿齿廓的形状是渐开线。当直线 n-n 在半径为 r_b 的圆周上做纯滚动时，直线上任意一点 K 的轨迹 $\overset{\frown}{AK}$，称为该圆的渐开线（图 4-3-3），这个圆称为渐开线的基圆，直线 n-n 称为渐开线的发生线。齿轮的齿廓就是由两段对称渐开线组成的，如图 4-3-4 所示。

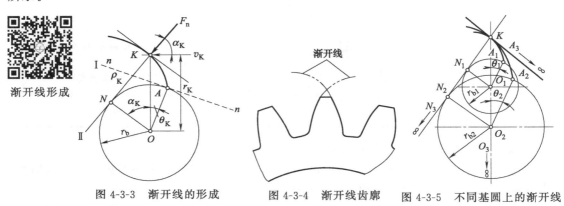

渐开线形成

图 4-3-3 渐开线的形成　　图 4-3-4 渐开线齿廓　　图 4-3-5 不同基圆上的渐开线

渐开线有如下性质：

① 发生线上沿基圆滚过的长度，等于基圆上被滚过的弧长，即 $\overline{NK} = \overset{\frown}{NA}$。

② 渐开线上任意点的法线与基圆相切。切点 N 是渐开线上 K 点的曲率中心，线段 $\overline{NK}$ 为渐开线 K 点的曲率半径，以 ρ_K 表示。$\overline{NK}$ 既是与基圆相切的切线，又是渐开线在 K 点的法线。

③ 渐开线的弯曲程度取决于基圆的大小（图 4-3-5）。基圆越大，渐开线越平直，当基圆半径趋于无穷大时，渐开线变成直线。齿条的齿廓就是这种直线齿廓。

④ 作用于渐开线 K 点的正压力 F_n 的方向（法线方向）与其作用点 K 的速度 v_K 方向所夹的锐角称为渐开线在 K 点的压力角 α_K（图 4-3-3），K 点离圆心越远，压力角 α_K 越大，基圆压力角 α_b 为 0°。

⑤ 因为发生线切于基圆，所以基圆以内没有渐开线。

4.3.4 渐开线齿廓啮合的重要特性及应用

渐开线齿廓能够在机械工程中广泛应用的原因，是基于以下三个重要特性的存在。

（1）渐开线齿廓的啮合线为一条确定的直线

如图 4-3-6 所示，设一对渐开线齿廓在任意点 K 啮合时，过点 K 作这对齿廓的公法线 N_1N_2 为两基圆的一条内公切线。由于两基圆为定圆，在同一方向的内公切线只有一条，所以不论这对齿廓在任何位置啮合，过啮合点所作两齿廓的公法线必将与内公切线 N_1N_2 重合，即一对渐开线齿廓从开始啮合到脱离接触，所有的啮合点均在内公切线 N_1N_2 上，称此公切线 N_1N_2 为啮合线，它是一条定直线。

两个节圆的共切线 t-t 与啮合线 N_1N_2 的夹角，称为啮合角，用 α' 表示。啮合角在数值大小上等于渐开线在节圆上的压力角。因为 N_1N_2 为一条定直线，所以对于同一齿轮传动，在整个啮合中，啮合角 α' 是一个常数，同时齿廓间压力作用线方向不变，当齿轮的传递扭矩一定时，其压力大小也将保持不变，从而使齿轮的轴承受力稳定，较少地产生振动和损坏。

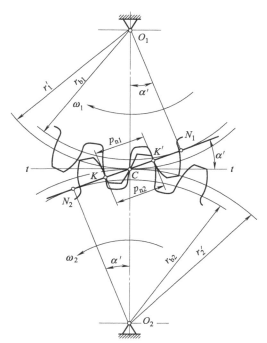

图 4-3-6　渐开线齿廓的啮合

渐开线齿廓的这一啮合特性，称为渐开线齿轮传动的受力平稳性，这个特性有利于延长渐开线齿轮和轴承的使用寿命。

（2）渐开线齿廓能保证定传动比传动

由于一对渐开线齿廓的啮合线为一定直线，其与连心线 O_1O_2 的交点 C 必为一定点。所以，两个以渐开线齿廓啮合的齿轮传动，它的传动比一定是个常数，即：

$$i_{12}=\frac{\omega_1}{\omega_2}=\frac{O_2C}{O_1C}=常数 \qquad (4\text{-}3\text{-}1)$$

渐开线齿廓的这一特性在工程实际中具有非常重要的意义，可以减少因传动比变化引起的动载荷、振动和噪声等，以提高传动精度和齿轮的使用寿命。

注：选择齿轮传动的传动比时，一对齿轮的传动比不宜选得过大，否则不仅大齿轮直径太大，而且整个齿轮传动的外廓尺寸也会增大。一般对于直齿圆柱齿轮传动，传动比 $i \leqslant 5$；对于斜齿圆柱齿轮传动，$i \leqslant 6 \sim 7$；对于开式齿轮传动或手动齿轮，可以取得 $i \leqslant 8 \sim 12$。若传动比过大应采用分级传动。如果传动比 $i \leqslant 8 \sim 40$，可以分成二级传动；如果传动比 $i \geqslant 40$，可以分成三级或三级以上传动。

（3）渐开线齿廓传动具有中心距可分性

若一对渐开线齿轮传动由于制造、安装、轴的变形及轴承磨损等原因，使实际中心距比理论中心距稍有增大时，两轮的瞬时传动比能否保持不变呢？根据齿廓啮合基本定律，由图 4-3-6 可知 $\triangle O_1CN_1 \backsim \triangle O_2CN_2$，按式（4-3-1）可得

$$i=\frac{\omega_1}{\omega_2}=\frac{O_2C}{O_1C}=\frac{r_2'}{r_1'}=\frac{O_2N_2}{O_1N_1}=\frac{r_{b2}}{r_{b1}}=常数 \qquad (4\text{-}3\text{-}2)$$

即渐开线齿轮的传动比取决于两啮合齿轮的基圆半径的比值。而在渐开线齿廓加工完成之后，它的基圆大小就已完全确定。所以即使两齿轮的实际中心距与设计中心距有偏差，也不会影响两轮的传动比。渐开线齿廓传动的这一特性，称为传动的中心距可分性。它对于齿轮的加工和装配都是十分有利的。

渐开线齿轮传动的这一特性，对齿轮的加工和装配是很重要的。由于齿轮的制造安装过程中，会产出误差，再加上使用时间久、轴承磨损等原因，齿轮传动的中心距经常会有些许微小改变，但由于渐开线齿廓具有中心距可分性，故仍能保持传动比恒定和良好的传动性能。渐开线齿轮具有的中心距可分性，为渐开线齿轮制造和安装带来了方便。

4.3.5　渐开线直齿圆柱齿轮正确啮合的条件

渐开线齿轮的齿廓能够保证定传动比传动，而且有着很多优点，但这并不是说任何两个渐开线齿轮均可以配对使用、正确传动。那么，一对渐开线齿轮能够正确啮合传动的条件是什么呢？

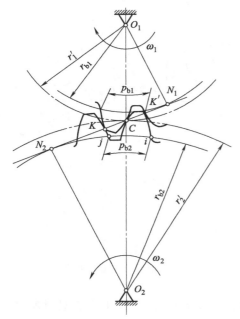

图 4-3-7　齿轮正确啮合条件

如图 4-3-7 所示，一对齿轮啮合过程中，两轮齿廓的啮合点是沿啮合线移动的，当前一对轮齿在 K 点啮合，后一对轮齿在 K' 点啮合时，为保证两对齿廓均在啮合线上相切接触，则必须使两齿轮的法向齿距相等，即：

$$p_{b1} = p_{b2}$$

因 $p_b = \pi m \cos\alpha$，将其代入上式可得：$\pi m_1 \cos\alpha_1 = \pi m_2 \cos\alpha_2$

由于渐开线齿轮的模数和压力角都已标准化，m、α 都是标准值，故两齿轮正确啮合条件为：

$$\left. \begin{aligned} m_1 = m_2 = m \\ \alpha_1 = \alpha_2 = \alpha \end{aligned} \right\} \tag{4-3-3}$$

即一对渐开线直齿圆柱齿轮正确啮合的条件是：两轮的模数和压力角应分别相等。

这样，一对齿轮的传动比公式（4-3-2）可写为：

$$i_{12} = \frac{\omega_1}{\omega_2} = \frac{r'_2}{r'_1} = \frac{d'_2}{d'_1} = \frac{d_{b2}}{d_{b1}} = \frac{d_2}{d_1} = \frac{z_2}{z_1} \tag{4-3-4}$$

4.3.6　渐开线标准直齿圆柱齿轮计算

（1）渐开线齿轮主要参数

① 齿数　形状相同、沿圆周方向均布的轮齿个数，称为齿数。齿轮的齿数与传动比有关，通常由工作条件确定。闭式齿轮传动一般转速较高，为了提高传动的平稳性，减小冲击振动，齿数可取多些。小齿轮的齿数可取为 $z_1 = 20 \sim 40$。

开式（半开式）齿轮传动，齿数不宜过多，以避免传动尺寸过大。由于轮齿主要为磨损失效，为使轮齿不至于过小，故小齿轮不宜选用过多的齿数，一般可取 $z_1 = 17 \sim 21$。在无充分润滑的条件下，大小齿轮的齿数最好互为质数，以防止齿的失效过于集中在某几个齿上，从而造成齿轮的早期报废。

② 压力角　渐开线齿轮压力角指渐开线齿廓在分度圆处的压力角。分度圆上的压力角标准值为 20°。

③ 模数 m　分度圆的大小是由齿距和齿数决定的，分度圆直径与齿数之间有如下关系：

$$\pi d = pz \quad 或 \quad d = \frac{p}{\pi} z$$

式中，π 是一个无理数，为使计算和测量方便，工程上令 $\frac{p}{\pi} = m$，m 称为模数，并定为标准值，见表 4-3-2。于是上式可改写为：

$$d = mz \qquad (4\text{-}3\text{-}5)$$

表 4-3-2　**标准模数系列**（摘自 GB/T 1357—2008）

系列	模　　数							
第一系列	0.1	0.12	0.15	0.2	0.25	0.3	0.4	0.5
	0.6	0.8	1	1.25	1.5	2	2.5	3
	4	5	6	8	10	12	16	20
	25	32	40	50				
第二系列	0.35	0.7	0.9	1.75	2.25	2.75	(3.25)	3.5
	(3.75)	4.5	5.5	(6.5)	7	9	(11)	14
	18	22	28	36	45			

注：1. 本表适用于渐开线圆柱齿轮，对斜齿轮是指法向模数。

　　2. 优先用第一系列，括号内模数尽可能不用。

齿轮传动的模数选择时，对于传递动力的齿轮，其模数应 $i > 1.5 \sim 2$。普通减速器、机床及汽车变速箱中的齿轮模数一般为 $i = 2 \sim 8$。齿轮模数必须取标准值。为加工测量方便，一个传动系统中，齿轮模数的种类应尽量减少。

模数 m 除按估算公式确定外，也可按经验公式确定。当齿轮传动中心距 a 确定后，在初选模数时，常取 $m = (0.007 \sim 0.02)a$。

④ 齿顶高系数 h_a^* 和顶隙系数 c^*

a. 齿顶高系数 h_a^*　由于齿距与模数成正比，取齿高的尺寸也与模数成正比，即

$$h_a = h_a^* m \qquad (4\text{-}3\text{-}6)$$

$$h_f = h_a + c = (h_a^* + c^* m) \qquad (4\text{-}3\text{-}7)$$

$$h = h_a + h_f = (2h_a^* + c^*)m \qquad (4\text{-}3\text{-}8)$$

式中，h_a^* 为齿顶高系数；c^* 为顶隙系数（径向间隙系数）；c 为顶隙。

b. 顶隙系数 c^*　顶隙 $c = c^* m$，它是指一对齿轮啮合时，一个齿轮的齿顶圆到另一个齿轮的齿根圆之间的径向距离。顶隙可存储润滑油，以利于齿轮传动。

（2）标准齿轮的基本参数

① 标准齿轮　如果一个齿轮的 m、α、h_a^*、c^* 均为标准值，并且分度圆上的齿厚 s 和齿槽宽 e 相等，即 $s = e = \dfrac{p}{2} = \dfrac{m\pi}{2}$，则该齿轮称为标准齿轮。

② 标准齿轮的基本参数　渐开线齿轮的几何尺寸由模数 m、齿数 z、压力角 α、齿顶高系数 h_a^*、顶隙系数 c^* 决定的。所以它们是渐开线齿轮的基本参数。标准齿轮规定：

a. $m > 1\text{mm}$ 时，正常齿制：$h_a^* = 1$；$c^* = 0.25$；短齿制：$h_a^* = 0.8$；$c^* = 0.3$。

b. $m < 1\text{mm}$ 时，$h_a^* = 1$，$c^* = 0.35$。

（3）标准直齿圆柱齿轮几何尺寸计算

标准直齿圆柱齿轮的几何尺寸计算公式见表 4-3-3。

表 4-3-3　**渐开线标准直齿圆柱齿轮的几何计算公式**

名称	符号	计算公式	
		小齿轮	大齿轮
模数	m	根据轮齿的受力情况和结构需要确定，选取标准值	
压力角	α	选取标准值，国家规定 $\alpha = 20°$	

名称	符号	计算公式	
		小齿轮	大齿轮
分度圆直径	d	$d_1 = m z_1$	$d_2 = m z_2$
齿顶圆直径	d_a	$d_{a1} = d_1 \pm 2h_a = m(z_1 \pm 2h_a^*)$	$d_{a2} = d_2 \pm 2h_a = m(z_2 \pm 2h_a^*)$
齿根圆直径	d_f	$d_{f1} = d_1 \mp 2h_f = m(z_1 \mp 2h_a^* \mp 2c^*)$	$d_{f2} = d_2 \mp 2h_f = m(z_2 \mp 2h_a^* \mp 2c^*)$
基圆直径	d_b	$d_{b1} = d_1\cos\alpha = m z_1\cos\alpha$	$d_{b2} = d_2\cos\alpha = m z_2\cos\alpha$
齿顶高	h_a	$h_a = h_a^* m$	
齿根高	h_f	$h_f = (h_a^* + c^*)m$	
全齿高	h	$h = (2h_a^* + c^*)m$	
齿距	p	$p = m\pi$	
齿厚	s	$s = m\pi/2$	
齿槽宽	e	$e = m\pi/2$	
顶隙	c	$c = c^* m$	
中心距	a	$a = \dfrac{(d_2 \pm d_1)}{2} = \dfrac{m(z_2 \pm z_1)}{2}$	

注：同一式中有"±"号者，上面的符号用于外啮合（外齿轮），下面的符号用于内啮合（内齿轮）。

4.3.7 齿轮常用材料与配对选取

（1）齿轮常用材料

齿轮材料对轮齿的失效有一定影响，在实际生产中，正确选用齿轮材料，能延长齿轮的使用寿命。通过轮齿失效分析可知，对齿轮材料的基本要求为：轮齿表面应具有较高的硬度和耐磨性，以增强它抵抗点蚀、磨损、胶合的能力；轮齿芯部要有较好的韧性，以增强它承受冲击抵抗弯曲断齿的能力；还应有良好的加工工艺性能及热处理性能，使其满足加工精度和机械性能的要求。

常用的齿轮材料有锻钢、铸钢、铸铁。在某些情况下也选用工程塑料等非金属材料。

① 锻钢 锻钢具有强度高、韧性好、便于制造等特点，且可通过各种热处理方法来改善其机械性能，故大多数齿轮都用锻钢制造。锻钢齿轮按其齿面硬度不同，分为软齿面齿轮和硬齿面齿轮两类：

a. 软齿面齿轮 这类齿轮的齿面硬度≤350HBS。它常用优质中碳钢制成，并经调质或正火处理。

b. 硬齿面齿轮 这类齿轮的齿面硬度＞350HBS。它常用优质中碳钢或中碳合金钢制成，并经表面淬火处理。若用优质低碳钢或低碳合金钢制造，可经渗碳淬火处理。经热处理后，其齿面硬度一般为45～65HRC。若选硬齿面齿轮，需要磨齿。

② 铸钢 铸钢常用于不便锻造的大直径（大于400～600mm）齿轮。可用铸造方法制成铸钢齿坯，由于铸钢晶粒较粗，故需进行正火处理。

③ 铸铁 普通灰铸铁的抗弯强度、抗冲击和耐磨性能较差，但铸造时浇铸容易、加工方便、成本较低，故铸铁齿轮一般仅用于低速、轻载、冲击小的不重要的齿轮传动中。由于铸铁性能较脆，为了避免载荷集中造成齿端局部裂断，所以铸铁齿轮的齿宽应取得小些。球墨铸铁的机械性能和抗冲击能力比灰铸铁高。高强度球墨铸铁可以代替铸钢铸造大直径的齿轮坯。齿轮常用材料的牌号、热处理方法、硬度及应用范围见表4-3-4。

表 4-3-4　齿轮常用材料

类别	牌号	热处理	硬度	应用范围
优质碳素钢	45	正火	170～210HBS	低速轻载
		调质	210～230HBS	低速中载
		表面淬火	43～48HRC	高速中载或低速重载,冲击很小
	50	正火	180～220HBS	低速轻载
合金结构钢	40Cr	调质	240～285HBS	中速中载
		表面淬火	52～56HRC	高速中载,无剧烈冲击
	35SiMn	调质	200～260HBS	高速中载
		表面淬火	40～45HRC	无剧烈冲击
	40MnB	调质	240～280HBS	高速中载
	20Cr	渗碳淬火回火	56～62HRC	高速中载
	20CrMnTi	渗碳淬火回火	56～62HRC	承受冲击
铸钢	ZG310～570	正火	160～200HBS	中速中载
	ZG35SiMn	正火	160～220HBS	尺寸较大的场合
		调质	200～250HBS	尺寸较大的场合
灰铸铁	HT200	人工时效(低温退火)	170～230HBS	低速轻载
	HT300	人工时效(低温退火)	187～255HBS	冲击很小
球墨铸铁	QT500-5	正火	170～241HBS	中、低速轻载
	QT600-2	正火	229～302HBS	小冲击

（2）齿轮材料的配对选取

采用合适的热处理方法，可以使大、小齿轮具有适宜的配对硬度。在一对齿轮中，由于小齿轮轮齿受载循环次数多于大齿轮轮齿，且小齿轮齿根较薄、弯曲强度较低，因此，考虑小齿轮的接触次数大于大齿轮，为使大、小齿轮寿命接近，应使小齿轮的齿面硬度大于大齿轮的齿面硬度。其硬度差一般控制在 30～50HBS 之间。

一对配对齿轮中，大、小齿轮可以都是软齿面，也可以都是硬齿面，还可以一个是软齿面，一个是硬齿面。常见齿轮材料配对示例，见表 4-3-5。

表 4-3-5　齿轮材料配对示例

工作情况		小齿轮	大齿轮
闭式齿轮	软齿面	45 钢调质 220～250HBS	45 钢正火 170～210HBS
	硬齿面	40Cr 表面淬火 50～55HRC	45 钢表面淬火 40～50HRC
		20CrMnTi 渗碳 56～62HRC	20CrMnTi 渗碳 50～56HRC

4.3.8　齿轮结构设计

（1）齿轮轴

对于直径较小的钢质齿轮，其齿根圆直径 d_f 与轴直径相差很小。若齿根圆到键槽底部的距离 $y < 2.5$mm 时（图 4-3-8），可将齿轮和轴制成一体，称为齿轮轴（图 4-3-9）。这时，轴必须和齿轮用同一材料制造。若 y 值大于上述尺寸时，一般齿轮与轴分开制造。

（2）实心式齿轮

当齿顶圆直径 $d_a \leqslant 200$mm 时，可做成实心结构的齿轮（图 4-3-10）。单件或小批量生产而直径小于 100mm 时，可用轧制圆钢制造齿轮毛坯。

图 4-3-8 齿根圆到键槽底部的距离

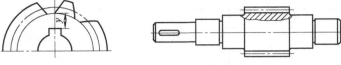

图 4-3-9 齿轮轴

图 4-3-10 实心式齿轮

（3）腹板式齿轮

当齿顶圆直径 200mm≤d_a≤500mm 时，可做成腹板式结构。腹板上开孔是为了减轻重量和加工的需要，孔的直径和数目随结构尺寸的大小而定；腹板式锻造齿轮结构，见表 4-3-6。不重要的铸造齿轮也可做成不开孔的腹板式结构。

（4）轮辐式齿轮

当齿顶圆直径 d_a＞500mm 时，齿轮的毛坯制造因受锻压设备的限制，往往改为铸铁或铸钢浇铸而成的轮辐式结构（表 4-3-6），轮辐的截面为十字形。

表 4-3-6　腹板式齿轮和轮辐式齿轮的图样与参数

名称	腹板式齿轮	轮辐式齿轮
图样		
参数	$d_h=1.6d_s;l_h=(1.2\sim1.5)d_s$，并使 $l_h\geq b$； 模锻 $c=0.2b$，自由锻 $c=0.3b$； $\delta=(2.5\sim4)m_n$，但不小于 8mm； d_0 和 d 按结构取定，当 d 较小时可不开孔	$d_h=1.6d_s$（铸钢）；$d_h=1.8d_s$（铸铁）； $l_h=(1.2\sim1.5)d_s$，并使 $l_h\geq b$； $c=0.2b$，但不小于 10mm； $\delta=(2.5\sim4)m_n$，但不小于 8mm； $h_1=0.8d_s,h_2=0.8h_1$； $s=0.15h_1$，但不小于 10mm；$e=0.8\delta$

4.3.9　齿轮传动的失效形式与设计准则

（1）失效形式

齿轮传动，除要求传动平稳外，还要求齿轮的轮齿有足够的强度。齿轮在传动过程中，由于载荷的作用，齿轮轮齿表面会发生部分的或整体的损坏或永久的变形，影响齿轮传动质量，严重时甚至使齿轮丧失工作能力，这类损坏或变形称为轮齿的失效。齿轮传动的失效主要发生在轮齿上，其他部位很少失效，影响齿轮轮齿失效的因素很多。如图 4-3-11 所示，常见的轮齿失效形式有以下几种：轮齿折断、齿面点蚀、齿面胶合、齿面磨损、齿面塑性变形。

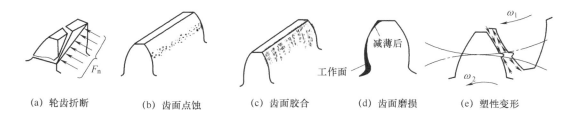

|（a）轮齿折断|（b）齿面点蚀|（c）齿面胶合|（d）齿面磨损|（e）塑性变形|

图 4-3-11　齿面的失效的形式

① 轮齿折断　轮齿像一个悬臂梁，受载后齿根部产生的弯曲应力最大。当该应力值超过材料的弯曲疲劳极限时，齿根处产生疲劳裂纹，并不断扩展使轮齿断裂。此外，突然过载、严重磨损及安装制造误差等也会造成轮齿折断。

轮齿折断一般发生在齿根部位。折断有两种：一种是齿根弯曲应力不断变化，同时有应力集中，致使根部发生弯曲疲劳裂纹，经历长期应力循环，裂纹不断扩展，导致整个轮齿折断，这种折断称为弯曲疲劳折断。如图 4-3-11（a）所示。另一种是由于短时间严重过载，致使轮齿突然折断，这种折断称为弯曲过载折断。

提高轮齿抗折断能力的措施：提高轮齿过渡圆角半径；降低表面粗糙度；对齿根进行强化处理；选用韧性好的材料；采用合理的变位等。

② 齿面点蚀　齿轮传动中，两齿面是线接触，表层产生很大接触应力，由于力的作用点沿齿面移动，接触应力按脉动循环变化。经历长期应力循环，便在齿面节点附近，由于疲劳而产生小片金属剥落，形成麻点，如图 4-3-11（b）所示，这种疲劳称为疲劳点蚀或接触疲劳。由于齿面损坏，啮合迅速恶化，从而导致轮齿失效。

疲劳点蚀首先出现在靠近齿根一侧的节线附近，齿面疲劳点蚀是闭式软齿面（HBS≤350）齿轮传动的主要失效形式。

提高抗齿面点蚀能力的主要措施：提高齿面硬度；降低齿面粗糙度；增大润滑油黏度等。

③ 齿面胶合　高速重载传动中，由于轮齿啮合区局部温度升高，油膜脱落，失去润滑作用，使两金属表面直接接触，相互黏结在一起，当齿面相对滑动时，将较软金属表面沿滑动方向划伤、撕脱，形成沟纹，如图 4-3-11（c）所示，严重时甚至相互咬死，这种现象统称为胶合。此时齿面严重损坏而失效。低速重载，齿面间油膜不易形成，也会产生胶合。

防止胶合的办法有：采用黏度大或有抗胶合添加剂的润滑油（如硫化油），提高齿面硬度，改善齿面粗糙度，配对齿轮采用不同材料，对于高速重载传动还要加强散热措施。

④ 齿面磨损　灰尘、砂粒、金属微粒等落入轮齿间，会使齿面间产生摩擦磨损。严重时会因齿面减薄过多而折断。磨损是开式传动的主要失效形式。

齿轮传动中的磨损有两种：一种是跑合，一种是磨粒磨损。新齿轮在使用前，先加轻载，经短期运行后，两齿面逐渐磨光、贴合，称为跑合。跑合有利于改善轮齿啮合状况，但跑合后，应清洗磨损的金属屑，金属屑对齿面会形成磨粒磨损。开式齿轮传动，油池中有灰尘等硬的屑粒，会破坏正确齿形，引起附加动载荷和噪声，致使轮齿失效，磨损使齿厚磨薄后会造成轮齿折断。如图 4-3-11（d）所示。

提高抗齿面磨损能力的主要措施：可采用闭式齿轮传动；提高齿面硬度；降低齿面粗糙度；采用清洁的润滑油等。

⑤　齿面的塑性变形　当轮齿材料较软且载荷较大时，轮齿表层材料在摩擦力作用下，因屈服将沿着滑动方向产生局部的齿面塑性变形，导致主动轮齿面节线附近出现凹沟，从动轮齿面节线附近出现凸棱，使轮齿失去正确的齿形，影响齿轮的正常啮合，如图 4-3-11（e）所示。在工作条件与设计相符的情况下，这种失效形式一般不常发生。

防止齿面塑性变形的主要措施：提高齿面硬度；增大润滑油黏度等。

（2）设计准则

齿轮失效形式的分析，为齿轮的设计和制造、使用与维护提供了科学的依据。由工程实际得知，在闭式齿轮传动中，对于软齿面（HBS≤350）齿轮齿面抗点蚀能力差，齿面点蚀是主要失效形式。在设计计算时，按接触疲劳强度进行设计，按弯曲疲劳强度进行校核；而对于硬齿面（HBS＞350）齿轮，轮齿的疲劳折断是主要失效形式。在设计计算时，按弯曲疲劳强度进行设计，按接触疲劳强度进行校核。

开式齿轮传动，齿面磨损是主要的失效形式。目前，对于齿面磨损和齿面塑性变形，还没有较成熟计算方法。关于齿面胶合，我国虽已制定出渐开线圆柱齿轮胶合承载能力计算方法（GB/T 6413），但只是在设计高速重载齿轮传动中，才进行胶合计算。对于一般齿轮传动，通常只按齿根弯曲疲劳强度或齿面接触疲劳强度进行计算。齿轮的设计准则见表 4-3-7。

表 4-3-7　齿轮的设计准则

工作条件		失效形式	设计准则
闭式传动	软齿面（硬度≤350HBS）	齿面点蚀	按齿面接触疲劳强度条件设计 按轮齿弯曲疲劳强度条件校核
	硬齿面（硬度＞350HBS）	轮齿折断	按轮齿弯曲疲劳强度条件设计 按齿面接触疲劳强度条件校核
开式传动		齿面磨损，磨损量过大产生轮齿折断	按轮齿弯曲疲劳强度条件设计

4.3.10　渐开线齿轮的加工方法及根切现象

（1）渐开线齿轮加工方法

齿轮加工方法很多，有铸造、热轧、冲压、模锻和切削等。其中最常用的是切削方法，根据轮齿成形原理来分，有仿形法和展成法两类。

①　仿形法　仿形法是采用与齿廓形状相同的刀具或模具加工齿轮，其刀具常用的有盘状铣刀和指状铣刀。

a. 盘状铣刀加工　盘状铣刀加工如图 4-3-12 所示，铣刀形状与齿槽形状相同，只是刀顶比齿顶高高出 c^*m，以便铣出顶隙。加工时，盘状铣刀 1 绕刀轴转动进行铣削，轮坯 2 沿轮轴线移动一个行程进刀，这样就切出一个齿槽。然后轮坯 2 退回原来的位置，并用分度盘将轮坯转动 $360°/z$，再铣下一个齿槽，依次进行即可切削出所有的轮齿。铣削加工属于间断切削。

b. 指状铣刀加工　指状铣刀加工如图 4-3-13 所示，其加工方法与盘状铣刀加工基本相同。不过指状铣刀加工常用于加工模数较大（$m > 10\text{mm}$）的齿轮，并可以切削人字齿轮。

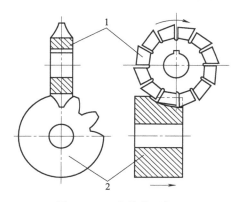
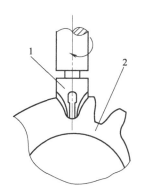

盘状铣刀加工

图 4-3-12　盘状铣刀加工
1—盘状铣刀；2—轮坯

图 4-3-13　指状铣刀加工
1—指状铣刀；2—轮坯

仿形法加工齿轮方法简单，不需专用设备，刀具成本低。铣刀每铣一次，都要重复一次分度、切入、退刀的过程，加工过程不连续，因此生产效率较低。该法加工精度低，一般加工精度为 9～11 级。因此，仿形法加工齿轮一般多用于修配和加工某些转速不高且精度要求较低的单件齿轮。

② 展成法（范成法）　展成法是加工齿轮最常用的一种方法。它是利用一对齿轮（或齿轮与齿条）相互啮合时（两轮节圆相互滚动），两轮齿廓互为包络线的原理加工齿轮。展成法切齿用的刀具，有齿轮插刀、齿条插刀和齿轮滚刀。

a. 齿轮插刀加工　如图 4-3-14 所示为齿轮插刀加工齿轮。齿轮插刀是一个具有切削刃的渐开线齿轮。其顶部比正常齿高出 $c^* m$，以便切出顶隙部分。它与轮坯安装在插齿机上按一定的传动比转动，就像一对齿轮啮合传动一样，称为展成（范成）运动，如图 4-3-14（a）所示；同时插刀沿轮坯齿宽方向做上下往复运动，插刀刀刃各个位置的包络线就形成了齿轮的渐开线齿廓，如图 4-3-14（b）所示。为了切出轮齿的高度，在切削的过程中，齿轮插刀还需要向轮坯的中心移动，做径向进给运动。

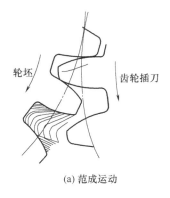
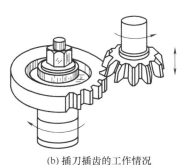

(a) 范成运动

(b) 插刀插齿的工作情况

图 4-3-14　齿轮插刀加工齿轮

b. 齿条插刀加工　如图 4-3-15（a）所示为齿条插刀加工齿轮，加工原理与齿轮插刀加工齿轮相同。当轮坯转动时，刀具沿轮坯周向移动，移动速度与被加工齿轮的分度圆圆周速度相等，同时齿条插刀沿轮坯的齿宽方向做往复切削运动，刀具刀刃在各个位置时的包络线 [图 4-3-15（b）] 就是被加工齿轮的齿廓曲线。

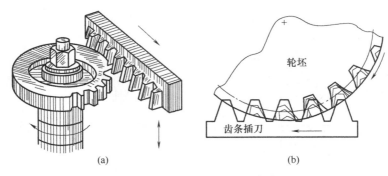

(a)　　　　　　　　　　(b)

图 4-3-15　齿条插刀加工齿轮

范成法加工原理

c. 齿轮滚刀加工　图 4-3-16 所示为利用滚刀在滚齿轮机上加工齿轮。加工原理与用齿条插刀加工齿轮基本相同。齿轮滚刀呈螺旋形，沿纵向开出沟槽，其轴向剖面与齿条相同。当齿轮滚刀绕本身回转时，就相当于一个无限长假想齿条连续地向一个方向移动，齿轮滚刀还同时沿轮坯轴线方向缓慢移动，直至切出完整的齿形为止。

用展成法加工齿轮，同一把刀可精确加工出同一模数、同压力角而不同齿数的任意齿轮。插齿方法加工齿轮为间断切削，生产率较低。而滚齿方法加工齿轮为连续加工，生产率较高。

（2）根切现象及最少齿数

用范成法加工齿数较少的齿轮时，常会将轮齿根部的渐开线齿廓切去一部分，如图 4-3-17 所示。这种现象称为根切。根切将使轮齿的抗弯强度降低，重合度减小，故应设法避免。

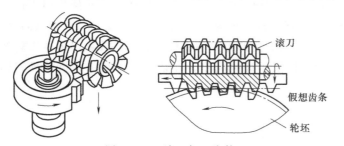

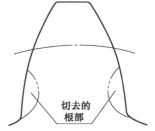

图 4-3-16　滚刀加工齿轮　　　　　　图 4-3-17　轮齿的根切现象

对于标准齿轮，是用限制最少齿数的方法来避免根切的。用滚刀加工压力角为 20° 的标准直齿圆柱齿轮时，根据计算，可得出不发生根切的最少齿数 $z_{min} = 17$。某些情况下，为了尽量减少齿数以获得比较紧凑的结构，在满足轮齿弯曲强度条件下，允许齿根部有轻微根切时，$z_{min} = 14$。

4.3.11　齿轮传动的润滑

（1）齿轮传动的润滑

齿轮传动时，相啮合的齿面间即有相对滑动，以承受较高的压力，会产生摩擦和磨损，造成动力消耗，使传动效率低。因此，必须考虑齿轮传动的润滑，特别是高速齿轮的润滑问题更加突出。润滑油除了减小摩擦损失外，还可以起散热及防锈蚀等作用。

① 闭式齿轮传动的润滑方式　闭式齿轮传动的润滑方式，有浸油（油浴）润滑和喷油润滑两种，一般可根据齿轮的圆周速度进行选择。

a. 浸油（油浴）润滑　当齿轮的圆周速度 $v \leqslant 12m/s$ 时，采用浸油（油浴）润滑，如图 4-3-18 所示。为了减小搅拌损失和避免油池温度升高，大齿轮浸入油池中的深度约为 1～2 个全齿高，但不小于 10mm。在两级圆柱齿轮减速器中［图 4-3-18（b）］，高速级的大齿轮的浸油深度为 1～2 齿高，同时要求齿顶距离箱底不少于 30～50mm，以免搅起箱底的沉淀物及油泥。

b. 喷油润滑　当圆周速度 $v > 12m/s$ 时，由于圆周速度大，齿轮搅油太激烈，且因离心力较大，会使黏附在齿廓面上的油被甩掉，因此不宜采用浸油润滑，必须采用喷油润滑。如图 4-3-19 所示，油泵供应的压力油，经油管、喷嘴直接喷射在齿轮啮合处。

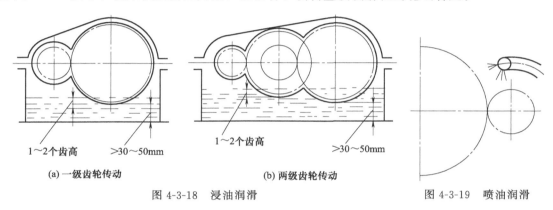

图 4-3-18　浸油润滑　　　　图 4-3-19　喷油润滑

② 开式齿轮传动的润滑方式　对于开式齿轮传动，由于其传动速度较低，通常采用人工定期加油的润滑方式。

（2）润滑油的选择

黏度是润滑油的主要指标，黏度的大小反映出油的稀稠。润滑油的黏度选择可根据齿轮材料及圆周速度查表 4-3-8。润滑油的牌号由黏度值确定。

表 4-3-8　齿轮传动润滑油黏度推荐值

齿轮材料	强度极限 σ_b/MPa	圆周速度 $v/(m/s)$						
		<0.5	0.5～1	1～2.5	2.5～5	5～12.5	12.5～25	>25
钢	470～1000	460	320	220	150	100	68	46
	1000～1250	460	460	320	220	150	100	68
	1250～1580	1000	460	460	320	220	150	100
渗碳或表面淬火的钢	—	1000	460	460	320	220	150	100
塑料、铸铁、青铜	—	320	220	150	100	68	46	—

注：黏度单位 mm^2/s；测试温度 40℃。

4.3.12　其他齿轮传动简介

（1）平行轴斜齿圆柱齿轮传动

① 齿廓的形成　直齿轮齿廓曲面是发生面 S 在基圆柱上做纯滚动，S 平面上与基圆母

线 NN' 平行的 KK' 直线，在空间形成渐开线柱面 $AKK'A$，如图 4-3-20（a）所示。两直齿轮轮齿啮合时，由于两齿面接触线 KK' 平行于母线，其全齿宽同时进入啮合和退出啮合，如图 4-3-20（b）所示，因而轮齿承载和卸载都是突发性的，故引起动载、冲击、振动和噪声，不宜用于高速。

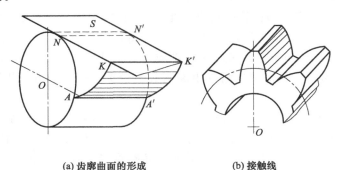

(a) 齿廓曲面的形成   (b) 接触线

图 4-3-20　直齿圆柱齿轮齿面的形成

斜齿轮齿廓曲面形成方法与直齿轮相同，只是直线 KK' 与母线 NN' 成 β_b 角（基圆螺旋角）。斜直线 KK' 在空间形成渐开螺旋面 $AKK'A$，如图 4-3-21（a）所示。两斜齿轮轮齿啮合时，由于两齿面接触线 KK' 不平行于母线，轮齿由齿宽一端进入啮合，又逐渐由另一端退出啮合，如图 4-3-21（b）所示，因而轮齿承载和卸载是逐步的，故工作平稳，冲击和噪声较小。此外，一对轮齿从进入到退出，总接触线较长，重合度大，同时参与啮合的齿数多，故承载能力高。

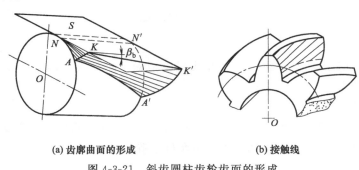

(a) 齿廓曲面的形成   (b) 接触线

图 4-3-21　斜齿圆柱齿轮齿面的形成

② 啮合特点　与直齿齿轮传动相比，斜齿齿轮传动有如下特点：

a. 传动平稳　一对直齿圆柱齿轮在啮合时，两齿廓总是全齿宽的啮入和啮出，故这种传动易发生冲击、振动和噪声，影响传动平稳。一对斜齿圆柱齿轮在啮合时，两齿廓是逐渐进入啮合和逐渐退出啮合的，当斜齿轮前端面的齿廓脱离啮合时，齿廓的后端面仍处于啮合状态，所以斜齿轮的啮合过程比直齿轮长，同时参加啮合的齿数多于直齿轮，重合度较大，所以斜齿轮传动平稳。

b. 承载能力大　斜齿轮的轮齿相当于螺旋曲面梁，强度高；斜齿轮同时参加啮合的齿数多，而单齿的受力较小，所以斜齿齿轮的承载能力大。

c. 在传动中产生轴向力　由于斜齿齿轮轮齿倾斜，工作时会产生轴向力，不利于工作。因而，需采用径向角接触轴承，以承受轴向力或采用人字齿轮使轴向力抵消。

d. 斜齿轮不能做滑移齿轮使用　根据斜齿的传动特点，斜齿齿轮一般多应于与高速或用于传递大转矩的场合，不能做滑移齿轮用。

（2）直齿锥齿轮传动

① 轴交角 $\Sigma = 90°$ 的直齿锥齿轮传动　锥齿轮用于两轴相交的传动，两轴交角 Σ 可由传动要求确定，常用的轴交角 $\Sigma = 90°$〔图 4-3-22（a）〕锥齿轮的特点是轮齿分布在圆锥上，轮齿从大端到小端逐渐缩小。锥齿轮的轮齿有直齿、斜齿和弧齿三种类型，其中直齿锥齿轮在设计、制造和安装方面都比较简便，故应用较广。弧齿圆锥齿轮传动平稳、承载能力高，常用于高速重载场合，斜齿圆锥齿轮应用较少。

如图 4-3-22（b）所示为一对正确安装的标准圆锥齿轮示意图，节圆锥和与分度圆锥重合，两齿轮的分度圆锥角分别为 δ_1 和 δ_2，大端分度圆半径分别为 r_1 和 r_2，两轮的传动比为：

$$i = \frac{\omega_1}{\omega_2} = \frac{n_1}{n_2} = \frac{z_2}{z_1} = \frac{OP \sin\delta_2}{OP \sin\delta_1} = \frac{\sin\delta_2}{\sin\delta_1} \tag{4-3-9}$$

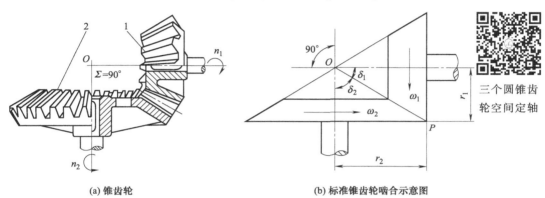

（a）锥齿轮　　　　　（b）标准锥齿轮啮合示意图

图 4-3-22　直齿锥齿轮传动

② 直齿圆锥齿轮齿廓曲面形成原理　如图 4-3-23 所示，扇形平面 S 为发生面，圆心 O 与基圆锥顶相重合，当它绕基圆锥做纯滚动时，该平面上任一点在空间展出一条球面渐开线。而发生面上任一径向直线 OA 上展出的无数条球面渐开线形成球面渐开线曲面，即为直齿圆锥齿轮的理论齿廓曲面。直齿圆锥齿轮的主要参数和表示方式，如图 4-2-24 所示。其中，R—锥距；δ—分锥角；h_a—齿顶高；h_f—齿根高。

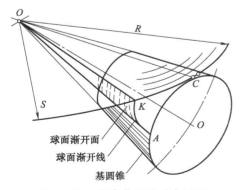

图 4-3-23　齿廓曲面的形成原理

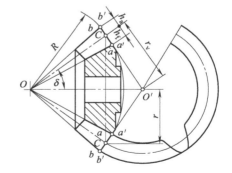

图 4-3-24　直齿圆锥齿轮的主要参数和表示方式

（3）齿轮齿条传动

齿轮齿条传动通常是将齿轮的旋转运动转换为齿条的往复移动，或者齿条的直线往复运动转换成齿轮的旋转运动。它是齿轮传动的一种特殊形式。

① 齿条的形成 渐开线形成过程中，当基圆半径趋于无穷大时，渐开线变为直线，因此齿条齿廓的两端是一对对称的斜直线。当一个平板或直杆，其上具有一系列等距离分布的齿时，就称为齿条。齿条也可以看成为齿数趋于无穷多时的齿轮的一部分。齿条分为直齿条和斜齿条，直齿条是齿线垂直于齿的运动方向；斜齿条是齿线倾斜于齿的运动方向。

② 齿条的特点 齿条相当于直径无穷大的齿轮，渐开线齿廓变为直线，各圆变为相互平行的直线，同侧齿廓相互平行。即分度圆变成分度线，齿顶圆变成齿顶线，齿根圆变成齿根线等。因此，齿条的特点是：

a. 齿条上各点的速度大小和方向都一致，$v = n\pi d = n\pi mz$。

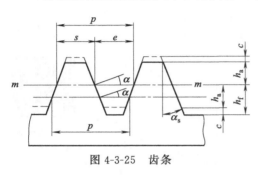

图 4-3-25 齿条

b. 所有平行直线上的齿距 p、压力角 α 相同，都是标准值。齿条的齿形角 α_s 等于压力角 α。

c. 齿条各平行线上的齿厚、槽宽一般都不相等，标准齿条分度线上齿厚与槽宽相等，该分度线又称为齿条中线，如图 4-3-25 所示 m-m 直线。

d. 齿条刀具的齿顶比齿条高出 $c^* m$，以便加工时切出轮坯顶隙，如图 4-3-25 中虚线所示，可见齿条刀具中线 m-m 上，不仅齿厚、槽宽相等，齿顶高、齿根高也相等。

4.3.13 轮系的认知

由一对齿轮组成的机构是齿轮传动的最简单形式。但在现代机械中，通常采用一系列相互啮合的齿轮（包括蜗杆传动）组成的传动系统将主动轴的运动传给从动轴。这种由一系列齿轮组成的传动系统称为齿轮系，简称轮系。如果轮系中齿轮的轴线互相平行，则称为平面轮系，否则称为空间轮系。

（1）轮系的类型

根据轮系运转时齿轮的轴线相对于机架的位置是否固定，轮系可以分为两种基本类型：定轴轮系和行星轮系。

① 定轴轮系 轮系中各个齿轮的几何轴线都是固定的，这种轮系称为定轴轮系，或称为普通轮系。由轴线相互平行的齿轮组成的定轴轮系，称为平面定轴轮系，如图 4-3-26 所示。包含有相交轴齿轮、交错轴齿轮传动等在内的定轴轮系称为空间定轴轮系，如图 4-3-27 所示。

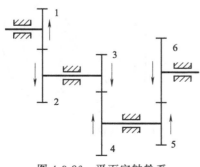

图 4-3-26 平面定轴轮系

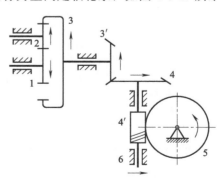

图 4-3-27 空间定轴轮系

② 周转轮系（行星轮系）　轮系运转时，至少有一个齿轮的几何轴线是绕其他齿轮固定几何轴线转动的轮系，称为周转轮系，亦称行星轮系。

如图 4-3-28 所示的周转轮系，齿轮 2 空套在构件 H 的小轴上，当构件 H 定轴转动时，齿轮 2 一方面绕自己的几何轴线 O_1O_1 转动（自转），同时又随构件 H 绕固定的几何轴线 OO 转动（公转），犹如天体中的行星，兼有自转和公转，故把具有运动几何轴线的齿轮 2 称为行星轮，用来支持行星轮的构件 H 称为行星架或系杆，与行星轮相啮合且轴线固定的齿轮 1 和 3 称为中心轮或太阳轮。行星架与中心轮的几何轴线必须重合，否则不能转动。

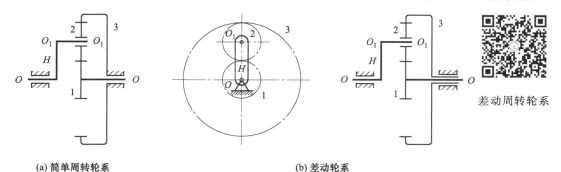

(a) 简单周转轮系　　　　　(b) 差动轮系

图 4-3-28　单级周转轮系

根据机构自由度的不同，周转轮系可以分为简单行星轮系和差动行星轮系两类。

a. 简单行星轮系。若有一个太阳轮，轮系的自由度为 1，这种周转轮系称为简单行星轮系，如图 4-3-28（a）所示。

b. 差动行星轮系。若有两个太阳轮，轮系的自由度为 2，这种周转轮系称为差动行星轮系，如图 4-3-28（b）所示。

③ 复合轮系　如果轮系中既包含定轴轮系，又包含周转轮系，或者包含几个周转轮系，则称为复合轮系。如图 4-3-29（a）所示为两个周转轮系串联在一起的复合轮系。图 4-3-29（b）是由定轴轮系和周转轮系串联在一起的复合轮系。

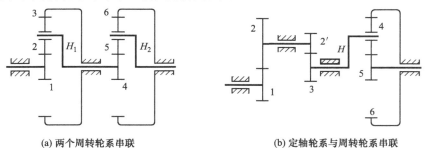

(a) 两个周转轮系串联　　　　　(b) 定轴轮系与周转轮系串联

图 4-3-29　复合轮系

（2）轮系的应用

① 实现相距较远的两轴之间的传动　当两轴间距离较远时，如果仅用一对齿轮传动，如图 4-3-30 中虚线所示，则两轮的尺寸必然很大，从而使机构总体尺寸也很大，结构不合理；如果采用系列齿轮传动，如图 4-3-30 中实线所示，就可避免上述缺点。如汽车发动机曲轴的转动，要通过一系列的减速传动，才使运动传递到车轮上，如果只用一对齿轮传动是无法满足要求的。

② 实现分路传动　利用齿轮系可使一个主动轴带动若干从动轴同时转动，将运动从不同的传动路线传递给执行机构，实现机构的分路传动。

如图 4-3-31 所示为滚齿机上滚刀与轮坯之间做展成运动的传动简图。主动轴Ⅰ通过锥齿轮 1 和齿轮 2 将运动传给滚刀；同时主动轴又通过直齿轮 3，经齿轮 4-5、6、7-8 传至蜗轮 9，带动被加工的轮坯转动，以满足滚刀与轮坯的传动比要求。

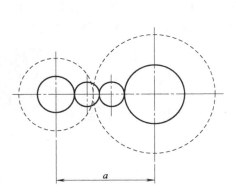

图 4-3-30　实现相距较远的两轴之间传动的定轴轮系

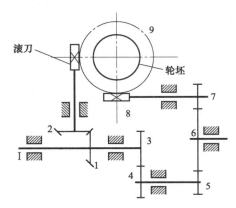

图 4-3-31　滚齿机中的轮系

③ 获得大的传动比　若想用一对齿轮获得较大的传动比，则必然有一个齿轮要做得很大，这样会使机构的体积增大，同时小齿轮也容易损坏。如果采用多对齿轮组成的齿轮系，则可以很容易就获得较大的传动比。只要适当选择齿轮系中各对啮合齿轮的齿数，即可得到所要求的传动比。在行星齿轮系中，用较少的齿轮即可获得很大的传动比。采用定轴轮系或周转轮系均可获得大的传动比，尤其是周转轮系能在构件数量较少的情况下获得大的传动比。

④ 实现换向传动　在主动轴转向不变的条件下，利用轮系中的惰轮，可以改变从动轴的转向。图 4-3-32 所示为三星轮换向机构，通过搬动手柄转动三角形构件，使轮 1 与轮 2 或轮 3 啮合，可使轮 4 得到两种不同的转向。

⑤ 实现变速传动　在主动轴转速不变的条件下，利用轮系可使从动轴获得多种工作转速。如图 4-3-33 所示的汽车变速箱，Ⅰ轴为输入轴，Ⅲ为输出轴，通过改变齿轮 4 及齿轮 6

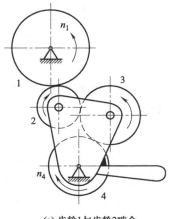

(a) 齿轮1与齿轮2啮合

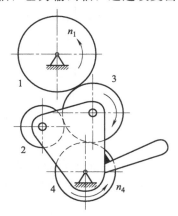

(b) 齿轮1与齿轮3啮合

图 4-3-32　三星轮换向机构

在轴上的位置，可使输出轴Ⅲ得到四种不同的转速。一般机床、起重机等设备上也都需要这种变速传动。

⑥ 实现运动的合成和分解　利用周转轮系中差动轮系的特点，可以将两个输入转动合成为一个输出转动。差动轮系不仅可以将两个输入转动合成为一个输出转动，还可以将一个输入转动分解为两个输出转动。

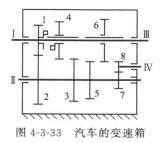

图 4-3-33　汽车的变速箱

知识点滴

遵循国家标准与机械设计手册的方法

在机械设计的过程中，为了保障设计的机械产品具有较好的互换性与安全性，必须严格遵守相关国家标准或国际标准。为了提高设计产品的质量与效率、减少原料损耗、降低工人劳动强度，机械设计通常应遵守安全性标准、创新性标准、环保性标准、经济性标准、智能化标准等常见的设计标准。

机械设计应该遵循以人为本的安全性标准，设计的产品应该便于操作，避免因人员操作不便而感到过度疲劳，最终导致严重的安全事故。机械设计是为了改进旧产品或设计新产品，因此机械产品必须要具有足够的创新性，以满足初始设计需求。机械设计应该遵守创新性标准，首要是提高设计人员或设计团队的创新意识，鼓励将大胆的创新思维运用到实际设计过程中，以对产品不断进行试探性改良。机械设计中应该遵守环保性标准，改良产品特性、选用不同的结构都可以起到节能减排的作用。机械设计中应该遵守经济性标准，在满足安全性标准、创新性标准和环保性标准的同时降低设计成本，谋求利益最大化。经济性标准主要应该考虑选材经济性、加工制造经济性、后期维护经济性三方面。机械设计中应该遵守智能化标准，主要包含设计方法智能化、加工制造智能化、产品功能智能化三方面。

在机械设计的过程中，常用到《机械设计手册》。由荣获教育部科技进步一等奖的机械设计界公认的泰斗闻邦椿院士担任主编的《机械设计手册》（第 6 版），作者团队不仅有东北大学机械及相关学科的老教授、老专家和中青年学术精英等“核心业务骨干”，而且聘请一批来自国家重点高校、研究院所、大型企业的国内知名专家、学者，最终形成了一支 30 多个单位、近 200 位专家、学者的高水平编写团队，从源头上确保了本版手册的高质量和权威性。在内容结构上，不仅重塑了新结构体系，而且坚持了科学性、凸显了创新性，同时重视先进性，又突出了实用性。该手册的编写是一项重大的系统工程，是我国机械设计领域的一项标志性成果，它将为我国实现装备制造强国梦作出积极贡献。我们设计机械或机器零件时，都要采用手册里推荐的内容，借鉴其机械设计的方法，参考他的结构，遵循手册里的标准系列，用手册里的方法进行核算，这样会大大提升我们的设计能力和工作效率。

【任务实施】

任务分析

本任务是一种非常典型的计算齿轮几何尺寸和分析齿轮传动特点的项目。在计算时，可照表 4-3-3 的公式，计算出齿轮的基本参数和主要尺寸；计算时注意齿轮是外啮合还是内啮合，以便选取不同的公式。然后根据齿轮传动的应用情况，分析齿轮的材料、热处理的方式和润滑等。

任务完成

内容	小齿轮	大齿轮
分度圆直径 d/mm	$d_1 = 69$	$d_2 = 231$
齿顶高 h_a/mm	$h_{a1} = 3$	$h_{a2} = 3$
齿根高 h_f/mm	$h_{f1} = 3.75$	$h_{f2} = 3.75$
顶隙 c/mm	$c_1 = 0.75$	$c_2 = 0.75$
齿顶圆直径 d_a/mm	$d_{a1} = 75$	$d_{a2} = 237$
齿根圆直径 d_f/mm	$d_{f1} = 61.5$	$d_{f2} = 223.5$
基圆直径 d_b/mm	$d_{b1} = 64.84$	$d_{b2} = 217.07$
齿距 p/mm	$p_1 = 9.42$	$p_2 = 9.42$
齿厚 s/mm	$s_1 = 4.71$	$s_2 = 4.71$
齿槽宽 e/mm	$e_1 = 4.71$	$e_2 = 4.71$
材料	45钢,调质处理,230~255HBS	45钢,正火处理,190~217HBS
润滑方式	浸油(油浴)润滑	浸油(油浴)润滑

【题库训练】

1. 选择题

(1) 渐开线标准齿轮是指模数、压力角、齿顶高系数和径向间隙系数均为标准值，且分度圆齿厚（　　）齿槽宽的齿轮。

A. 等于　　　　　　　B. 小于　　　　　　　C. 大于　　　　　　　D. 不确定

(2) 当齿轮中心距稍有改变时，（　　）保持原值不变的性质称为可分性。

A. 瞬时角速度之比　　B. 啮合角　　　　　　C. 压力角　　　　　　D. 重合度

(3) 渐开线标准直齿圆柱齿轮的正确啮合条件是（　　）、（　　）相等。

A. 齿数　　　　　　　B. 模数　　　　　　　C. 压力角　　　　　　D. 基圆齿距

(4) 用标准齿条型刀具加工渐开线标准直齿轮时，不发生根切的最少齿数为（　　）。

A. 15　　　　　　　　B. 16　　　　　　　　C. 17　　　　　　　　D. 18

(5) 一对渐开线齿轮啮合时，啮合点始终沿着（　　）移动。

A. 分度圆　　　　　　B. 节圆　　　　　　　C. 基圆公切线

(6) （　　）是利用一对齿轮相互啮合时，其共轭齿廓互为包络线的原理来加工的。

A. 仿形法　　　　　　B. 范成法　　　　　　C. 铸造法

(7) 一对圆柱齿轮，通常把小齿轮的齿宽做得比大齿轮宽一些，其主要原因是（　　）。

A. 为使传动平稳　　　B. 为了提高传动效率　C. 防止过载

(8) 高速重载齿轮传动，当润滑不良时，最可能出现的失效形式为（　　）。

A. 轮齿疲劳折断　　　　　　　　　　　　　B. 齿面磨损

C. 齿面疲劳点蚀　　　　　　　　　　　　　D. 齿面胶合

(9) 齿轮的齿面疲劳点蚀经常发生在（　　）。

A. 靠近齿顶处　　　　　　　　　　　　　　B. 靠近齿根处

C. 节线附近的齿顶一侧　　　　　　　　　　D. 节线附近的齿根一侧

(10) 设计闭式软齿面直齿轮传动时，选择小齿轮的齿数 z_1 的原则是（　　）。

A. z_1 越多越好　　　　　　　　　　　　B. z_1 越少越好

C. $z_1 \geqslant 17$，不产生根切即可

2. 填空题

(1) 渐开线的形状取决于（　　），基圆半径越大，渐开线越（　　）。

（2）渐开线齿廓上任一点的压力角为过该点的（　　）与该点的（　　）线所夹的锐角，渐开线上离基圆越远的点，其压力角（　　）。

（3）一般开式齿轮传动的主要失效形式是（　　）和（　　）；闭式齿轮传动的主要失效形式是（　　）和（　　）；闭式软齿面齿轮传动的主要失效形式是（　　）；闭式硬齿面齿轮传动的主要失效形式是（　　）。

（4）在齿轮传动中，齿面疲劳点蚀是由于（　　）的反复作用而产生的，点蚀通常首先出现在（　　）。

（5）齿轮设计中，对闭式软齿面传动，当直径 d_1 一定时，一般 z_1 选得（　　）些；对闭式硬齿面传动，则取（　　）的齿数 z_1，以使（　　）增大，提高轮齿的弯曲疲劳强度；对开式齿轮传动，一般 z_1 选得（　　）些。

（6）对软齿面（硬度≤350HBS）齿轮传动，当两齿轮均采用 45 钢时，一般采用的热处理方式为：小齿轮（　　），大齿轮（　　）。

（7）齿轮传动的润滑方式主要根据齿轮的（　　）选择。闭式齿轮传动采用油浴润滑时的油量根据（　　）确定。

3. 简答题

（1）何谓齿轮的模数？其含义是什么？

（2）何谓标准齿轮？

（3）齿轮传动常见的失效形式有哪些？各种失效形式常在何种情况下发生？试对工程实际中所见到的齿轮失效的形式和原因进行分析。

（4）为什么要限制最少齿数？对于 $\alpha = 20°$ 的正常齿制直齿圆柱齿轮和斜齿圆柱齿轮的 z_{min} 各等于多少？

（5）轮系有何功用？试举出几个应用轮系的实例。

（6）何谓定轴轮系？何谓周转轮系？行星轮系与差动轮系有何区别？

（7）什么叫惰轮？它在轮系中有何作用？

4. 计算题

（1）已知一对标准直齿圆柱齿轮，$z_1 = 21$，$z_2 = 66$，$h_a^* = 1$，$m = 3.5$。试计算这对齿轮的 d_1、d_2、h_a、h_f、h、d_{a1}、d_{a2}、a。

（2）已知外啮合直齿圆柱齿轮机构的一对正常啮合的齿轮，实测两轮轴孔中心距 $a = 112.5\text{mm}$，小齿轮的齿数 $z_1 = 38$，齿顶圆直径 $d_{a1} = 100\text{mm}$，试配一大齿轮，确定大齿轮的齿数 z_2、模数 a 及其尺寸。

任务 4.4　蜗杆传动的分析与选择

【任务描述】

蜗杆传动（如图 4-4-0）是由蜗杆和蜗轮组成的，用于传递交错轴之间的运动和动力，通常两轴交错角为 $\Sigma = 90°$。在一般蜗杆传动中，都是以蜗杆为主动件。

从外形上看，蜗杆类似螺栓，蜗轮则很像斜齿圆柱齿轮。工作时，蜗轮轮齿沿着蜗杆的

图 4-4-0　蜗轮蜗杆减速器产品解析

（图中标注）
输入法兰　蜗杆
O形圈
油封　闷盖
轴承
蜗轮
轴承　铭牌
油封　箱体

螺旋面做滑动和滚动。为了改善轮齿的接触情况，将蜗轮沿齿宽方向做成圆弧形，使之将蜗杆部分包住。这样蜗杆蜗轮啮合时是线接触，而不是点接触。蜗杆传动广泛应用于机床、汽车、仪器、起重运输机械、冶金机械以及其他机械制造工业中。本任务是学习蜗杆传动的分析与选择。

任务条件

已知蜗轮蜗杆减速器示意图、明细表、基本参数和技术要求如表 4-4-0 所示。

任务要求

按任务条件，分析表 4-4-0 中图样所示的蜗轮蜗杆减速器的蜗杆传动，回答下列问题：

① 减速器的速比、额定转速、输出扭矩是多少？
② 蜗杆和蜗轮采用的是何种材料，从经济的角度选择蜗杆头数和蜗轮齿数？
③ 减速器采取何种润滑和密封方式？

表 4-4-0　蜗轮蜗杆减速器简介

技术要求	\multicolumn{8}{l}{1. 零件安装前清洗干净，去毛刺、倒锐角。2. 蜗轮轴、蜗杆轴安装时，轴向间隙小于 0.05mm（用垫片调整）。3. 组装的蜗轮减速器应转动灵活，不能有卡死或爬行现象。4. 组装完成后加注润滑脂。5. 合格产品涂防锈油并包装塑料袋。}

基本参数	1. 速比：28。2. 额定转速：1450r/min。3. 输出扭矩：55N·m

明细表	序号	代号	名称	数量	材料	单重(g)	总重(g)	备注
	19	WLJSQ475-008	联接法兰	1	ZL102	265.05	265.05	
	18		黄油嘴 M6	1	H62	3	3	
	17	WLJSQ475-007	蜗轮 D	1	ZCuZn25Al6	387.32	387.32	
	16		蜗轮轴端盖垫片	1	紫铜片	3	3	
	15	GB/T73—1985	紧定螺钉 M6×8	3	35	1.595	4.785	
	14	WLJSQ475-006	蜗轮轴	1	45	291.90	291.9	
	13		骨架油封 30×50×10	2	耐油橡胶		2	
	12	GB/T292—2007	轴承 7006AC	2	Gr15		2	
	11	WLJSQ475-005	蜗轮轴端盖	1	ZL102	131.25	131.25	
	10	GB/T70.1—2000	内六角螺钉	16	45	3.44	55.04	M5×10
	9		油封 20	1	毛毡		1	
	8	WLJSQ475-004	蜗杆轴轴承盖 20	1	YL12	41.32	41.32	
	7		轴承盖垫片	1	紫铜片	1	1	
	6	GB/T 292—2007	轴承 7004AC	1	Gr15		1	
	5	GB/T 292—2007	轴承 7302AC	1	Gr15		1	
	4		油封 15	1	毛毡		1	
	3	WLJSQ475-003	蜗杆轴轴承盖 15	1	YL12	43.58	43.58	
	2	WLJSQ475-002	蜗杆轴 D	1	40Gr	417.68	417.68	
	1	WLJSQ475-001	壳体	1	ZL102	123.91	123.91	

续表

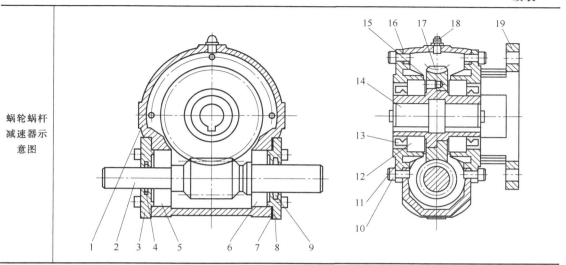

| | 蜗轮蜗杆减速器示意图 |

学习目标

◉ 知识目标

（1）了解蜗杆传动的组成、分类与工程应用。

（2）掌握蜗杆传动的主要参数的计算。

（3）掌握蜗杆传动的润滑与散热。

◉ 能力目标

（1）学会分析和选择蜗杆传动。

（2）学会蜗杆传动的应用。

◉ 素质目标

（1）培养解决工程实际问题的思路和措施。

（2）培养严谨、认真的学习和工作态度。

【知识导航】

知识导图如图 4-4-1 所示。

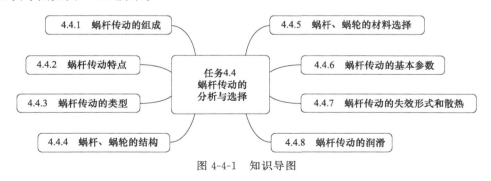

图 4-4-1　知识导图

4.4.1　蜗杆传动的组成

在运动转换中，常需要进行空间交错轴之间的运动转换，如果要求大传动比的同时，又希望传动机构的结构紧凑，那么采用蜗杆传动机构则可以满足上述要求。

图 4-4-2 需要在小空间内实现上层 *X* 轴到下层 *Y* 轴的大传动比传动，所选择的就是蜗杆传动。蜗杆传动主要由蜗杆和蜗轮组成，如图 4-4-3 所示，主要用于传递空间交错的两轴之间的运动和动力，通常轴间交角为 90°。一般情况下，蜗杆为主动件，蜗轮为从动件。

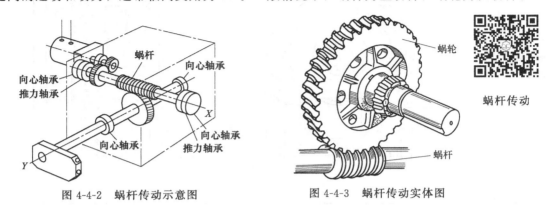

图 4-4-2　蜗杆传动示意图　　　　图 4-4-3　蜗杆传动实体图

4.4.2　蜗杆传动的特点

（1）传动平稳

蜗杆的齿是一条连续的螺旋线，故传动连续且平稳，噪声小。

（2）传动比大

单级蜗杆传动在传递动力时，传动比 $i=5\sim80$，常用的为 $i=15\sim50$。分度传动时 i 可达 1000，与齿轮传动相比，结构紧凑。

（3）具有自锁性

当蜗杆的导程角小于轮齿间的当量摩擦角时，可实现自锁。即蜗杆能带动蜗轮旋转，而蜗轮不能带动蜗杆。

（4）传动效率低

蜗杆传动由于齿面间相对滑动速度大，齿面摩擦严重，故在制造精度和传动比相同的条件下，蜗杆传动的效率比齿轮传动低，一般只有 70%～80%。具有自锁功能的蜗杆机构，效率一般不大于 50%。

（5）制造成本高

为了降低摩擦，减小磨损，提高齿面抗胶合能力，蜗轮齿圈常用贵重的铜合金制造，成本较高。

4.4.3　蜗杆传动的类型

蜗杆传动按照蜗杆的形状不同，可分为圆柱蜗杆传动［图 4-4-4（a）］、环面蜗杆传动［图 4-4-4（b）］和锥面蜗杆传动［图 4-4-4（c）］三种类型。圆柱蜗杆机构加工方便，环面蜗杆机构承载能力较强。

圆柱蜗杆传动又分为普通圆柱蜗杆传动和圆弧齿圆柱蜗杆传动。其中普通圆柱蜗杆传动中，按螺旋面的形状，分为阿基米德蜗杆传动和渐开线蜗杆传动等。阿基米德蜗杆传动又称普通蜗杆传动，制造简便，在机械传动中应用很广泛，且是认识其他类型蜗杆传动的基础，故我们只探讨阿基米德蜗杆传动。

(a) 圆柱蜗杆传动　　　　　　(b) 环面蜗杆传动　　　　　　(c) 锥面蜗杆传动

图 4-4-4　蜗杆传动的类型

4.4.4　蜗杆、蜗轮的结构

（1）蜗杆的结构

蜗杆的结构如图 4-4-5 所示，蜗杆直径相对较小，一般将蜗杆和轴制作成一体，称为蜗杆轴。螺旋部分常用车削加工，也可铣削。车削加工时需要有退刀槽，故刚性较差。

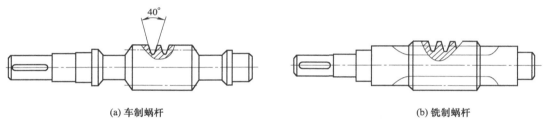

(a) 车制蜗杆　　　　　　　　　　　　　　(b) 铣制蜗杆

图 4-4-5　蜗杆结构

（2）蜗轮的结构

蜗轮的结构根据材料和尺寸不同可分为多种形式，如图 4-4-6 所示。

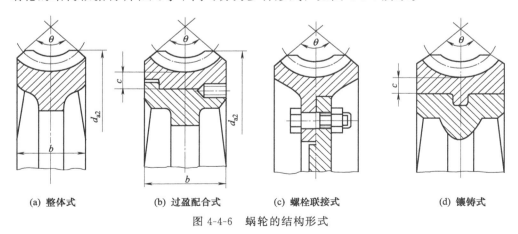

(a) 整体式　　　　(b) 过盈配合式　　　　(c) 螺栓联接式　　　　(d) 镶铸式

图 4-4-6　蜗轮的结构形式

① 整体式蜗轮　图 4-4-6（a）所示为整体式蜗轮。主要用于铸铁蜗轮或尺寸很小的青铜蜗轮。

② 过盈配合式蜗轮　由于蜗轮材料价格较贵，直径大的蜗轮常采用组合结构，这种结构常由齿圈与轮芯组成，齿圈用青铜制造，轮芯用铸铁或钢制造，如图 4-4-6（b）所示。齿圈和轮芯一般用 H7/r6 过盈配合装配，并在配合面接缝上，加装 4～6 个紧定螺钉，这种结构多用于尺寸不大或工作温度变化较小的地方。

③ 螺栓联接式蜗轮　图 4-4-6（c）所示为螺栓联接式蜗轮。这种结构的齿圈和轮芯用普通螺栓或铰制孔螺栓联接，装拆方便，多用于尺寸较大或易磨损的场合。

④ 镶铸式蜗轮　图 4-4-6（d）所示为镶铸式蜗轮。将青铜轮缘直接浇铸在铸铁轮芯上，轮芯制出榫槽，防止轮缘与轮芯产生轴向滑动。常用于成批生产的蜗轮。

4.4.5　蜗杆、蜗轮的材料选择

基于蜗杆传动的失效特点，选择蜗杆和蜗轮材料组合时，不但要求有足够的强度，而且要有良好的减摩、耐磨和抗胶合的能力。实践证明，较理想的蜗杆副材料是：青铜蜗轮齿圈匹配淬硬磨削的钢制蜗杆。

（1）蜗杆材料

对高速重载的传动，蜗杆常用低碳合金钢（如 20Cr、20CrMnTi）经渗碳后，表面淬火使硬度达 58～63HRC，再经磨削。对中速中载传动，蜗杆常用 45 钢、40Cr、35SiMn 等，表面经高频淬火使硬度达 45～55HRC，再磨削。对一般蜗杆可采用 45、40 等碳钢调质处理（硬度为 220～270HBS）。

（2）蜗轮材料

常用的蜗轮材料为铸造锡青铜（ZCuSn10P1，ZCuSn6Zn6Pb3）、铸造铝铁青铜（ZCuAl10Fe3）及灰铸铁 HT150、HT200 等。锡青铜的抗胶合、减摩及耐磨性能最好，但价格较高，常用于 $v_s \geqslant 3\text{m/s}$ 的重要传动；铝铁青铜具有足够的强度，耐冲击，价格便宜，但抗胶合及耐磨性能不如锡青铜，一般用于 $v_s \leqslant 4\text{m/s}$ 的传动；灰铸铁用于 $v_s \leqslant 2\text{m/s}$ 的不重要场合。蜗杆、蜗轮常用材料见表 4-4-1。

表 4-4-1　蜗杆、蜗轮常用材料

名称	工况		常用材料牌号	备注
蜗杆	高速、重载		15Cr、20Cr、20CrMnTi	渗碳淬火，表面硬度 58～63HRC
	中速、中载		45、40Cr、35SiMn	表面淬火，表面硬度 45～55HRC
	一般速度和载荷		40、45	调质处理，硬度 220～270HBS
蜗轮	相对滑动速度	$v_s \leqslant 25\text{m/s}$	ZCuSn10P1	抗胶合性好，耐磨性好，易加工，强度较低，价格较贵
		$v_s < 12\text{m/s}$	ZCuSn5Pb5Zn5	
		$v_s \leqslant 4\text{m/s}$	ZCuAl10Fe3	抗胶合性较好，减摩性较好，价格便宜，强度高
		$v_s \leqslant 2\text{m/s}$	HT150、HT200	抗胶合性和减摩性一般，价格便宜，加工容易

4.4.6　蜗杆传动的基本参数

（1）模数、压力角与正确啮合的条件

① 模数和压力角　通过蜗杆轴线并与蜗轮轴线垂直的平面，称为中间平面，如图 4-4-7 所示。在中间平面内，蜗杆与蜗轮的啮合，相当于渐开线齿轮与齿条的啮合。被中间平面所截的圆柱蜗杆的齿形和渐开线齿条相同，两边是直边，夹角为 $2\alpha = 40°$。因此在蜗杆传动的

设计计算时，均以中间平面上的基本参数和几何尺寸作为标准来设计。国家标准规定，蜗杆、蜗轮在中间平面内的模数和压力角为标准值。模数可查国家标准，压力角为 $\alpha = 20°$。

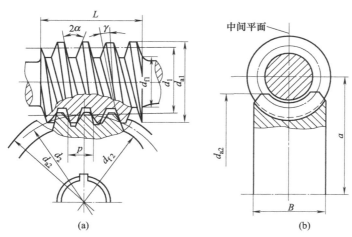

图 4-4-7　阿基米德蜗杆传动的几何尺寸

② 正确啮合条件　根据齿轮与齿条正确啮合条件，蜗杆轴平面上的轴面模数 m_{x1} 等于蜗轮的端面模数 m_{t2}；蜗杆轴平面上的轴面压力角 α_{x1} 等于蜗轮的端面压力角 α_{t2}；即为了正确啮合，蜗杆和蜗轮在中间平面的模数和压力角应该分别相等，当轴交错角 $\Sigma = 90°$ 时，蜗杆导程角 γ 还应等于蜗轮螺旋角 β，且旋向相同。

$$\left.\begin{array}{l} m_{x1} = m_{t2} = m \\ \alpha_{x1} = \alpha_{t2} = 20° \\ \beta = \gamma \end{array}\right\} \tag{4-4-1}$$

（2）蜗杆头数和蜗轮齿数

蜗杆头数 z_1 一般取 1、2、4、6。头数 z_1 增大，可以提高传动效率，但加工制造难度增加。蜗轮齿数一般取 $z_2 = 28 \sim 80$。若 $z_2 \leqslant 28$，传动的平稳性会下降，且易产生根切；若 z_2 过大，蜗轮的直径 d_2 增大，与之相应的蜗杆长度增加、刚度降低，从而影响啮合的精度。当传递要求自锁时，常选用单头蜗杆，即取 $z_1 = 1$。

（3）传动比

蜗杆传动的传动比等于蜗杆与蜗轮的转速之比。通常蜗杆为主动件，当蜗杆转一周时，蜗轮转过 z_1 个齿，即转过 z_1/z_2 周，计算公式为：

$$i = \frac{n_1}{n_2} = \frac{z_2}{z_1} \tag{4-4-2}$$

蜗杆头数、蜗轮齿数和传动比推荐值见表 4-4-2。

表 4-4-2　蜗杆头数、蜗轮齿数和传动比推荐值

传动比公称值 i	5、7.5、10、12.5、15、20、25、30、40、50、60、70、80					
i	7~8	9~13	14~24	25~27	28~40	>40
z_1	4	3~4	2~3	2~3	1~2	1
z_2	28~32	27~52	28~72	50~81	28~80	>40

（4）蜗杆分度圆直径和直径系数

加工蜗轮时，用的是与蜗杆具有相同尺寸的滚刀，因此加工不同尺寸的蜗轮，就需要不同的滚刀。为限制滚刀的数量，并使滚刀标准化，对每一标准模数，规定了一定数量的蜗杆分度圆直径 d_1。

蜗杆分度圆直径 d_1 与模数 m 的比值称为蜗杆直径系数，用表示 q，即

$$q = \frac{d_1}{m} \tag{4-4-3}$$

模数一定时，q 值增大，则蜗杆的直径 d_1 增大、刚度提高。因此，为保证蜗杆有足够的刚度，小模数蜗杆的 q 值一般较大。

（5）蜗杆导程角

与螺纹相同，蜗杆螺旋线 ［图 4-4-8（a）］也分为左旋和右旋，一般情况下为右旋。将蜗杆分度圆上的螺旋线展开 ［图 4-4-8（b）］，其与端面之间的夹角即为蜗杆的导程角，也叫螺旋升角。通常螺旋线的导程角 $\gamma = 3.5° \sim 27°$，导程角在 $3.5° \sim 4.5°$ 范围内的蜗杆可实现自锁，升角大时传动效率高，但蜗杆加工难度大。

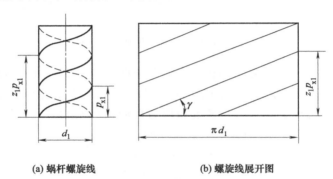

(a) 蜗杆螺旋线　　　　　　(b) 螺旋线展开图

图 4-4-8　蜗杆导程角

$$\tan\gamma = \frac{L}{\pi d_1} = \frac{z_1 \pi m}{\pi d_1} = \frac{z_1 m}{d_1} = \frac{z_1}{q} \tag{4-4-4}$$

式中，L 为螺旋线的导程，$L = z_1 p_{x1} = z_1 \pi m$，其中 p_{x1} 为轴向齿距。

（6）中心距

蜗杆传动的中心距为：　　$a = \frac{1}{2}(d_1 + d_2) = \frac{1}{2}m(q + z_2)$ （4-4-5）

4.4.7　蜗杆传动的失效形式和散热

由于蜗杆传动中的蜗杆表面硬度比蜗轮高，所以蜗杆的接触强度、弯曲强度都比蜗轮高；而蜗轮齿的根部是圆环面，弯曲强度也高，很少折断。蜗杆传动的主要失效形式有胶合、疲劳点蚀和磨损。其中，开式传动中主要失效形式是齿面磨损和轮齿折断；闭式传动中主要失效形式是齿面胶合或点蚀。

由于蜗杆传动在齿面间有较大的滑动速度，发热量大，若散热不及时，油温升高，黏度下降，油膜破裂，更易发生胶合。开式传动中，蜗轮轮齿磨损严重，所以蜗杆传动中，要考虑润滑与散热问题。蜗杆传动机构的散热目的是保证油的温度在安全范围内，以提高传动能力。常用下面几种散热措施：

① 在箱体外壁加散热片以增大散热面积；

② 在蜗杆轴上装置风扇 [图 4-4-9 (a)]；

③ 采用上述方法后，如散热能力还不够，可在箱体油池内铺设冷却水管，用循环水冷却 [图 4-4-9 (b)]；

④ 采用压力喷油循环润滑。油泵将高温的润滑油抽到箱体外，经过滤器、冷却器冷却后，喷射到传动的啮合部位 [图 4-4-9 (c)]。

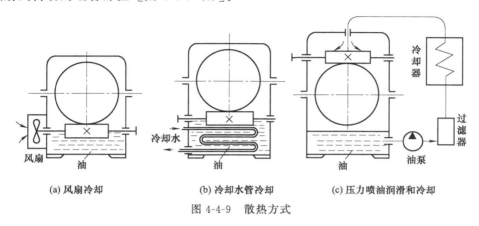

(a) 风扇冷却　　　　(b) 冷却水管冷却　　　　(c) 压力喷油润滑和冷却

图 4-4-9　散热方式

4.4.8　蜗杆传动的润滑

蜗杆传动的啮合方式以滑动为主，相对滑动速度大，不易实现良好的润滑。因此蜗杆传动发热量大、蜗轮磨损快、易发生胶合、传动效率低。这必然影响蜗轮蜗杆副的承载能力、传动效率和使用寿命，并限制蜗杆传动的发展和应用。润滑油可以减小摩擦和磨损，提高蜗轮副的传动效率及使用寿命。若润滑不良，传动效率显著降低，并且会使轮齿早期发生磨损和胶合。

减速器蜗杆传动的润滑与齿轮传动相似，除少数低速（$v < 0.5\text{m/s}$）小型减速器采用脂润滑外，绝大多数都采用油润滑，其主要润滑方式为浸油润滑。对于高速传动，则应为压力喷油润滑。

对于开式蜗杆传动，采用黏度较高的齿轮油或润滑脂进行润滑。

对于闭式蜗杆传动，润滑油的黏度和润滑方式，主要是根据滑动速度和载荷类型进行选择，见表 4-4-3。蜗杆减速器浸油润滑时，应保证浸油的深度为：蜗杆下置式 [图 4-4-9 (b)] 润滑较好，但搅油损失大，浸油深度约为蜗杆的一个齿高；蜗杆上置式 [图 4-4-9 (c)]，润滑较差，但搅油损失小，浸油深度约为蜗轮外径的 1/3。

表 4-4-3　蜗杆传动的润滑油黏度及润滑方式

滑动速度 v_1/(m/s)	<1	<2.5	<5	>5～10	>10～15	>15～25	>25
工作条件	重载	重载	中载				
运动黏度 v_1/(mm²/s)	1000	680	320	220	150	100	68
润滑方式	浸油			浸油或喷油	喷油，油压/MPa		
					0.07	0.2	0.3

知识点滴

速度与效率的关系

从蜗杆传动的特点可以看出，蜗杆能实现较大的速度，但同时它的传动效率相对较低。这就给我们深刻的启示，如何解决速度与效益关系的问题。做事，是讲速度？还是讲效率？

答案肯定是效率。但是在实践中，很多人一味只顾着速度，而不讲效率。速度是描述物体运动快慢的物理量，速度是矢量，有大小和方向，速度的大小也称为"速率"。效率，通俗来讲，可以理解为完成一件事情的快慢程度，是有用功率对驱动功率的比值，同时也引申出了多种含义，比如机械效率、热效率等。在工程应用上，效率是指以尽可能少的投入获得尽可能多的产出，通常指的是正确地做事，即不浪费资源。效率的提高主要靠工作方法、管理技术和一些合理的规范，再加上领导艺术。速度快不保证质量；效率高重质量。

【任务实施】

任务分析

根据已知的任务条件，分析表 4-4-0 中的图样和数据，并查找网络上的资源，即可完成任务的要求。

任务完成

① 减速器的速比 28、额定转速 1450r/min、输出扭矩 55N·m。

② 蜗杆的材料 40Cr，头数可采取 $z_1 = 1$。蜗轮的材料 ZCuZn25Al6，齿数 $z_2 = 28$。ZCuZn25Al6 是铸造铜合金，适用于高强、耐磨零件，如桥梁支承板、螺母、螺杆、耐磨板、滑块和蜗轮等。

③ 减速器可采取浸油润滑，由于蜗杆是下置式，故浸油深度为蜗杆的全齿高。蜗杆安装时都有伸出端，故蜗杆轴端盖处的密封方式采取的是毛毡。蜗轮轴承的密封采取的是骨架油封 30×50×20。

【题库训练】

1. 选择题

(1) 动力传动用蜗杆传动的传动比的范围通常为（　　）。

A. <1　　　　　　　B. 1～8　　　　　　C. 8～80　　　　　D. >80～120

(2) 与齿轮传动相比，（　　）不能作为蜗杆传动的优点。

A. 传动平稳、噪声小　　　　　　　　B. 传动比可以较大

C. 可产生自锁　　　　　　　　　　　D. 传动效率高

(3) 蜗杆常用材料是（　　）。

A. HT150　　　　　B. ZCuSn10P1　　　C. 45　　　　　　D. GCr15

(4) 蜗轮常用材料是（　　）。

A. 40Cr　　　　　　B. GCr15　　　　　C. ZCuSn10P1　　D. LY12

(5) 在蜗杆传动中，当其他条件相同时，增加蜗杆头数 z_1，则传动效率（　　）。

A. 降低　　　　　　B. 提高　　　　　　C. 不变　　　　　D. 或提高也可能降低

(6) 起吊重物用的手动蜗杆传动，宜采用（　　）的蜗杆。

A. 单头、小导程角　　　　　　　　　B. 单头、大导程角

C. 多头、小导程角　　　　　　　　　D. 多头、大导程角

(7) 在蜗杆传动设计中，蜗杆头数 z_1 选多一些，则（　　　）。

A. 有利于蜗杆加工　　　　　　　　　B. 有利于提高蜗杆刚度

C. 有利于提高传动的承载能力　　　　D. 有利于提高传动效率

(8) 提高蜗杆传动效率的最有效的方法是（　　　）。

A. 增大模数 m　　　　　　　　　　　B. 增加蜗杆头数 z_1

C. 增大直径系数 q　　　　　　　　　D. 减小直径系数 q

(9) 闭式蜗杆传动的主要失效形式是（　　　）。

A. 蜗杆断裂　　　　B. 蜗轮轮齿折断　　　　C. 磨粒磨损　　　　D. 胶合、疲劳点蚀

(10) 在蜗杆传动中，当其他条件相同时，减少蜗杆头数 z_1，则（　　　）。

A. 有利于蜗杆加工　　　　　　　　　B. 有利于提高蜗杆刚度

C. 有利于实现自锁　　　　　　　　　D. 有利于提高传动效率

(11) 蜗杆直径 d_1 的标准化，是为了（　　　）。

A. 有利于测量　　　　　　　　　　　B. 有利于蜗杆加工

C. 有利于实现自锁　　　　　　　　　D. 有利于蜗轮滚刀的标准化

2. 填空题

(1) 蜗杆传动中，主要的失效形式为（　　　）、（　　　）、（　　　）和（　　　），常发生在（　　　）上。

(2) 普通圆柱蜗杆传动中，右旋蜗杆与（　　　）旋蜗轮才能正确啮合，蜗杆的模数和压力角在（　　　）面上的数值定为标准，在此面上的齿廓为（　　　）。

(3) 蜗杆传动的滑动速度越大，所选润滑油的黏度值应越（　　　）。

(4) 在蜗杆传动中，产生自锁的条件是（　　　）。

(5) 为了提高蜗杆传动的效率，应选用（　　　）头蜗杆；为了满足自锁要求，应选 $z_1 =$（　　　）。

(6) 蜗杆的标准模数是（　　　）模数，其分度圆直径 $d_1 =$（　　　）；蜗轮的标准模数是（　　　）模数，其分度圆直径 $d_2 =$（　　　）。

(7) 在润滑良好的情况下，减摩性好的蜗轮材料是（　　　）。蜗杆传动较理想的材料组合是（　　　）。

(8) 在蜗杆传动中，蜗杆头数越少，则传动效率越（　　　），自锁性越（　　　）。一般蜗杆头数取（　　　）。

3. 简答题

(1) 蜗杆传动的特点及使用条件是什么？

(2) 蜗杆传动的传动比如何计算？能否用分度圆直径之比表示传动比？为什么？

(3) 与齿轮传动相比较，蜗杆传动的失效形式有何特点？为什么？

(4) 何谓蜗杆传动的中间平面？中间平面上的参数在蜗杆传动中有何重要意义？

(5) 蜗杆传动的效率为何比齿轮传动的效率低得多？

(6) 常用的蜗轮、蜗杆的材料组合有哪些？设计时如何选择材料？

(7) 蜗杆传动为什么要考虑散热问题？有哪些散热方法？

任务 4.5 螺旋传动的分析与选择

【任务描述】

螺旋传动是利用螺旋副来传递运动和动力的一种机械传动，可以方便地把主动件的回转运动转变为从动件的直线运动。螺旋传动主要由螺杆和螺母组成。

螺旋传动按其螺旋副（又称螺纹副）中摩擦性质的不同，一般分为滑动螺旋传动、滚动螺旋传动和静压螺旋传动三种类型；其中，滑动螺旋传动是螺旋副做相对运动时产生滑动摩擦的螺旋传动；滚动螺旋传动是螺旋副做相对运动时产生滚动摩擦的螺旋传动（如图4-5-0）。本任务是学习滑动螺旋传动和滚动螺旋传动的分析与选择。

任务条件

已知工作台的传动装置，采用的滚珠丝杠传动（滚动螺旋传动），如图 4-5-0 所示。

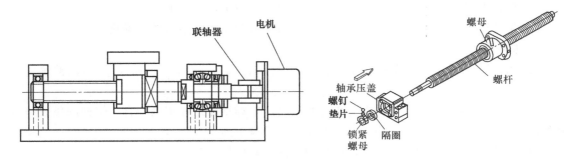

图 4-5-0 工作台滚珠丝杠传动装置

任务要求

分析工作台滚珠丝杠传动装置的组成、工作原理和使用，填写表 4-5-0。

表 4-5-0 滚珠丝杠分析表

结构组成	工作原理	端部支承方式	调整与预紧	润滑与密封

学习目标

◉ 知识目标

(1) 掌握螺旋传动的类型、特点与工程应用。

(2) 掌握螺旋传动的形式。

(3) 掌握滚珠丝杠传动的主要参数、润滑和密封。

◉ 能力目标

(1) 学会滑动螺旋传动的分析与选择。

(2) 学会滚动螺旋传动的分析与选择。

◉ 素质目标

(1) 培养精益求精的工匠精神。

（2）以螺旋式上升特点，培养提升创新能力。

【知识导航】

知识导图如图 4-5-1 所示。

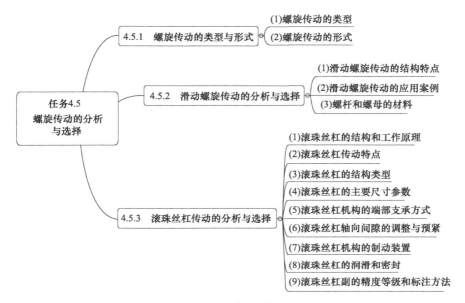

图 4-5-1　知识导图

4.5.1　螺旋传动的类型与形式

（1）螺旋传动的类型

螺旋传动是利用螺杆和螺母组成的螺旋副来实现传动要求的。它主要用于将回转运动转变为直线运动，同时传递运动和动力。螺旋传动按其用途和受力情况分为以下三类：

① 传力螺旋　主要用来传递轴向力，要求用较小的力矩转动螺杆（或螺母）而使螺母（或螺杆）产生直线移动和较大的轴向力，例如：螺旋千斤顶［图 4-5-5］的螺旋等。

② 传导螺旋　主要用来传递轴向力，要求具有较高的传动精度，例如车床刀架和进给机构的螺旋［图 4-5-4］等。

③ 调整螺旋　主要用来调整和固定零件或工件的相互位置，不经常传动，受力也不大，如车床尾座和卡盘头的螺旋等。

（2）螺旋传动的形式

螺旋传动机构可分为单螺旋机构和双螺旋机构。

① 单螺旋机构　单螺旋机构由一个螺杆和一个螺母组成。根据螺杆和螺母相对运动的组合情况，单螺旋传动有四种基本传动形式，其运动形式及特点见表 4-5-1。

② 双螺旋机构　双螺旋机构是由一个具有两段螺纹的螺杆和两个螺母组成的两个螺旋副。通常将两个螺母中的一个固定，另一个移动（只能移动不能转动），并以螺杆为转动主动件。双螺旋机构因螺旋副的旋向不同，可以形成差动螺旋机构和复合螺旋机构。

a. 差动螺旋传动

序号	传动形式	示意图	特点及应用
1	螺杆轴向固定并转动,螺母移动		该传动形式需要限制螺母的转动,故需导向装置。其特点是结构紧凑,螺杆刚性较好。适用于工作行程较大的场合
2	螺杆完全固定,螺母转动并移动		该传动方式结构简单、紧凑,但在多数情况下使用极不方便,故很少应用
3	螺母轴向固定并转动,螺杆移动		该传动形式需要限制螺母移动和螺杆的转动,由于结构较复杂且占用轴向空间较大,故应用较少
4	螺母安全固定,螺杆转动并移动		该传动形式因螺母本身起着支承作用,消除了螺杆轴承可能产生的附加轴向窜动,结构较简单,可获得较高的传动精度。但其轴向尺寸不宜太长,否则刚性较差。因此只适用于行程较小的场合

表 4-5-1　单螺旋机构四种基本传动形式及特点

当两螺旋副中的螺纹旋向相同时,则形成差动螺旋传动机构,如图 4-5-2 所示。螺杆 1 与移动螺母 2 和机架 3 组成两个螺旋副;机架上为固定螺母(不能移动),而移动螺母不能回转,只能沿机架的导向槽移动。假设机架上的螺纹和移动螺母的旋向相同,都是右旋,当按图示方向旋转螺杆时,螺杆相对机架向左移动,而移动螺母相对螺杆向右移动,这样移动螺母

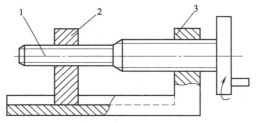

图 4-5-2　差动螺旋传动原理
1—螺杆;2—移动螺母;3—机架

相对机架实现了差动的移动;螺杆每转 1 圈,移动螺母实际移动的距离是两段螺纹导程之差。

b. 复合螺旋传动　当两螺旋副中的螺纹旋向相反时,则形成复合螺旋传动机构。复合螺旋机构可应用于需要快速移动或调整的装置中,故也称为倍速机构,如电线杆张紧器就是倍速机构,它能迅速拉紧和放松拉线。复合螺旋机构也常应用于粗动和微动调节装置中。

如图 4-5-3 为自动定心夹具上的螺旋传动机构,在螺杆 1 上,A 段为左旋螺纹,B 段为右旋螺纹,这两段螺纹的导程相等。当螺杆 1 在支架 3 的支承内转动时,两个滑动螺纹 2 和 4 将产生较快的相对运动,以等速趋近或远离,达到使夹具自动定心的作用。这种相对位移螺旋传动,常用于机械加工的自动定心装置和两脚划规中。

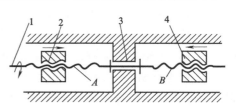

图 4-5-3　自动定心夹具上的螺旋传动机构
1—螺杆;2—螺母;3—支架;4—螺母

4.5.2 滑动螺旋传动的分析与选择

（1）滑动螺旋传动的结构特点

滑动螺旋传动的本质是螺纹传动，其结构简单，加工方便，制造成本低，具有自锁功能；但其摩擦阻力矩大、传动效率低（30%～40%）。

常用传动螺纹的类型主要有梯形螺纹、锯齿形螺纹或矩形螺纹，其中梯形螺纹应用最广，锯齿形螺纹用于单面受力。除矩形螺纹外其他已标准化。标准螺纹的基本尺寸可查阅有关标准。常用传动螺纹的类型、特点和应用，见表 4-5-2。

表 4-5-2 常用传动螺纹的类型、特点和应用

类型		型图	特点和应用
传动螺纹	梯形螺纹		牙型角 $\alpha=30°$，效率虽较矩形螺纹低，但加工较易，对中性好，牙根强度较高，用剖分螺母时，磨损后可以调整间隙，故多用于传动
	矩形螺纹		螺纹牙的剖面多为正方形，牙厚为螺距的一半，牙根强度较低。因其摩擦系数较小，效率较其他螺纹高，故多用于传动。但难于精确加工，磨损后松动，间隙难以补偿，对中性差，常用梯形螺纹代替
	锯齿形螺纹		工作面的牙边倾斜角为 3°，便于铣制；另一边为 30°，以保证螺纹牙有足够的强度。它兼有矩形螺纹效率高和梯形螺纹牙强度高的优点，但只能用于承受单向载荷的传动

（2）滑动螺旋传动的应用案例

① 机床工作台移动机构 如图 4-5-4 所示，此机构属于"螺杆轴向固定并旋转，螺母移动"的形式。当旋转螺杆 1，可使螺母 2 移动而带动拖板 3 连同刀架 4 一起直线运动。

② 螺旋千斤顶 如图 4-5-5 所示，此机构属于"螺杆固定不动，螺母回转并做直线运

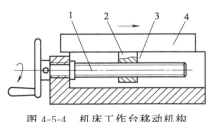

图 4-5-4 机床工作台移动机构
1—螺杆；2—螺母；3—拖板；4—刀架

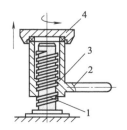

图 4-5-5 螺旋千斤顶
1—螺杆；2—手柄；3—螺母；4—托盘

动"的形式。当旋转手柄 2，可使与螺杆 1 配合在一起的螺母 3 转动并上升或下降，通过托盘 4 顶起物体。

③ 观察镜螺旋调整装置　如图 4-5-6 所示，此机构属于"螺母轴向固定并旋转，螺杆轴向移动"的形式。螺母 2 固定在机架 1 上，能做旋转运动，拧动螺母带动螺杆 3 可调整观察镜 4 的显示。

④ 墨斗供墨调节机构　如图 4-5-7 所示，此机构属于"螺母完全固定不动，螺杆回转并做直线运动"的形式。螺母 2 完全固定不动，通过拧动螺杆 1，开合墨斗钢片 4，控制它与墨辊 3 之间的间隙，达到对供墨量大小的调节。

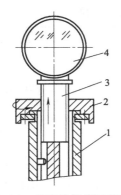
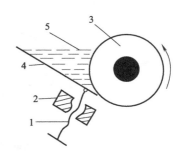

图 4-5-6　观察镜螺旋调整装置　　　　　图 4-5-7　墨斗供墨调节结构
1—机架；2—螺母；3—螺杆；4—观察镜　　　1—螺杆；2—螺母；3—墨辊；4—墨斗钢片；5—油墨

（3）螺杆和螺母的材料

螺杆的材料要有足够的强度和耐磨性。螺母的材料除了要有足够的强度外，还要求在与螺杆材料相配合时摩擦系数小和耐磨。螺旋传动常用的材料见表 4-5-3。

表 4-5-3　**螺杆和螺母常用材料表**

名称	材料牌号	应用范围
螺杆	Q235、Q275、45、50	材料不经热处理，适用于经常运动，受力不大，转速较低的传动
	40Cr、65Mn、T12、40WMn、20CrMnTi	材料需经热处理，提高其耐磨性，用于重载、转速较高的重要传动
	9Mn2V、CrWMn、38CrMoAl	材料需经热处理，以提高其尺寸的稳定性，适用于精密传导螺旋传动
螺母	ZCuSn10P1、ZCuSn5Pb5Zn5（铸锡青铜）	材料耐磨性好，适用于一般传动
	ZCuAl9Fe4Ni4Mn2（铸铝青铜）ZCuZn25AL6Fe3Mn3（铸铝黄铜）	材料耐磨性好，强度高，适用于重载、低速的传动。对于尺寸较大或高速传动，螺母可采用钢或铸铁制造，内孔浇注青铜或巴氏合金

4.5.3　滚珠丝杠传动的分析与选择

滚珠丝杠是机电一体化系统中一种新型的螺旋传动机构，其结构比滑动螺旋传动复杂，但主体的基本组成也是螺杆和螺母，但习惯上我们把螺杆称为丝杠，又因在具有螺旋槽的丝杠与螺母之间装有中间传动元件——滚珠，故滚动螺旋传动也称为滚珠丝杠传动。滚珠丝杠机构虽然结构复杂，制造成本高，不能自锁，但其摩擦阻力矩小、传动效率高（92%～

98%）、精度高、系统刚度好，运动具有可逆性，使用寿命长，因此在机电一体化系统中得到广泛的应用。

（1）滚珠丝杠的结构和工作原理

① 滚珠丝杠的结构和作用　如果将滚珠丝杠沿纵向剖开，可以看到它主要由丝杠 7、螺母 5、滚珠 6、滚珠回流管 4、防尘片 2 等部分组成，其内部结构如图 4-5-8 所示。各部分的组成和作用如下：

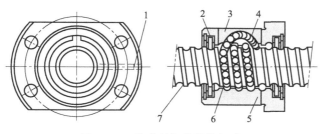

滚珠丝杠的组成

图 4-5-8　滚珠丝杠的结构组成

1—油孔；2—曲折式防尘片；3—树脂；4—滚珠回流管；5—螺母；6—滚珠；7—丝杠

a. 丝杠　丝杠属于转动部件，是一种直线度非常高、上面加工有半圆形螺旋槽的螺旋轴，半圆形螺旋槽是滚珠滚动的滚道。丝杠一般与驱动部件联接在一起，丝杠的转动由电机直接或间接驱动。既可以采用直联的方法，即电机输出轴通过专用的弹性联轴器与丝杠相联，传动比为 1；也可以通过其他的传动环节使电机输出轴与丝杠相联，例如同步带、齿轮等。

b. 螺母　螺母是用来固定需要移动的负载的，其作用类似于直线导轨机构的滑块。一般将需要移动的各种负载（如工作台、移动滑块）与螺母联接在一起，再在工作台或移动滑块上安装各种执行机构。

螺母内部加工有与丝杠类似的半圆形滚道，而且设计有供滚珠循环运动的回流管，螺母是滚珠丝杠机构的重要部件，滚珠丝杠机构的性能与质量很大程度上依赖于螺母。

c. 防尘片　防尘片的作用是防止外部污染物进入螺母内部。由于滚珠丝杠机构属于精密部件，如果在使用时污染物（例如灰尘、碎屑、金属渣等）进入螺母，可能会使滚珠丝杠运动副严重磨损，降低机构的运动精度及使用寿命，甚至使丝杠或其他部件发生损坏，因此必须对丝杠螺母进行密封，防止污染物进入螺母。

d. 滚珠　在滚珠丝杠机构中，滚珠的作用与其在直线导轨、直线轴承中的作用是相同的，滚珠作为承载体的一部分，直接承受载荷，同时又作为中间传动元件，以滚动的方式传递运动。由于以滚动方式运动，所以摩擦非常小。

丝杠与螺母装配好后，丝杠与螺母上的半圆形螺旋槽就组成截面为圆形的螺旋滚道，丝杠转动时，滚珠在螺旋滚道内向前滚动，驱动螺母直线运动。为了防止滚珠从螺母的另一端跑出来并循环利用滚珠，滚珠在丝杠上滚过数圈后，通过回程引导装置（例如回流管）又逐个返回到丝杠与螺母之间的滚道，构成一个闭合的循环回路，如此往复循环。

e. 油孔　滚珠丝杠机构运行时需要良好的润滑，因此应定期加注润滑油或润滑脂。油孔供加注润滑油或润滑脂用。

除上述结构外，由于负载需要做高精度的直线运动，通常滚珠丝杠机构必须与直线导轨或直线轴承等直线导向部件同时使用。滚珠丝杠机构用于驱动负载前后运动，而直线导向部件则对负载提供直线导向作用。

② 滚珠丝杠机构的工作原理　滚珠丝杠机构的工作原理与螺杆和螺母之间的传动原理基本相同。当丝杠能够转动而螺母不能转动时，转动丝杠，由于螺母及负载滑块与导向部件（如直线导轨、直线轴承）联接在一起，所以螺母的转动自由度就被限制了，这样螺母及与其联接在一起的负载滑块只能在导向部件作用下做直线运动。

当改变电机的转向时，丝杠的运动方向也同时发生改变，螺母及负载滑块将进行反方向的直线运动，所以负载滑块能进行往返直线运动。由于电机可以在需要的位置启动或停止，所以很容易实现负载滑块的启动或停止，也很容易通过控制电机的回转速度控制负载滑块的直线运动速度。

如图 4-5-9 所示的滚珠丝杠，丝杠 4 和螺母 1 的螺纹滚道间置有滚珠 2，当丝杠或螺母转动时，滚珠 2 沿螺纹滚道滚动，则丝杠与螺母之间相对运动时产生滚动摩擦，为防止滚珠从滚道中滚出，在螺母的螺旋槽两端设有回程引导装置（反向器）3，如图 4-5-9 （a）所示的反向器和图 4-5-9 （b）所示的挡珠器，它们与螺纹滚道形成循环回路，使滚珠在螺母滚道内循环。

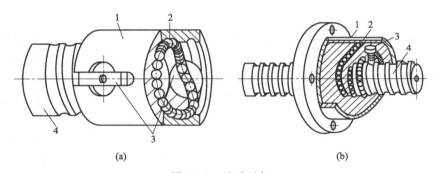

图 4-5-9　滚珠丝杠
1—螺母；2—滚珠；3—回程引导装置（反向器）；4—丝杠

(2) 滚珠丝杠传动特点

滚珠丝杠作为一种高精度的传动部件，大量应用在数控机床、自动化加工中心、电子精密机械进给装置、伺服机械手、工业机器人、半导体生产设备、食品加工和包装设备、医疗设备等各种领域。其主要的特点如下。

① 驱动扭矩小　由于滚珠丝杠运行时，滚珠沿丝杠和螺母共同组成的螺旋滚道滚动运动，运动阻力极小，驱动阻力仅为螺纹丝杠的 1/3 以下，只需要很小的驱动功率。

② 传动效率高　滚珠丝杠传动系统的传动效率高达 92％～98％，为传统的滑动丝杠系统的 2～4 倍，耗费的能量仅为滑动丝杠的 1/3。

③ 传动精度高　经过淬硬并精磨螺纹滚道后的滚珠丝杠本身具有很高的制造精度，又由于是滚动摩擦，摩擦力小，所以滚珠丝杠传动系统在运动中温升较小，并可预紧消除轴向间隙和对丝杠进行预拉伸以补偿热伸长，因此可以获得较高的定位精度和重复定位精度。

④ 可微量进给　滚珠丝杠传动系统是高副运动机构，在工作中摩擦力小，灵敏度高，启动平稳，不会出现如滑动运动中容易出现的低速蠕动或爬行现象，因此可以精密地控制微量进给。

⑤ 同步性好　由于运动平稳、反应灵敏、无阻碍、无滑移，用几套相同的滚珠丝杠传

动系统同时进行传动，可以获得很好的同步效果。

⑥ 高可靠性　与其他传送机械相比，滚珠丝杠传动只需要一般的润滑，有的特殊场合甚至无需润滑便可工作，系统的故障率也很低。

⑦ 使用寿命长　滚珠丝杠中螺母和丝杠的硬度均达到 58～62HRC，滚珠硬度达到 62～66HRC，而且采用滚动的相对运动形式，几乎在没有磨损的情况下进行，因而可以达到较长的使用寿命，其一般的使用寿命要比滑动丝杠高 5～6 倍。

滚珠丝杠机构的缺点是价格较贵，但由于具备上述一系列的突出优点，能够在自动机械的各种场合实现所需要的精密运动，因而在工程上得到了广泛的应用。滚珠丝杠机构与螺纹丝杠机构的性能对比见表 4-5-4。

表 4-5-4　滚珠丝杠机构与螺纹丝杠机构性能对比

滚珠丝杠机构	螺纹丝杠机构
传动效率高，$\eta=92\%\sim98\%$，是螺纹丝杠的 2～4 倍	传动效率低，$\eta=30\%\sim40\%$
轴向刚度高	轴向刚度低
可以消除轴向间隙，传动精度高	有轴向间隙，返程时有空行程误差
摩擦阻力小，启动力矩小，传动灵敏，同步性好，低速不易爬行	摩擦阻力大，低速可能出现爬行
导程大	导程较小
运动可逆，不能自锁	运动不可逆，能自锁，因而可用于压力机、千斤顶中
价格较贵	价格便宜

（3）滚珠丝杠的结构类型

① 螺旋滚道截面形状　我国生产的滚珠丝杠副的螺旋滚道有单圆弧型和双圆弧型，如图 4-5-10 所示。滚道截面与滚珠接触点的法线同丝杠轴向的垂线间的夹角 β，称为接触角，一般为 $\beta=45°$。单圆弧型的螺旋滚道的接触角随轴向载荷大小的变化而变化，这主要由轴向载荷所引起的接触变形的大小而定。β 大时，传动效率、轴向刚度以及承载能力也随之增大。单圆弧型具有加工容易、精度高、价格低

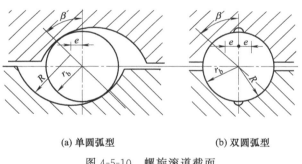

(a) 单圆弧型　　　　(b) 双圆弧型

图 4-5-10　螺旋滚道截面

β—接触角；r_b—滚珠半径；R—滚道圆弧半径；e—偏心距

等优点，但存在润滑效果稍差和工作中接触角 β 变化等缺点。双圆弧型的接触角 β 不变，润滑效果好，但存在加工和检验麻烦，价格高等缺点。

由于单圆弧型滚道加工用砂轮成形，故容易得到较高的加工精度。单圆弧型面的滚道圆弧半径 R 应稍大于滚珠半径 r_b。

双圆弧滚道其接触角 β 在工作过程中基本保持不变，故效率、承载能力和轴向刚度比较稳定。滚道底部与滚珠不接触，其空隙可存储一定的润滑油和脏物，以减小摩擦和磨损。但磨削滚道砂轮修整、加工和检验都比较困难。

② 滚珠丝杠的类型

a. 按制造方法区分　根据加工制造方法及精度的区别，目前市场上的滚珠丝杠机构主要有以下两种类型：磨制滚珠丝杠和轧制滚珠丝杠。

磨制滚珠丝杠是用精密磨削方法加工出来的，精度更高，但制造成本较高，因而价格也更贵。另一种轧制滚珠丝杠（工程上也称为转造滚珠丝杠）是指用精密滚轧成形方法加工制造出来的，精度稍低，但制造成本较低，因而价格也更便宜。在满足使用精度的前提下，应尽可能选用轧制滚珠丝杠，以降低机器制造成本。

b. 按滚珠循环方式区分　滚珠丝杠机构在工作时，内部的滚珠是以循环滚动的方式运动的，根据滚珠循环方式的不同，可以将滚珠丝杠机构分为以下两种类型：内循环式和外循环式。

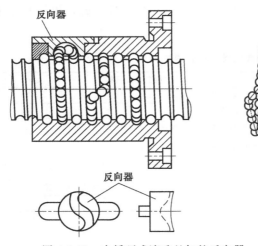

图 4-5-11　内循环式滚珠丝杠的反向器

（a）内循环式　内循环式的滚珠在循环过程中始终与丝杠表面保持接触。如图4-5-11 所示，在螺母的侧面孔内装有接通相邻滚道的反向器，利用反向器引导滚珠越过丝杠的螺旋顶部进入相邻滚道，形成一个循环回路。一般在同一螺母上装有 2～4 个滚珠用反向器，并沿螺母圆周均匀分布。

内循环式的优点是滚珠循环的回路短，流畅性好，效率高，螺母的径向尺寸也较小。其缺点是反向器加工困难，装配、调试也不方便。

（b）外循环式　外循环式的特点是滚珠在循环反向时，有一段脱离丝杠螺旋滚道，在螺母体内或体外做循环运动。按结构形式分为螺旋槽式、插管式和端盖式三种。

• 螺旋槽式。如图 4-5-12 所示，在螺母 2 的外圆柱表面上铣出螺旋凹槽，槽的两端钻出两个通孔与螺母滚槽相切，螺旋滚道内装入两个挡珠器 4 引导滚珠 3 通过这两个孔，同时用套筒 1 盖住凹槽，构成滚珠的循环回路。这种结构的特点是工艺简单，径向尺寸小，易于制造，但是挡珠器刚性差，易磨损。

• 插管式。如图 4-5-13 所示，用一弯管 1 代替螺旋凹槽，弯管的两端插入与螺旋滚道相切的两个内孔，用弯管的端部引导滚珠 4 进入弯管，构成滚珠的循环回路，再用压板 2 和螺钉将弯管固定。插管式结构简单，容易制造，但是径向尺寸较大，弯管端部用作挡珠器比较容易磨损。

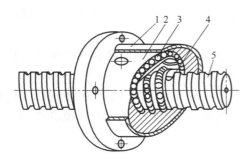

图 4-5-12　螺旋槽式外循环结构
1—套筒；2—螺母；3—滚珠；4—挡珠器；5—丝杠

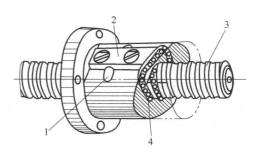

图 4-5-13　插管式外循环结构
1—弯管；2—压板；3—丝杠；4—滚珠

• 端盖式。

如图 4-5-14 所示，在螺母 1 上钻出纵向孔作为滚珠回程滚道，螺母两端装有两块扇形盖板或套筒 2，滚珠的回程道口就在盖板上。滚道半径为滚珠直径的 1.4～1.6 倍。

这种方式结构简单、工艺性好，但滚道吻接和弯曲处圆角不易准确制作而影响其性能，故应用较少。常以单螺母形式用做升降传动机构。

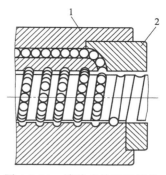

图 4-5-14　端盖式外循环结构
1—螺母；2—套筒

（4）滚珠丝杠的主要参数

滚珠丝杠的主要参数如图 4-5-15 所示，在滚珠丝杠副 GB/T 17587 中对公称直径和基本导程已作了规定。滚珠丝杠的主要参数如下。

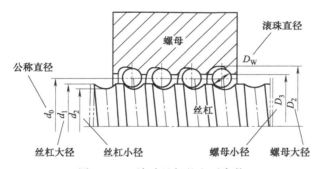

图 4-5-15　滚珠丝杠的主要参数

① 公称直径　公称直径 d_0 处在节圆直径及滚珠丝杠外径之间，也可等于节圆直径或滚珠丝杠螺旋外径。节圆直径指滚珠与螺旋滚道在理论接触角状态时包络滚珠中心的圆柱直径。公称直径是滚珠丝杠副的特征尺寸，其系列尺寸有：6，8，10，12，16，20，25，32，40，50，63，80，100，125，160，200。

② 基本导程　基本导程 P_h 是丝杠相对于螺母转过一周时螺母基准点的轴向位移。系列尺寸：1，2，2.5，3，4，5，6，8，10，12，16，20，25，32，40。基本导程的大小应根据机电一体化系统的精度要求确定。精度要求高时应选取较小的基本导程。尽可能优先选用公称导程为 2.5、5、10、20、40 系列。

③ 行程　行程 L 是转动滚珠丝杠或滚珠螺母时，丝杠相对于螺母转过某一任意角度时螺母基准点的轴向位移。

④ 滚珠直径　滚珠直径 D_w 大，则承载能力也大，应根据轴承厂提供的尺寸选用，一般取 $D_w \approx 0.6P_h$。此外，还有丝杠螺纹大径 d_1、小径 d_2 和螺纹全长，螺母螺纹大径和小径等。

⑤ 滚珠个数　滚珠个数过多，流通不畅，易产生阻塞；滚珠个数过少，承载能力小，滚珠加剧磨损和变形。所以滚珠总数一般不超过 150 个。

⑥ 工作圈数　由于第一、第二和第三圈（或列）分别承受轴向载荷的 50%、30% 和 20% 左右。因此，工作圈（或列）数一般取 2.5（或 2～3.5，或 3）。

（5）滚珠丝杠机构的端部支承方式

为了提高进给系统的工作精度，滚珠丝杠机构必须具有较高的传动刚度，除了提高滚珠丝杠副本身的刚度外，滚珠丝杠机构必须设计具有足够刚性的支承结构，而且还要进行正确安装。影响支承结构刚性的因素包括轴承座的刚度、轴承座与机器结构的接触面积、轴承的刚度等。下面就滚珠丝杠机构的端部支承结构进行介绍。

① 滚珠丝杠的载荷与载荷方向　滚珠螺母是滚珠丝杠机构的核心部件。滚珠丝杠机构在运行时滚珠螺母不能承受径向载荷或扭矩载荷，只能承受沿丝杠轴向方向的载荷，而且要注意使作用在滚珠丝杠副上的轴向载荷通过丝杠轴心，设计时不能将径向负荷、扭矩载荷直接施加到螺母上，否则会大大缩短滚珠丝杠机构的寿命或导致运行不良，因为径向载荷或扭矩载荷会使丝杠发生弯曲，螺母中部分滚珠过载，从而导致传动不平稳、精度下降、寿命急剧缩短。丝杠承受的径向载荷主要是丝杠的自重。

滚珠丝杠机构通常都是与导向部件（例如直线导轨、直线轴承）同时使用的。滚珠丝杠机构只通过滚珠螺母提供负载工作台沿导向方向直线运动所需要的轴向力，而作为负载的工作台及其承受的各种径向载荷、扭矩载荷都由高刚性的导向部件来承受。

② 丝杠端部支承结构　滚珠丝杠机构在使用过程中，丝杠有以下两种基本的支承结构：固定端支承单元结构和支承端支承单元结构，如图 4-5-16 所示。为了方便用户，制造商根据各种情况设计制造了多种形状的丝杠端部支承单元，将上述支承单元作为标准件供用户选用，在制造过程中采用最佳的轴承匹配并对轴承进行了预压，还封入了润滑脂，保证装配具有较高的精度。用户直接在制造商的样本资料中选定合适的规格就可以了，订购后直接进行装配，交货迅速，价格低廉，简化了设计与制造，降低了设计与制造成本。这种支承单元通常都设计为方形或圆形两种形式，图 4-5-16 为工程上常用的方形、圆形支承单元外形。

方形、圆形单元的区别主要是安装方式不同，其中方形支承单元既可以用螺钉上下安装固定，也可以用螺钉在端面安装固定；圆形支承单元则直接将支承单元装入安装孔中，通过法兰固定。

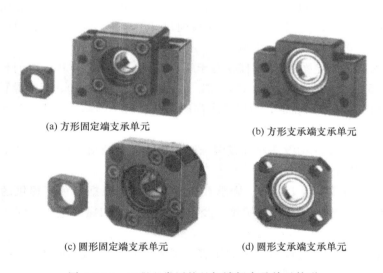

(a) 方形固定端支承单元　　　　　(b) 方形支承端支承单元

(c) 圆形固定端支承单元　　　　　(d) 圆形支承端支承单元

图 4-5-16　工程上常用的丝杠端部支承单元外形

a. 固定端支承单元结构　固定端也称为固定侧，图 4-5-17 所示为固定端支承单元的典型结构。可以看出，固定端支承单元将轴承座 5、轴承 8、轴承外端盖 4、调整环 7、锁紧螺母 1、密封圈 6 等零部件全部集成在一起，在轴承座内采用两只角接触球轴承支承丝杠端部，这种轴承使丝杠在固定端轴向、径向均受约束。装配时用锁紧螺母和轴承外端盖分别将轴承内圈和外圈压紧，并可以调整预压。

b. 支承端支承单元结构 支承端也称为支承侧，图 4-5-18 所示为支承端单元的典型结构。可以看出，支撑端结构较简单，仅由轴承座 2、弹性挡圈 1、轴承 3 组成，在支座内采用普通向心球轴承支承丝杠端部。由于这种轴承只在径向提供约束，而轴向则是自由的，不施加限制，当丝杠因为热变形而长度有微量伸长时，支承端就可以做微量的轴向浮动，保证丝杠仍然处于直线状态。

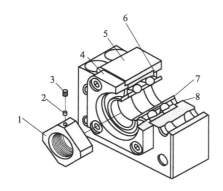

图 4-5-17 固定端支承单元结构

1—锁紧螺母；2—保护垫片；3—锁紧螺钉；

4—轴承外端盖；5—轴承座；6—密封圈；

7—调整环；8—轴承

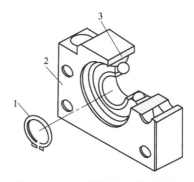

图 4-5-18 支承端支承单元结构

1—弹性挡圈；2—轴承座；3—轴承

③ 滚珠丝杠机构的端部支承安装方式 根据使用场合的不同，滚珠丝杠机构两端的支承结构有 4 种不同的安装方式：一端固定一端支承；两端固定；两端支承；一端固定一端自由。

所谓"固定"支承就是指采用一对角接触轴承支承，使丝杠端部在轴向、径向均受约束。

所谓"支承"支承也称为简支支承，就是采用深沟球轴承，只在径向提供约束，在轴向则是自由的不施加限制，当丝杠因为热变形而有微量伸长时，丝杠端部可以做微量的轴向浮动。

所谓"自由"支承就是指丝杠端部没有支承结构，呈悬空状态。

下面分别对这几种安装方式进行介绍：

a. 一端固定一端支承 滚珠丝杠机构最典型、最常用的安装方式，是通常所说的一端固定一端支承安装方式，也就是说丝杠一端采用固定端，另一端采用支承端。图 4-5-19 为其安装结构示意图，左边是固定端，右边是支承端。

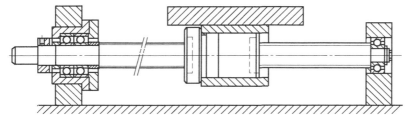

图 4-5-19 一端固定一端支承安装方式

该方式适用于中等速度、刚度及精度都较高的场合，也适用于长丝杠、卧式丝杠。

b. 两端固定　两端固定安装方式就是在丝杠的两端均采用两只角接触球轴承支承，使丝杠在轴向、径向均受约束，分别用锁紧螺母和轴承端盖将轴承内环和外环压紧。图 4-5-20 为其安装结构示意图。

这种安装方式下的丝杠与轴承间无轴向间隙，两端轴承都能够施加预压，经预压调整后，丝杠的轴向刚度比一端固定一端支承安装方式约高 4 倍，且无压杆稳定性问题，固有频率也比一端固定一端支承安装方式高，因而丝杠的临界转速大幅提高。但这种安装方式也有缺点，如结构复杂、对丝杠的热变形伸长较为敏感等。

该方式适用于高速回转、高精度而且丝杠长度较大的场合。

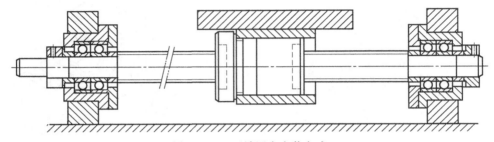

图 4-5-20　两端固定安装方式

c. 两端支承　两端支承安装方式就是在丝杠两端均采用深沟球轴承支承，两端轴承均只在径向对丝杠施加限制，轴向未限制。图 4-5-21 为其安装结构示意图，左边是固定端，右边是自由端。

该方式结构简单，属于一般的简单安装方式，适用于中等速度、刚度与精度都要求不高的一般场合。

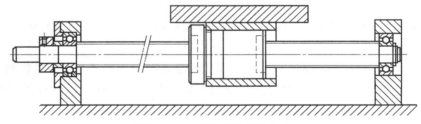

图 4-5-21　两端支承安装方式

d. 一端固定一端自由　一端固定一端自由安装方式表示丝杠的一端采用固定端支承单元，另一端则让其悬空，处于自由状态。图 4-5-22 为其安装结构示意图。

这种安装方式在固定端同样采用两只角接触球轴承，使丝杠在轴向、径向均受约束，分别用锁紧螺母和轴承端盖将轴承内环和外环压紧。丝杠另一端是完全自由的，不施加任何支承结构。

该方式结构简单，轴向刚度与临界转速低，丝杠稳定性差，一般只用于丝杠长度较短、转速较低的场合，如垂直布置的丝杠。如果采用这种支承方式，为了保证机构的工作精度，设计时应尽可能使丝杠在拉伸状态下工作，也就是使丝杠自由端在下方、固定端在上方，依靠丝杠及负载的重量使丝杠处于拉伸状态。

通常情况下尽可能采用"两端固定"或"一端固定一端支承"的安装方式，支承轴承选用大接触角（60°）的高刚度专用角接触球轴承。

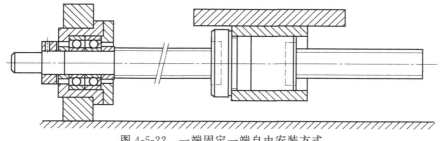

图 4-5-22　一端固定一端自由安装方式

（6）滚珠丝杠轴向间隙的调整与预紧

滚珠丝杠副除了对本身单一方向的传动精度有要求外，对其轴向间隙也有严格要求，以保证其反向传动精度。滚珠丝杠副的轴向间隙是承载时在滚珠与滚道型面接触点的弹性变形所引起的螺母位移量和螺母原有间隙的总和。通常采用双螺母预紧的方法，把弹性变形控制在最小限度内，以减小或消除轴向间隙，并可以提高滚珠丝杠副的刚度。

目前制造的单螺母式滚珠丝杠副的轴向间隙达 0.05mm，而双螺母式经加预紧力调整后基本上能消除轴向间隙。应用该方法消除轴向间隙时应注意以下两点：

• 预紧力大小必须合适，禁忌过小或过大。过小不能保证无隙传动，过大将使驱动力矩增大，效率降低，寿命缩短。预紧力禁忌超过最大轴向负载的 1/3。

• 要特别注意减小丝杠安装部分和驱动部分的间隙，这些间隙用预紧的方法是无法消除的，而它对传动精度有直接影响。

常用消除轴向间隙的结构形式有双螺母式和弹簧自动调整式。

① 双螺母垫片预紧调整法　如图 4-5-23（a）所示，用螺钉联接的滚珠丝杠两个螺母，中间加垫片。如图 4-5-23（b）所示，用螺栓联接的滚珠丝杠两个螺母的凸缘，并在凸缘间加垫片。调整垫片的厚度使螺母产生微量的轴向位移，以达到消除轴向间隙和产生预紧力的目的。

该形式结构紧凑，工作可靠，调整方便，应用广泛，但不很准确，并且当滚道磨损时不能随意调整，除非更换垫圈。故适用于一般精度的传动机构。

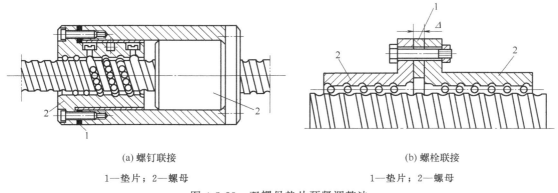

(a) 螺钉联接　　　　　　　　　　　　　　　　(b) 螺栓联接

1—垫片；2—螺母　　　　　　　　　　　　　　1—垫片；2—螺母

图 4-5-23　双螺母垫片预紧调整法

② 双螺母螺纹预紧调整法　如图 4-5-24 所示，滚珠丝杠机构有左、右两个主体螺母；其中，右端螺母 3 的外端有凸缘；左端螺母 4 无凸缘但制有螺纹，它伸出套筒外，用两个圆螺母（1 和 2）固定锁紧，并用键防止两螺母相对转动。通过旋转圆螺母 2，可调整消除间

隙并产生预紧力，之后再用锁紧螺母1锁紧。该种形式结构紧凑，工作可靠，调整方便，缺点是不很精确。

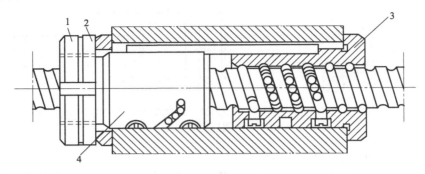

图 4-5-24　双螺母螺纹预紧调整法
1—锁紧螺母；2—调整螺母；3—右端螺母；4—左端螺母

③ 双螺母齿差预紧调整法　如图 4-5-25 所示，在两个螺母上，各制有圆柱外齿轮3，分别与内齿圈2啮合，内齿圈用螺钉或定位销固定在套筒1上。调整时，先取下两端的内齿圈，使两螺母产生相对角位移，相应地产生轴向的相对位移，从而使两螺母中的滚珠分别紧贴在螺旋滚道的两个相反的侧面上，然后将内齿圈复位固定，故而达到消除间隙，产生预紧力的目的。

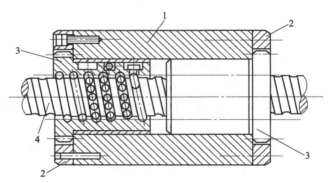

图 4-5-25　双螺母齿差预紧调整法
1—套筒；2—内齿圈；3—外齿轮；4—丝杠

④ 弹簧式自动预紧调整法　如图 4-5-26 所示，利用弹簧自动调整预紧，此法能消除在使用过程中由于磨损或弹性变形产生的间隙，但结构复杂，轴向刚度低，适用于轻载场合。

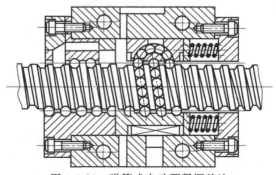

图 4-5-26　弹簧式自动预紧调整法

（7）滚珠丝杠机构的制动装置

由于滚珠丝杠副的传动效率高，又无自锁能力，故需安装制动装置以满足其传动要求，特别是当其处于垂直传动时。图 4-5-27 所示为数控卧式铣镗床主轴箱进给丝杠的制动装置示意图。

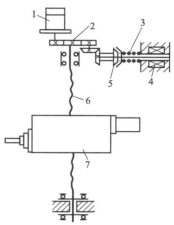

当机床工作时，电磁铁线圈 4 通电吸住压簧 3，打开摩擦离合器 5。此时步进电动机 1 接受指令脉冲，将旋转运动通过减速齿轮 2 传递给滚珠丝杠 6 旋转，转换为主轴箱 7 垂直方向的移动。当步进电动机 1 停止转动时，电磁铁线圈也同时断电，在压簧 3 作用下摩擦离合器 5 被压紧，使滚珠丝杠不能自由转动，则主轴箱就不会因自重而下滑了。

（8）滚珠丝杠的润滑和密封

① 润滑　润滑剂可提高滚珠丝杠副的耐磨性和传动效率。润滑剂分为润滑油、润滑脂两大类。润滑油为一般机油或 90～180 号透平油或 140 号主轴油，可通过螺母上的油孔将其注入螺纹滚道；润滑脂可采用锂基油脂，它加在螺旋滚道和安装螺母的壳体空间内。

② 密封　滚珠丝杠副在使用时常采用一些密封装置进行防护，为防止杂质和水进入丝杠（会增加摩擦或造成损坏），对于预计会带进杂质之处按图 4-5-28 所示使用波纹管（右侧）或伸缩罩（左侧），以完全盖住丝杠轴。对于螺母，应在其两端进行密封，如图 4-5-29 所示，密封防护材料必须具有防腐蚀和耐油性能。

图 4-5-27　制动装置示意图
1—步进电动机；2—减速齿轮；
3—压簧；4—电磁铁线圈；
5—摩擦离合器；6—滚
珠丝杆；7—主轴箱

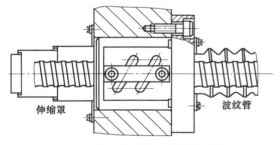

图 4-5-28　波纹管或伸缩罩密封

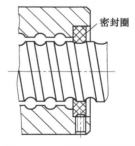

图 4-5-29　螺母端部密封

（9）滚珠丝杠副的精度等级和标注方法

① 滚珠丝杠副的精度等级　我国滚珠丝杠副的精度标准，根据 GB/T 17587.3—2017 标准：将滚珠丝杠副的精度等级分为 1，2，3，4，5，7，10 共七个等级，T1 级精度最高，依次递减，T10 级最低。一般精度要求时用 T4、T5 级，较高精度要求时采用 T3 级，T7、T10 级用在精度要求不高而要求传动效率高的场合。

② 滚珠丝杠副的标注方法　滚珠丝杠副根据其结构、规格、精度和螺纹旋向等特征，用汉语拼音字母、数字和文字按下列格式进行标注；其中类型 P 表示定位滚珠丝杠副，用于精确定位且能够根据旋转角度和导程间接测量轴向行程的滚珠丝杠副；这种滚珠丝杠副是无间隙的（或称预紧滚珠丝杠副）；类型 T 表示传动滚珠丝杠副，用于传递动力的滚珠丝杠副；其轴向行程的测量由与滚珠丝杠副的旋转角度和导程无关的

测量装置来完成。

滚珠丝杆副 GB/T××××—××××××　×××××—×　×××　×

名称───────
国家标准号──────
公称直径，d_0(mm)────
公称导程，P_{h0}(mm)────
螺纹长度l_1(mm)────
类型(P或T)─────
标准公差等级─────
右旋或左旋螺纹(R或L)──
承载圈数──────

知识点滴

8字螺旋的质量改进与创新

机械的螺旋传动中"螺旋"一词，常被人们用于形象的比喻，例如"螺旋式上升"和"8字螺旋"理论。"8字螺旋"是质量管理理论与现代知识管理理论融合创新的成果，从形态上看由上下大小两环组成，如下所示：

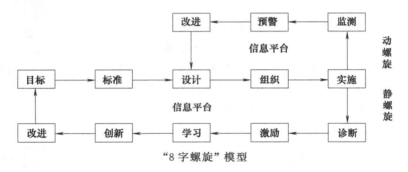

"8字螺旋"模型

"8字螺旋"的上环包括设计、组织、实施、监测、预警、改进，在信息平台的支撑下不断运行各步骤，因运行频率相对较快而被称为"动螺旋"。此处的改进重在对设计、组织、实施层面的改进，一般不涉及目标和标准的改进。下环包括目标、标准、设计、组织、实施、诊断、激励、学习、创新、改进，同样在信息平台的支撑下不断运行，因运行频率相对较慢而被称为"静螺旋"。此处的改进是对目标和标准进行全面改进，能推动目标和标准的螺旋递进。

现代质量观认为，质量是指产品、服务或工作对需求方的满足程度。"8字螺旋"正是以自主设定的目标为起点，"迫使"主体主动查证服务对象、摸清实际需求、定制质量标准、致力持续改进、追求零缺陷，有利于各层面主体自觉树立现代质量观。当今时代，学习力和创造力已经成为核心竞争力，而通过建立大大小小的"8字螺旋"，既能激发自我诊改的内生动力，又能联动产生新的动能，使学习、创新成为自身需要、自发行为，使得组织和个人的核心竞争力同步得到提高。

【任务实施】

任务分析

本任务是典型的滚动螺旋传动（图4-5-0），其传动的方式简单实用，可按滚珠丝杠传动的特点和应用分析。

任务完成

结构组成	工作原理	端部支承方式	调整与预紧	润滑与密封
电机、联轴器、滚珠丝杠装置	电机通过联轴器，与滚珠丝杠装置联接在一起，传递动力。此装置属于丝杠转动、螺母移动的传动形式	一端采用固定端支承单元结构，一端采用支承端支承单元结构	采用双螺母螺纹预紧调整法	采用润滑脂润滑，螺母两端部都进行密封

【题库训练】

1. 选择题

（1）车床横刀架的进给属于（　　　）的传动机构；螺旋千斤顶采用的螺旋传动形式是（　　　）。

A. 螺母不动，螺杆回转并做直线运动　　　B. 螺杆不动，螺母回转并做直线运动

C. 螺杆原位回转，螺母做直线运动　　　D. 螺母原位回转，螺杆往复运动

（2）以下螺纹牙形中，最常用的传动螺纹有（　　　）

A. 三角形　　　　B. 矩形　　　　C. 梯形　　　　D. 锯齿形

（3）滚珠螺旋传动（　　　）。

A. 结构简单，制造要求不高　　　B. 传动效率低

C. 间隙大，传动不够平稳　　　D. 目前主要用于精密传动的场合

2. 填空题

（1）螺旋传动常将主动件的匀速转动转换为从动件平稳、匀速的（　　　）运动。

（2）螺旋传动的特点是：结构简单，工作（　　　）、（　　　）平稳，承载能力（　　　），传动（　　　）高等优点。

（3）常用的螺旋传动有（　　　）和（　　　）等。

（4）差动螺旋传动可以产生极小的位移，能够方便实现（　　　）调节。

（5）滚珠螺旋传动把滑动摩擦变为了滚动摩擦，适用于（　　　）较高的场合。

（6）普通螺旋传动内、外螺纹面之间的相对运动为（　　　）摩擦。

（7）螺旋传动是利用（　　　）来传递运动和动力的一种机械传动。

（8）滚珠丝杠传动机构主要由（　　　）、（　　　）、（　　　）、（　　　）、（　　　）等组成。

（9）滚珠丝杠的螺旋滚道截面形状有（　　　）、（　　　）两种类型。

（10）滚珠的循环方式有（　　　）和（　　　）。

（11）按制造方法分，目前市场上的滚珠丝杠机构有（　　　）和（　　　）两种类型，尽可能选用（　　　）。

（12）滚珠丝杠的"固定"端，一般采用（　　　）轴承，而"支承"端一般采用（　　　）轴承。

（13）滚珠丝杠机构的端部支承安装方式有（　　　）、（　　　）、（　　　）和（　　　）四种安装形式。

（14）消除滚珠丝杠机构的轴向间隙的结构形式有（　　　）和（　　　）。

（15）滚珠丝杠机构无（　　　）能力，故需要安装制动装置。

3. 简答题

（1）简述螺旋传动的形式。

（2）滚珠丝杠传动机构由哪几部分组成？

（3）滚珠丝杠的滚珠循环有哪几种形式，有何特点？

（4）常见的滚珠丝杠传动有哪些特点？

（5）滚珠丝杠的安装有哪几种形式？

（6）简述滚珠丝杠轴向调整和预紧的方法和特点。

（7）简述滚珠丝杠的润滑和密封。

情境5
典型机械零件的分析与设计

【情境简介】

机械零件是组成机器的基本要素，因此机械零件的设计是机械设计的基础。设计机械零件应满足的要求：

第一，具有足够的工作能力。零件的工作能力是指零件在一定的工作条件下抵抗可能出现失效的能力。对载荷而言，一般称为承载能力。失效是指零件由于某些原因不能正常工作的现象。零件常见的失效形式有：断裂或过大的塑性变形，过大的弹性变形，工作表面的过度磨损或损坏，发生强烈的振动，工作温度过高而产生过大的热应力，热变形或破坏正常的润滑油膜，靠摩擦力工作的零件打滑，联接零件的松动等等。如果零件发生失效，机械就可能无法正常工作。

第二，经济效益高。在设计机械零件的过程中，自始至终要有经济的观点，力求经济效益高。为此，须着重注意以下几点：合理地选择材料以降低材料费用；保证良好的工艺性以减少制造费用；尽量符合标准化的要求以简化设计和降低成本。

第三，使用维护方面，根据实际情况还须考虑使用维护方面以及其他有关要求。

在进行机械零件设计时，一般遵循以下步骤：

① 建立零件的受力模型，确定零件的计算载荷。

② 选择零件的类型与结构。按零件的使用要求，在熟悉各种零件的类型、特点和应用基础上进行。

③ 选择零件的材料。按零件的使用条件、工艺要求和经济性来选择合适的材料。

④ 根据失效形式确定零件的计算准则，确定零件的基本尺寸，并加以标准化和圆整。

⑤ 零件的结构设计。确定零件合理的形状和结构尺寸。

⑥ 绘制零件的工作图，并编写计算说明书。

本情境设置了五个任务，教学载体是如图 1-2-0 所示的带式输送机，它是包含大部分通用零件的一般用途的简单机械，其中的带轮、齿轮、轴、轴承、联轴器、润滑与密封装置等都是常用的通用机械零部件，用它作学习载体具有典型性和代表性。我们在完成任务的同时能够初步学会机械零件设计的过程和步骤。

知识导图：

任务 5.1　轴的分析与设计

【任务描述】

机械产品的传动件必须被支承起来才能进行工作，用来支承传动件的零件，称为轴。轴用来传递运动和转矩，其结构和尺寸由被支承的零件和支承它的轴承的结构和尺寸决定，是重要的非标准件。

轴的设计一般要解决两方面的问题。一是，轴应具有足够的承载能力，包括足够的强度和刚度，以保证轴能正常工作；二是，轴应具有合理的结构形状，轴的结构使轴上的零件能可靠地固定和便于装拆。轴的设计过程一般为选择轴的材料，进行结构设计，最后进行轴的承载能力验算。本任务是对输送机减速器的低速轴进行分析与设计。

任务条件

如图 1-2-0 所示的带式输送机，其单级圆柱齿轮减速器的低速轴（输出轴）的装配方案如图 5-1-0 所示。轴传递的功率 $P = 4.29\text{kW}$，转矩 $T = 429.51\text{N·m}$，转速 $n = 95.5\text{r/min}$。大齿轮的分度圆直径 $d_2 = 340\text{mm}$，齿轮宽度为 $B_2 = 70\text{mm}$。

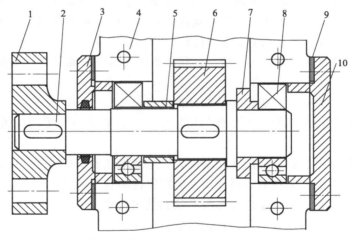

图 5-1-0　减速器低速轴的装配示意图

1—联轴器；2—轴；3—轴承盖；4—箱体；5—套筒；
6—齿轮；7—套筒；8—轴承；9—密封垫；10—轴承盖

低速轴系

任务要求

设计输送机的低速轴，进行轴的结构设计，确定各段长度和直径，确定轴的结构细节，学会轴的设计方法和步骤。

学习目标

◉ 知识目标

(1) 掌握轴的类型、特点与工程应用。

(2) 掌握轴上零件的轴向和周向定位与固定方法。

(3) 掌握轴的结构工艺性与结构设计。

（4）掌握确定轴的各段直径和各段长度的方法。

◉ 能力目标

（1）能够进行轴的结构设计。

（2）能够用类比法，按扭转强度条件计算的方法进行轴的设计。

◉ 素质目标

（1）培养多知识综合运用能力、创新能力和动手能力。

（2）培养严谨的职业态度和工匠精神。

【知识导航】

知识导图如图 5-1-1 所示。

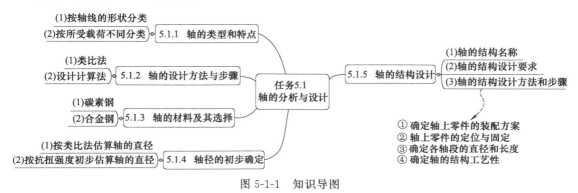

图 5-1-1　知识导图

5.1.1　轴的类型和特点

（1）按轴线的形状分类

按轴线形状不同，轴可以分为直轴、曲轴和挠性钢丝轴。

① 直轴　如图 5-1-2 所示，直轴按照外形不同，可以分为光轴［图 5-1-2（a）］和阶梯轴［图 5-1-2（b）］两种。光轴形状简单，加工方便，但轴上零件不易定位和装配；阶梯轴各截面直径不等，便于零件的安装和固定，因此应用广泛。

直轴按照实心与否，可分为实心轴［图 5-1-2（a）、（b）］和空心轴［图 5-1-2（c）］两类。直轴一般都制成实心的，只有当机器结构要求在轴内装设其他零件或减轻轴的质量有特别意义时，才将轴制成空心的。空心轴往往都是大直径的轴，其内孔可以输送液体、工件和微小机构等。车床主轴就是典型的直轴之一。

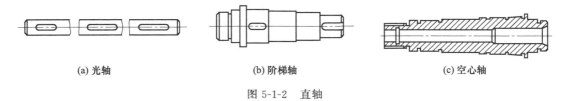

(a) 光轴　　　　　　　　　　(b) 阶梯轴　　　　　　　　　　(c) 空心轴

图 5-1-2　直轴

② 曲轴　曲轴用于将回转运动转变为直线往复运动或是将直线往复运动转变为回转运动，是往复式机械中的专用零件，如图 5-1-3 所示。汽车发动机曲轴、内燃机曲轴、空气压缩机曲轴等都是典型的例子。

图 5-1-3   曲轴

③ **挠性钢丝轴**   如图 5-1-4（a）所示，挠性钢丝轴是由几层紧贴在一起的钢丝层构成的，挠性好，可以在传递力矩的同时在一定范围内改变轴线方向，将运动灵活地传递到指定位置。但传递的力矩较小，且不能承受弯矩，主要用于以传递运动为主的机械装置中，如图 5-1-4（b）所示的建筑机械（如振捣器）等。

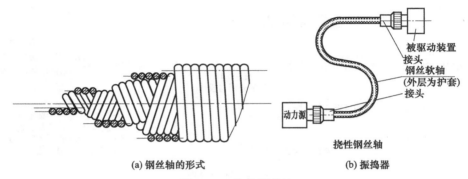

（a）钢丝轴的形式   （b）振捣器

图 5-1-4   挠性钢丝轴

（2）按所受载荷不同分类

按所受载荷不同，将直轴分为心轴、传动轴和转轴三种类型。其中，心轴又分为固定心轴和转动心轴。各类轴的分类及特点见表 5-1-1。

表 5-1-1   轴按所受载荷不同分类的类型和特点

种类		定义	应用案例	受力特点	备注
心轴	固定心轴	心轴是固定不动的，称为固定心轴	**（a）自行车前轮轴** 1—前轮轮毂；2—前轮轴；3—前叉	只受弯矩，不承受扭矩	只承受弯矩，不承受扭矩，起支承作用的轴，称为心轴
	转动心轴	心轴是转动的，称为转动心轴	**（b）火车轮轴**	只受弯矩，不承受扭矩	

种类	定义	应用案例	受力特点	备注
转轴	既支承回转零件又传递动力,同时承受弯曲和扭转两种作用的轴,称为转轴	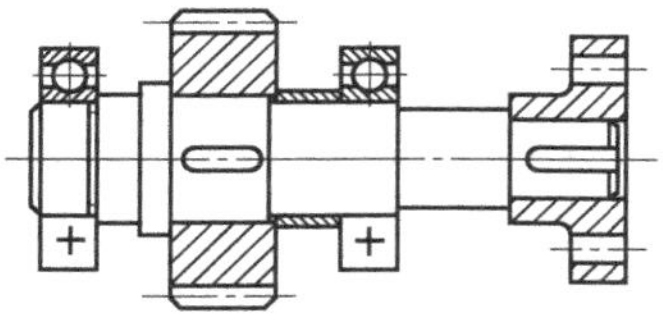 (c) 减速器中的轴	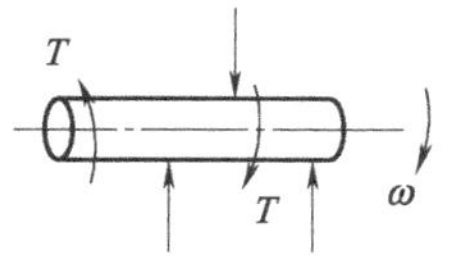 既受弯矩,又承受扭矩	机器中的大多数的轴都属于这一类
传动轴	用来传递动力,只受扭转作用而不受弯曲作用或弯曲作用很小的轴,称为传动轴	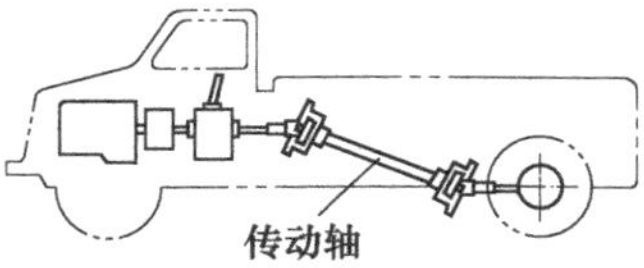 传动轴 (d) 汽车变速箱与后桥之间的轴	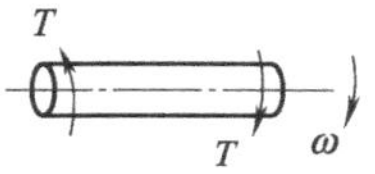 主要承受扭矩,不承受弯矩,或很小的弯矩	汽车传动轴两端对接万向联轴器

5.1.2 轴的设计方法与步骤

通常,对于一般轴的设计方法有两种,即类比法和设计计算法。

(1) 类比法

类比法是根据轴的工作条件,与类似的轴进行对比和比较进行结构设计,并画出轴的零件图的方法。用这种方法一般不进行强度校核的计算,设计时依据现有的成熟的资料和以前成功的设计者的经验进行,因此能简化设计过程,提高设计的效率,而且设计结果比较可靠和稳妥,在企业中应用比较广泛;但这种方法也会带来一定的盲目性。

(2) 设计计算法

为了防止疲劳断裂,对一般的轴必须进行强度计算,其设计计算的一般步骤如下:

① 根据轴的工作条件选择材料,确定许用应力。

② 按扭转强度估算出轴的最小直径。

③ 设计轴的结构,绘制出轴的结构简图。具体内容包括:

a. 拟定轴上零件的装配方案,绘制出装配简图;

b. 根据工作要求确定轴上零件的位置和固定的方式;

c. 确定各轴段的直径;

d. 确定各轴段的长度;

e. 根据设计手册确定轴的结构细节,如圆角、倒角和退刀槽等的尺寸。

④ 按弯扭合成强度计算的方法进行轴的强度校核。一般在轴上选取 2~3 处危险截面进行强度校核。如危险截面强度不够或强度裕度不大,则必须重新修改轴的结构。

⑤ 修改轴的结构后再进行校核计算。这样反复交替进行校核和修改,直至设计出较为合理的轴的结构。

⑥ 绘制轴的零件图。

5.1.3 轴的材料及其选择

轴的材料是决定轴的承载能力的重要因素。轴的失效形式为疲劳破坏,轴的材料应具有较好的强度、韧性和耐磨性。表5-1-2列出了轴的常用材料，轴的材料主要采用碳素钢和合金钢。轴的毛坯一般采用热轧圆钢或锻件。对于形状复杂的轴（如曲轴）也可采用铸钢或球墨铸铁。

（1）碳素钢

一般用途的轴，常用优质碳素结构钢，其价格低廉，应力集中不敏感，力学性能好。常用的有35、40、45钢等，应用最为广泛的是45钢，轻载或不重要的轴可采用Q235、Q275等普通碳素钢，可通过热处理改善机械性能，一般为正火调质。

（2）合金钢

合金钢机械性能（热处理性）更好，适合于大功率、结构要求紧凑的传动中，或有耐磨、高温（低温）等特殊工作条件，但合金钢对应力集中较敏感。

表 5-1-2   轴的常用材料及其主要机械性能

材料牌号	热处理方法	毛坯直径/mm	硬度 HBS	抗拉强度 σ_b/MPa	屈服点 σ_s/MPa	许用弯曲应力 /MPa			备注
				不小于		$[\sigma_{+1}]_b$	$[\sigma_0]_b$	$[\sigma_{-1}]_b$	
Q235-A	热轧或锻后空冷	≤100		400~420	225	125	70	40	用于不重要的轴
		>100~250		375~390	215				
35	正火	≤100	149~187	520	270	170	75	45	用于一般轴
45	正火	≤100	170~217	600	300	200	95	55	用于较重要的轴
	调质	≤200	217~255	650	360	215	108	60	
40Cr	调质	≤100	241~286	750	550	245	120	70	用于载荷较大，但冲击不太大的重要轴
	调质	>100~300		700	500				
35SiMn	调质	≤100	229~286	800	520	270	130	75	用于中、小型轴，可代替40Cr
42SiMn	调质								
40MnB	调质	≤200	241~286	750	500	345	120	70	用于小型轴，可代替40Cr

5.1.4 轴径的初步确定

在进行轴的初期设计时，由于轴承及轴上零件的位置和跨距均不确定，不能求出支反力和弯矩分布情况，因而无法按弯曲强度计算轴的危险截面直径，只能用估算法来初步确定轴的直径。初步估算轴的直径可以采用以下两种方法：

（1）按类比法估算轴的直径

这种估算方法是参考同类型的机器设备，比较轴传递的功率、转速及工作条件等，来初步确定轴的结构和尺寸。例如，在一般减速器中，与电动机相连的高速端输入轴的基本直径 $d_1=(0.8\sim1.2)d$，式中 d 为电动机轴端直径。而各级低速轴直径可按同级齿轮中心距 a 估算，一般取 $d_2=(0.3\sim0.4)a$。配有联轴器的轴，以联轴器直径为其最小直径。

（2）按抗扭强度初步估算轴的直径

这种估算方法是在进行轴的结构设计前，先对所设计的轴按抗扭强度条件初步估算轴的最小直径。待轴的结构设计基本完成后，再对轴进行全面受力分析及强度、刚度校核。

对于不大重要的轴，也可作为最后计算结果。

对于圆截面的转轴，轴的扭转强度条件为：

强度条件

$$\tau_T = \frac{T}{W_T} = \frac{9.55 \times 10^6 \frac{P}{n}}{0.2 d^3} \leqslant [\tau_T] \qquad (5-1-1)$$

对于转轴，可用上式初步估算轴的直径，但必须把轴的许用扭切应力 $[\tau_T]$（见表 5-1-3）适当降低，以补偿弯矩对轴强度的影响。由式（5-1-1）可得出设计公式如下：

$$d \geqslant \sqrt[3]{\frac{9.55 \times 10^6 P}{0.2 [\tau_T] n}} = C \sqrt[3]{\frac{P}{n}} \qquad (5-1-2)$$

式（5-1-1）和式（5-1-2）中：

T——轴传递的转矩，N·mm；

P——轴传递的功率，kW；

n——轴的转速，r/min；

W_T——轴的抗弯截面模量，mm³；$W_T = 0.2 d^3$；

τ_T——轴的切应力，MPa；

$[\tau_T]$——许用扭转剪应力，MPa；其值见表 5-1-3；

C——轴的材料系数，与轴的材料和载荷情况有关，其值见表 5-1-3；

d——轴的最小估算直径，mm；对于空心轴，$d \geqslant C \sqrt[3]{\dfrac{P}{n (1-\beta^4)}}$，式中 $\beta = d_1/d \approx$ 0.5～0.6；

d_1——空心轴的内径，mm。

表 5-1-3　常用材料的值 $[\tau_T]$ 和 C 值

轴的材料	Q235-A,20	35	45	40Cr,35SiMn
$[\tau_T]$/MPa	12～20	20～30	30～40	40～52
C	135～160	118～135	107～118	98～107

注：1. 表中所列的 $[\tau_T]$ 和 C 值，当弯矩的作用较扭矩小或只受扭矩时，$[\tau_T]$ 取较大值，C 取较小值；反之，$[\tau_T]$ 取较小值，C 取较大值。

2. 当 Q235、35SiMn 时，$[\tau_T]$ 取较小值，C 取较大值。

5.1.5　轴的结构设计

（1）轴的结构名称

如图 5-1-5 所示为一齿轮减速器的低速轴，是一个典型的阶梯轴转轴。其各部分的名称如下。

① 轴颈　轴上与轴承配合的部分，称为轴颈。

② 轴头　与传动零件配合的部分，称为轴头。

③ 轴身　联接轴颈与轴头的非配合部分，称为轴身。

④ 轴肩　起定位作用的阶梯轴上截面变化的部分，即用作零件轴向固定的台阶部分，称为轴肩。

⑤ 轴环　轴上双截面变化的环形部分，称为轴环；轴环和轴肩一样也能起定位作用。

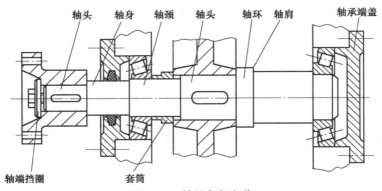

图 5-1-5　轴的各部名称

轴颈和轴头的直径应取标准值，它们的直径大小由与之相配合零件的内孔决定。轴上的螺纹和花键部分必须符合相应的标准。

（2）轴的结构设计要求

轴的结构设计的目的，主要是确定轴的结构形状和尺寸。由于影响轴的结构的因素很多，故轴的结构设计具有较大的灵活性和多样性，但应满足如下要求：

① 轴和轴上的零件要有准确的工作位置（轴向和周向的定位和固定）。

② 轴上的零件应便于装拆和调整。

③ 轴的直径应适合所配合零件的标准尺寸。

④ 轴应具有良好的加工工艺性。

⑤ 轴的受力位置布局要合理，以提高轴的刚度和强度。

⑥ 轴的结构应尽量减小应力集中，以提高疲劳强度。

（3）轴的结构设计方法和步骤

① 确定轴上零件的装配方案　轴的结构形式取决于轴上零件的装配方案，如图 5-1-6（a）所示。装配方案要确定轴上零件的装配方向、顺序和相互关系。轴上零件的装配方案不同，轴的结构形状也不相同。为了便于轴上零件的装拆，常将轴做成阶梯状。在满足使用要求的情况下，轴的形状和尺寸应力求简单，以便于加工。设计时可拟定几种装配方案，进行分析与选择。

如图 5-1-6 所示是减速器的低速轴的装配方案。从 5-1-6（a）方案一可以看出，轴上的齿轮、套筒、左端滚动轴承、轴承盖、联轴器依次从轴的左端装入；右端滚动轴承、轴承盖则从右端装入。从 5-1-6（b）方案二可以看出，轴上的左端滚动轴承、轴承盖、联轴器依次从轴的左端装入；齿轮、套筒、右端滚动轴承、轴承盖则从右端装入。

通过分析，方案二需要一个用于轴向定位的长套筒，加工工艺复杂，且质量较大，故不如方案一合理。

② 轴上零件的定位与固定　在拟定轴上零件的装配方案时，涉及轴上零件的轴向定位与固定以及轴上零件的周向定位和固定。确定了这些，轴的形状才能得到落实。

a. 轴上零件的轴向定位和固定　轴上零件的轴向位置必须固定，以承受轴向力或不发生轴向窜动。零件轴向定位的方式常取决于轴向力的大小。轴向定位和固定的方法主要有两类：一是利用轴本身的结构，如轴肩、轴环、圆锥面、过盈联接等定位方式；二是利用附件，如套筒、圆螺母、弹性挡圈、轴端挡圈、紧定螺钉和轴承端盖等定位方式，见表 5-1-4。

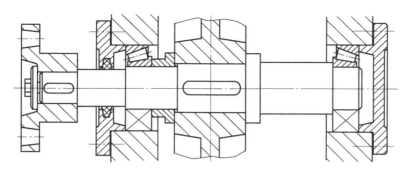

(a) 轴的装配方案一

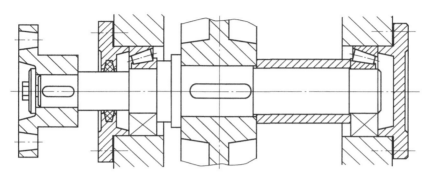

(b) 轴的装配方案二

图 5-1-6 减速器的低速轴的装配方案

表 5-1-4 轴上零件轴向固定方式和特点

轴向固定方式	结构图形	特　点
轴肩 轴环		结构简单,定位可靠,可承受较大轴向力。常用于齿轮、链轮、带轮、联轴器和轴承等定位。 　为保证零件紧靠定位面,应使 $r<C$ 或 $r<R$。定位轴肩的高度 h 应大于 R 或 C,通常取 $h=(0.07\sim0.1)d$;轴环宽度 $b\approx1.4h$;与滚动轴承相配合处的 h 和 R 值应根据滚动轴承的类型与尺寸确定
套筒		结构简单,定位可靠,轴上不需开槽、钻孔和切制螺纹,因而不影响轴的疲劳强度。一般用于零件间距较小场合,以免增加结构重量。轴的转速很高时不宜采用

轴向固定方式	结构图形	特 点
圆螺母	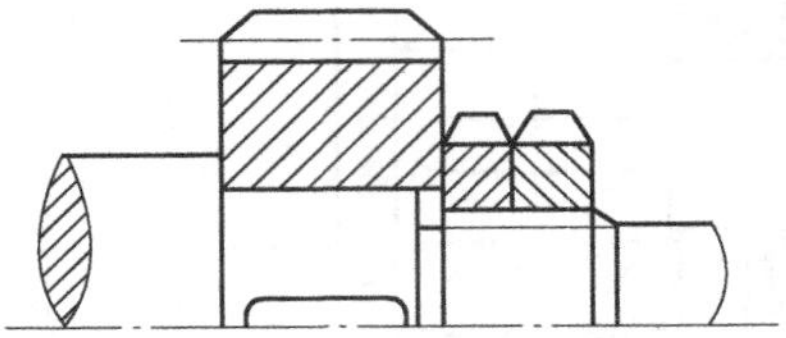	固定可靠,装拆方便,可承受较大的轴向力。由于轴上切制螺纹,使轴的疲劳强度降低。常用双圆螺母或圆螺母与止动垫圈固定轴端零件,当零件间距较大时,亦可用圆螺母代替套筒以减小结构重量。圆螺母和止动垫圈的结构尺寸见 GB/T 810、GB/T 812 及 GB/T858
轴端挡圈	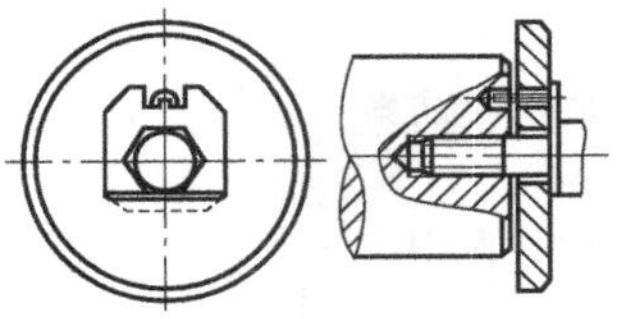	适用于固定轴端零件,可承受剧烈振动和冲击载荷。螺栓紧固轴端挡圈的结构尺寸见 GB/T 892
弹性挡圈	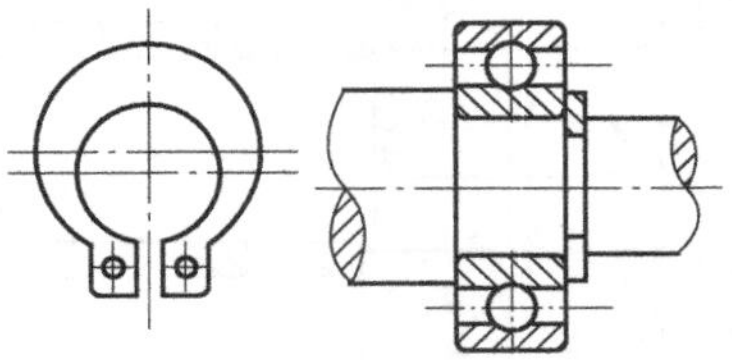	弹性挡圈分轴用弹性挡圈和孔用弹性挡圈。结构简单紧凑,只能承受很小的轴向力,常用于固定滚动轴承。轴用弹性挡圈的结构尺寸见 GB/T 894.1
圆锥面	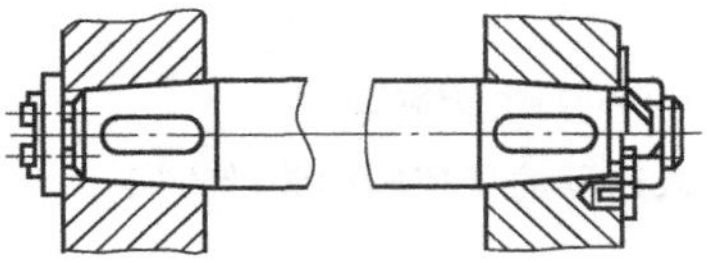	能消除轴和轮毂间的径向间隙,装拆较方便,可兼作周向固定,能承受冲击载荷。多用于轴端零件固定,常与轴端压板或螺母联合使用,使零件获得双向轴向固定。圆锥形轴伸见 GB/T 1570
紧定螺钉	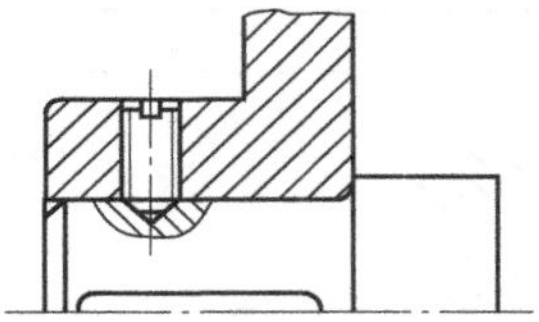	适用于轴向力很小,转速很低或仅为防止零件偶然沿轴向滑动的场合。为防止螺钉松动,可加锁圈。紧定螺钉同时亦起周向固定作用。紧定螺钉用孔的结构尺寸见 GB/T 71

b. 确定轴上零件周向定位和固定　轴上零件的周向固定是为了防止零件与轴发生相对转动。常用的固定方式有键联接、花键联接、成型联接、销联接、过盈配合联接、紧定螺钉联接等,其特点和应用见表 5-1-5。

表 5-1-5 轴上零件周向固定方式和特点

周向固定方式	结构图形	特点及应用
键	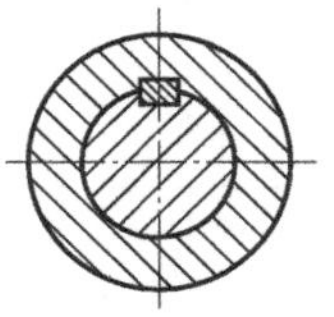	包括平键和半圆键。平键对中性好,可用于较高精度、高转速及受冲击交变载荷作用的场合;半圆键装配方便,特别适合锥形轴端的联接,但对轴的削弱较大,只适于轻载
花键	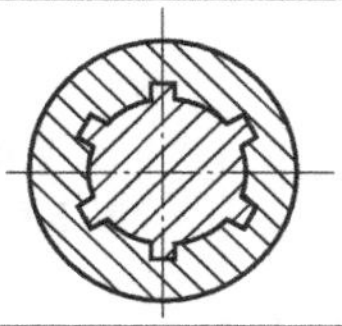	承载能力强,定心精度高,导向性好。但制造成本较高

续表

周向固定方式	结构图形	特点及应用
成型联接		成型联接是利用非圆截面的轴与相应轮廓的毂孔配合而构成的联接。因这种联接不用键或花键，故又称为无键联接。成型联接对中良好，又没有键槽及尖角引起的应力集中，故可传递较大的转矩，装拆也很方便，但加工比较复杂，应用不普遍
圆锥销		用于受力不大的场合，可做安全销使用
过盈配合		过盈配合是利用轴和零件轮毂孔之间的配合过盈量来联接，能同时实现周向和轴向固定，结构简单，对中性好，对轴削弱小，装拆不便。可与平键联合使用，能承受较大的载荷
紧定螺钉		只能承受较小的周向力，结构简单，可兼作轴向固定。在有冲击和振动的场合应有防松措施

③ 确定各轴段的直径和长度

a. 确定轴各段的直径

（a）确定轴直径的注意事项

• 应考虑键槽对轴的强度削弱。若轴上有一个键槽，为了弥补轴的强度的降低，则将算得直径增大 $3\%\sim5\%$；若有二个键槽可增大 $7\%\sim10\%$，并且取标准值。

• 轴上装配标准件处，其轴段直径必须符合标准件的标准直径系列值（如滚动轴承、联轴器、密封件等）。

• 轴上的螺纹、键槽、花键应符合相应的国家标准。

• 与零件（如齿轮、带轮等）相配合的轴头的尺寸根据与之配合的零部件的轴孔来确定，但应采用按优先数系制定的标准尺寸，见表 5-1-6。

• 非配合轴段的直径，可不取标准值，但一般应取成整数。

表 5-1-6　按优先数系制定的轴头标准直径（GB/T 2822—2005）

12	14	16	18	20	22	24	25	26	28	30	32	34	36
38	40	42	45	48	50	53	56	60	67	71	75	80	85
90	95	100	105	110	120	130	140	150	160	170	180	190	200

（b）确定各轴段的直径

• 确定轴的最小直径方法。前面讲过，进行轴的初期设计时，初步估算轴的直径可以采用按类比法估算轴的直径、按抗扭强度初步估算轴的直径两种常用的方法。

• 确定其余各轴段直径。确定轴的最小直径后，轴的其余各段直径可由最小直径依次加上轴肩高得到，如图 5-1-7 所示。因此，只需确定各轴肩的高度，就可确定各轴段的直径。轴肩按其用途不同可分为非定位轴肩与定位轴肩等，具体见表 5-1-7。

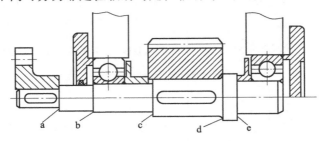

图 5-1-7　定位轴肩和非定位轴肩

a—定位标准件的轴肩；b,c—非定位轴肩；d,e—定位非标准件的轴肩

表 5-1-7　轴肩的分类及高度的确定表

名称	分类		图例	轴肩高度 h 的确定/mm
轴肩	非定位轴肩		图 5-1-7 中的 b、c	$h=1\sim2\text{mm}$(视情况可适当调整)
	定位轴肩	定位标准件	图 5-1-7 中的 a	查机械设计手册或 $h=(0.07\sim0.1)d$
		定位非标准件	图 5-1-7 中的 d、e	$h=R(C)+(0.5\sim2)\text{mm}$ 或 $h=(0.07\sim0.1)d$

为了使轴上零件的端面能与轴肩紧贴，如图 5-1-8 所示，轴肩的圆角半径 r 必须小于零件孔端的圆角半径 R 或倒角 C。而轴肩或轴环的高度 h 必须大于 R 或 C，一般取 $h=R(C)+(0.5\sim2)\text{mm}$，轴环宽度 $b\approx1.4h$。零件孔端的圆角半径 R 或倒角 C 的数值，见表 5-1-8。

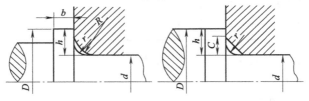

图 5-1-8　轴肩定位

表 5-1-8　零件孔端圆角半径 $r(R)$ 和倒角 C

轴径 d	>10~18	>18~30	>30~50	>50~80	>80~100
r(轴)	0.8	1.0	1.6	2.0	2.5
R 或 C(孔)	1.6	2.0	3.0	4.0	5.0

b. 确定轴的各段长度　轴的各段长度主要是根据轴上零件的轴向尺寸及轴系结构的总体布置来确定，设计时应满足的要求如下：

（a）为保证传动件能得到可靠的轴向固定，轴与传动件轮毂相配合的部分的长度一般比轮毂长度短 2~3mm；轴与联轴器相配合的部分的长度一般应比半联轴器长度短 5~10mm。

（b）安装滚动轴承的轴颈长度取决于滚动轴承的宽度。

（c）其余的轴段长度，可根据总体结构的要求（如零件间的相对位置、拆装要求和轴承间隙的调整等），在结构中确定。

④ 确定轴的结构工艺性　从轴的结构工艺性考虑，轴设计时应注意以下几点：

a. 尽量制成阶梯轴　对于只受转矩的传动轴，为了使各轴段剖面上的切应力大小相等，常制成光轴或接近光轴的形状；对于受交变弯曲载荷的轴，考虑中间处应力大且需便于零件的装拆，一般制成中间大、两头小的阶梯轴，如图 5-1-9 所示。轴的形状应该力求简单，阶梯数应尽可能少。轴截面尺寸突变处会造成应力集中，所以对阶梯轴，相邻两段轴径变化不宜过大，在轴径变化处的过渡圆角半径不宜过小。这样可减少加工次数和应力集中。

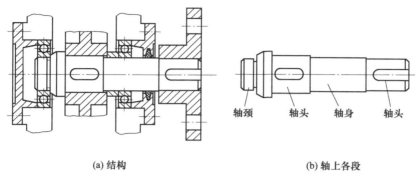

(a) 结构	(b) 轴上各段

图 5-1-9　减速器的低速轴

　　轴颈和轴头的直径应取标准值。轴上沿长度方向开有几个键槽时，应将键槽安排在轴的同一母线上。同一轴段上开有几个键槽时，各键槽要对称布置。

　　b. 减小应力集中，提高轴的疲劳强度　轴通常在交变应力下工作，轴的截面尺寸变化处易发生应力集中，轴的疲劳破坏往往在此处发生。因此，设计轴的结构应尽量减小应力集中源和降低应力集中处的局部最大应力。在直径突变处应平缓过渡（采用圆弧或倒角），制成的圆角半径尽可能取得大些；对于过盈的轴还可采用减载槽［图 5-1-10（a）］、隔离环［图 5-1-10（b）］或凹切圆角［图 5-1-10（c）］等结构来减小应力集中。

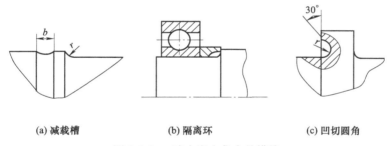

(a) 减载槽	(b) 隔离环	(c) 凹切圆角

图 5-1-10　减小应力集中的措施

　　c. 留有倒角　为使轴上零件容易装拆，轴端、轴头、轴颈的端部应有 45°的倒角，以便于装配和保证安全，其结构尺寸见表 5-1-8。

　　d. 留有砂轮越程槽或退刀槽　需磨削的轴段应有砂轮越程槽（图 5-1-11）；有螺纹的轴段要有退刀槽（图 5-1-12）。

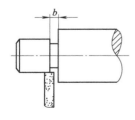

图 5-1-11　砂轮越程槽

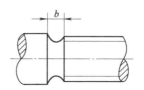

图 5-1-12　螺纹退刀槽

e. 留有定位中心孔　为了测量和磨削轴的外圆，在轴的端部应留有定位中心孔（图5-1-13），其结构尺寸见相关标准。

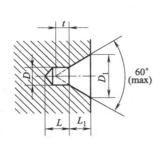
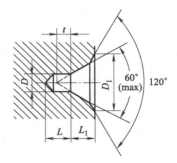

(a) A型：不带护锥的中心孔(加工后不保留)　　(b) B型：带护锥的中心孔(加工后保留)

图 5-1-13　中心孔

f. 轴的锥面过渡　为了便于拆卸滚动轴承，轴肩高度 h 一般为轴承内圈高度的 2/3。若因结构上的原因，轴肩高度超出允许值时，可利用锥面过渡，如图 5-1-14 所示。对于过盈配合表面的压入端，最好加工成导向锥面，如图 5-1-15 所示，以利于装配时压入零件，图中 $e \geqslant (0.01d + 2)\text{mm}$。

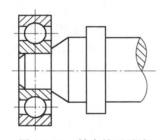

图 5-1-14　轴肩锥面过渡

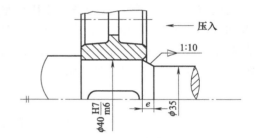

图 5-1-15　过盈联接结构

知识点滴

大国工匠与轴故事

2021 年 6 月 29 日，湘钢焊接顾问艾爱国荣获"七一勋章"，被称为"大国工匠"。有一次，年过七旬的艾爱国接到了一项新任务，焊接一根长达 18 米的轴。焊接的抗压强度要达到 1500 兆帕，难度不小，要考虑变型，还要考虑受力情况。既然接受了挑战，那就不能畏惧困难。于是，他每天都会准时到实验室，埋头研究焊接方案。"用什么样的焊接方式，用什么样的焊接材料，不能凭经验，要用数据说话。"前前后后一个多月，艾爱国带着团队一起反复验证。怀着对科学、对安全的敬畏，以及对工作、对事业的负责态度，最终圆满完成了轴的焊接任务，并且在以后的岁月里经过了实践的检验，质量完全过关。

【任务实施】

任务分析

本任务中的带式输送机，其单级圆柱齿轮减速器的低速轴（输出轴）上（图5-1-0），装有带轮、轴承、轴承盖、套筒、齿轮等零件。为了零件装拆方便，轴的直径一般是从两端向中间逐段增大，形成阶梯轴。设计时，可按轴的设计计算法进行。

任务完成

减速器低速轴的设计步骤：

设计步骤	分析与设计内容	计算结果
一、选择轴的材料，确定许用应力	由已知条件知减速器传递的功率 $P=4.29\text{kW}$，属于中小功率，材料无特殊要求，故选用 45 钢调质处理，由表 5-1-2 查得强度极限 $\sigma_b=650\text{MPa}$，许用弯曲应力 $[\sigma_{-1b}]=60\text{MPa}$	45 钢调质处理
二、按扭转强度初步估算轴的最小直径	单级齿轮减速器的低速轴为转轴，输出轴与联轴器联接在一起，从结构要求考虑，输出端的轴径应最小。根据表 5-1-3 得 $C=107\sim118$，又由式(5-1-2)得 $$d\geqslant C\sqrt[3]{\dfrac{P}{n}}=(107\sim118)\times\sqrt[3]{\dfrac{4.29}{95.5}}=38.04\sim41.95(\text{mm})$$ 考虑到轴的最小直径处要求安装联轴器，会有键槽存在，故将计算直径加 3‰～5‰，由设计手册取标准直径 $d_1=42\text{mm}$	$d_1=42\text{mm}$
三、轴的结构设计	**1. 确定轴上零件的位置和固定方式** 由于设计的是单级减速器，可将齿轮布置在箱体内部中央，将轴承对称安装在齿轮两侧，轴的外伸端安装半联轴器。 要确定轴的结构形状，必须确定轴上零件的装拆顺序和固定方式，确定齿轮从左端装入，齿轮的右端用轴肩(或轴环)定位，左端用套筒固定，这样齿轮在轴上的轴向位置完全被确定，齿轮的周向固定采用平键联接，轴承对称安装于齿轮的两侧，其轴向用套筒和轴承盖定位，如图 5-1-16 所示。 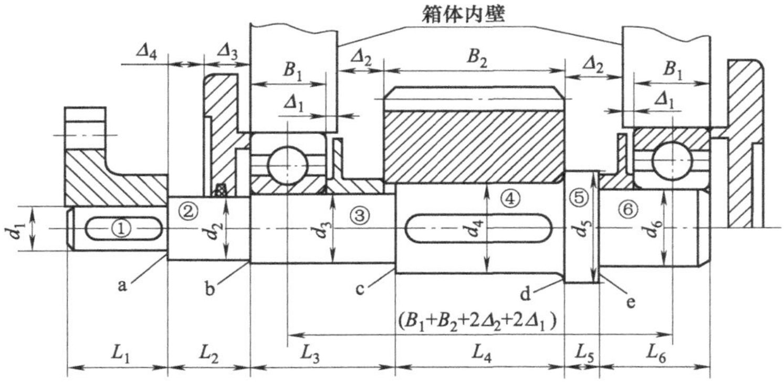 图 5-1-16 减速器输出轴示意图 B_1—轴承的宽度； B_2—齿轮的宽度； Δ_1—轴承端面至箱体内壁的距离； Δ_2—齿轮端面至箱体内壁的距离； Δ_3—轴承端盖和联接螺栓头部高度的总尺寸； Δ_4—联轴器端面至轴承盖联接螺栓头部的距离； $a、b、c、d、e$—定位轴肩或非定位轴肩	
	2. 确定各轴段的直径 (1) 轴段(外伸端)① 由前面初步估算轴的最小直径可知，$d_1=42\text{mm}$	$d_1=42\text{mm}$
	(2) 轴段② 考虑到要对安装在轴段①上的联轴器进行定位，轴段②上应有定位标准件的轴肩 a，$d_2=d_1+2h_1$，h_1 为定位轴肩，查表 5-1-7 可知：$h_1=(0.07\sim0.1)d_1=(0.07\sim0.1)\times42=2.94\sim4.2$，考虑密封件的直径系列要求，取值为 4mm，则：$d_2=d_1+2h_1=42+2\times4=50\text{mm}$	$d_2=50\text{mm}$

设计步骤		分析与设计内容	计算结果
2. 确定各轴段的直径		（3）轴段③ d_3 与轴承内径配合，因此必须满足轴承内径的标准。$d_3 = d_2 + 2h_2$，轴肩 b 处的 h_2 为非定位轴肩，查表 5-1-7 为 1～2mm，但考虑到圆整至轴承标准内径，取 $h_2 = 2.5$mm；$d_3 = d_2 + 2h_2 = 50 + 2 \times 2.5 = 55$mm 选取 6211 型轴承（其内径为 55mm，宽度 $B_1 = 21$mm）	$d_3 = 55$mm
		（4）轴段④ 为便于齿轮的安装，此端也成阶梯形状，因此 $d_4 = d_3 + 2h_3$，轴肩 c 处的 h_3 为非定位轴肩。查表 5-1-7 为 1～2mm，但考虑到圆整至标准值，取 $h_3 = 2.5$mm，则 $d_4 = d_3 + 2h_3 = 55 + 2 \times 2.5 = 60$mm	$d_4 = 60$mm
		（5）轴段⑤ 此段为轴环，其左端用于定位齿轮，故 $d_5 = d_4 + 2h_4$，轴肩 d 处的 h_4 为定位非标准件轴肩，查表 $h_4 = (0.07～0.1)d_4 = (0.07～0.1) \times 60 = 4.2～6.0$mm，结合齿轮情况取 $h_4 = 5$mm，则 $d_5 = d_4 + 2h_4 = 60 + 2 \times 5 = 70$mm	$d_5 = 70$mm
		（6）轴段⑥ d_6 与轴承内径配合，应匹配轴承内径。因本设计两边轴颈都采取同一型号的轴承（同一轴的两端轴承常用同一尺寸，以便保证轴承座孔的同轴度及轴承的购买、安装和维修），故 $d_6 = d_3 = 55$mm	$d_6 = 55$mm
三、轴的结构设计	3. 确定各轴段的长度	（1）轴段（外伸端）① 轴段①的上面安装的联轴器，此段的长度应由联轴器的长度确定，按照轴的长度一般比半联轴器宽度短 5～10mm 的原则，得 $L_1 = 79$mm（由轴颈 $d_1 = 42$mm 可知联轴器和轴配合部分的长度为 84mm，联轴器选择的是 LX3 型，如何选择将在后面任务里学习）	$L_1 = 79$mm
		（2）轴段② 考虑轴承盖及联接螺栓头的高度，$L_2 = \Delta_3 + \Delta_4 = 66$mm	$L_2 = 66$mm
		（3）轴段③ 该轴段的长度应考虑如下内容：考虑箱体的铸造误差，保证齿轮两侧面端面与箱体内壁不相碰，应保证齿轮端面至箱体内壁距离 $\Delta_2 = 10～15$mm，本任务取 10mm。为保证轴承含在箱体轴承座孔内，并考虑轴承的润滑（图示为脂润滑），为防止箱体内润滑油溅入轴承而带走润滑脂，应设挡油环（兼作套筒起定位作用），为此应保证轴承端面至箱体内壁的距离 $\Delta_1 = 10～15$mm，本任务取 10mm（如为油润滑应取 3～5mm），故挡油环的总宽度为 20mm。因此，$L_3 = B_1 + \Delta_1 + \Delta_2 + (2～3) = 21 + 10 + 10 + 2 = 43$mm	$L_3 = 43$mm
		（4）轴段④ 齿轮的轮毂宽为 $B_2 = 70$mm，为保证齿轮固定可靠，轴段④的长度应略短于齿轮轮毂宽 b 的数值 2～3mm。取 $L_4 = 68$mm	$L_4 = 68$mm
		（5）轴段⑤ 此段为轴环，轴环的宽度一般为高度的 1.4 倍，故 $L_5 = 1.4h_4 = 1.4 \times 5 = 7$mm	$L_5 = 7$mm
		（6）轴段⑥ 因为本例是一级减速器，齿轮相对箱体对称布置，基于轴段③同样的考虑，$L_6 = B_1 + \Delta_1 + \Delta_2 - L_5 = 21 + 10 + 10 - 7 = 34$mm	$L_6 = 34$mm

设计步骤	分析与设计内容	计算结果
三、轴的结构设计	**4.确定轴的结构细节**	确定轴的结构细节,如键槽、圆角、倒角等的尺寸。在轴段①、④上分别加工出键槽,使两键槽处于轴的同一圆柱母线上,键槽的长度比相应的轮毂宽度小约5～10mm,键槽的宽度按轴段直径查手册得到,轴段①处选用平键 $12 \times 8 \times 70$,轴段④处选用平键 $18 \times 11 \times 56$。 根据轴的直径,查表 5-1-8 确定出轴肩 a、b 处的圆角半径 $r_a = r_b = 1.6$mm,c、d、e 处的圆角半径 $r_c = r_d = r_e = 2$mm,轴的左、右两端倒角 C2,其余未注倒角为 C1,并确定中心孔 A 型。 最后,按设计结果画出轴的结构草图,如图 5-1-17 所示。 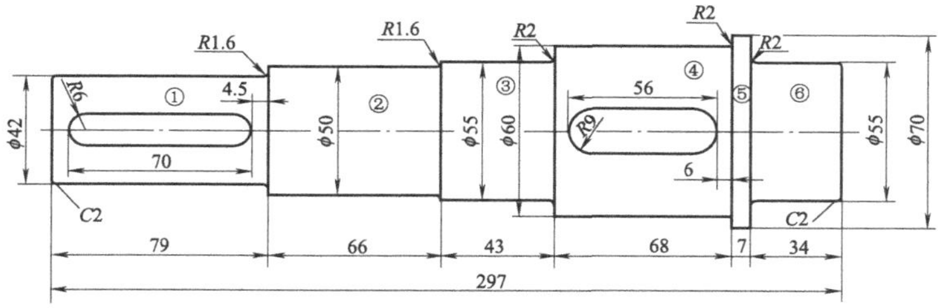 图 5-1-17 轴的结构草图	
四、按弯扭合成强度校核轴径	以下的设计步骤,按轴的强度计算和绘制的零件图等内容省略,读者需进一步拓展,可参阅其他书籍进行计算和绘图训练。最后需要指出的几点是:一般情况下在现场不进行轴的设计计算,而仅作轴的结构设计;只作强度计算,而不进行刚度计算;如需进行刚度计算,也只作弯曲刚度计算;按弯扭合成强度计算的方法作轴的强度校核计算,而不用安全系数强度校核	

【题库训练】

1. 选择题

(1) 工作时只承受弯矩,不传递转矩的轴,称为 ( )。

A. 心轴   B. 转轴   C. 传动轴   D. 曲轴

(2) 下列各轴中,属于转轴的是 ( )。

A. 减速器中的齿轮轴   B. 自行车的前、后轴

C. 火车轮轴   D. 汽车传动轴

(3) 轴环的用途是 ( )。

A. 作为加工时的轴向定位   B. 使轴上零件获得轴向定位

C. 提高轴的强度

(4) 当采用轴肩定位轴上零件时,零件轴孔的倒角应 ( ) 轴肩的过渡圆角半径。

A. 大于   B. 小于   C. 大于或等于   D. 小于或等于

(5) 定位滚动轴承的轴肩高度应 ( ) 滚动轴承内圈厚度,以便于拆卸轴承。

A. 大于   B. 小于   C. 大于或等于   D. 等于

(6) 为了保证轴上零件的定位可靠,应使其轮毂长度 ( ) 安装轮毂的轴头长度。

A. 大于   B. 小于   C. 等于   D. 大于或等于

(7) 当轴上零件要求承受轴向力时,采用 ( ) 来进行轴向定位,所能承受的轴向力较大。

A. 圆螺母　　　　B. 弹性挡圈　　　C. 紧定螺钉

(8) 对轴上零件作周向固定应选用（　　）。

A. 轴肩或轴环固定　　　　　　B. 弹性挡圈固定

C. 圆螺母固定　　　　　　　　D. 平键固定

(9) 在轴上用于装配轴承的部分称为（　　）

A. 轴颈　　　　　　B. 轴头　　　　　C. 轴身

(10) 轴上零件轴向固定目的是为了保证零件在轴上确定的轴向位置、防止零件轴向移动，下面哪种固定方式不是轴上零件的轴向固定方法（　　）。

A. 套筒　　　　　　B. 圆锥面　　　　C. 平键联接

(11) 结构简单、定位可靠常用于轴上零件间距离较短的场合，当轴的转速很高时不宜采用的轴上零件轴向固定方法是（　　）。

A. 圆螺母　　　　　B. 轴端挡圈　　　C. 套筒

(12) 工作可靠、结构简单可承受剧烈振动和冲击载荷的轴上零件轴向固定方法是（　　）。

A. 圆螺母　　　　　B. 轴端挡圈　　　C. 套筒

(13) 下列轴向固定方式中不能承受较大的轴向力的是（　　）。

A. 轴肩　　　　　　B. 轴环　　　　　C. 螺钉锁紧挡圈　　D. 圆螺母

(14) 下列轴向固定方式可兼作周向固定的是（　　）。

A. 套筒　　　　　　B. 轴环　　　　　C. 圆锥面　　　　　D. 圆螺母

(15) 具有结构简单、定位可靠并能承受较大的轴向力等特点，广泛应用于各种轴上零件的轴向固定方法是（　　）。

A. 紧定螺钉　　　　B. 轴肩与轴环　　C. 紧定螺钉与挡圈

(16) 为了便于加工，在车削螺纹的轴段上应有（　　）。

A. 砂轮越程槽　　　B. 键槽　　　　　C. 螺纹退刀槽

(17) 为了便于加工，在需要磨削的轴段上应有（　　）。

A. 砂轮越程槽　　　B. 键槽　　　　　C. 螺纹退刀槽

(18) 在阶梯轴中部装有一个齿轮，工作中承受较大的双向轴力，对该齿轮应当采用轴向固定的方法是（　　）。

A. 紧定螺钉　　　　B. 轴肩和套筒　　C. 轴肩和圆螺母

(19) 采用（　　）的措施不能有效地改善轴的刚度。

A. 改用高强度合金钢　　　　　B. 改变轴的直径

C. 改变轴的支承位置　　　　　D. 改变轴的结构

2. 填空题

(1) 自行车的中轴是（　　）轴，而前轮轴是（　　）轴。

(2) 为了使轴上零件与轴肩紧密贴合，应保证轴的圆角半径（　　）轴上零件的圆角半径或倒角。

(3) 对大直径的轴的轴肩圆角处进行喷丸处理是为了降低材料对（　　）的敏感性。

(4) 传动轴所受的载荷是（　　）。

3. 简答题

（1）轴按功用与所受载荷的不同分为哪三种？常见的轴大多属于哪一种？

（2）轴的结构设计应从哪几个方面考虑？

（3）制造轴的常用材料有几种？若轴的刚度不够，是否可采用高强度合金钢提高轴的刚度？为什么？

（4）轴上零件的周向固定有哪些方法？采用键固定时应注意什么？

（5）轴上零件的轴向固定有哪些方法？各有何特点？

（6）在齿轮减速器中，为什么低速轴的直径要比高速轴的直径大得多？

（7）轴的设计方法有几种？各有什么特点？

4. 分析与计算题

（1）图 5-1-18 是一种卷扬机，试分析其中的轴都是哪种类型。

（2）由电机直接驱动的离心水泵，功率 3kW，轴转速为 960r/min，轴材料为 45 钢，试按强度要求计算轴所需的直径。

（3）分析并指出图 5-1-19 中所示的轴系零部件结构中的错误，并说明错误原因。

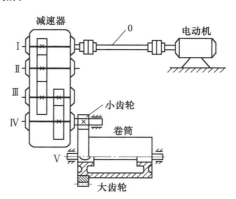

图 5-1-18　卷扬机

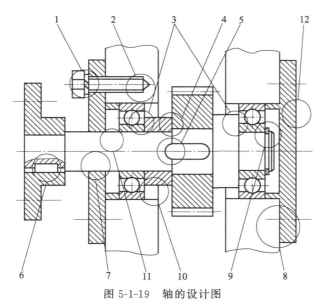

图 5-1-19　轴的设计图

任务 5.2　轴承的分析与选择

【任务描述】

轴承是用来支承回转零件的。根据轴承中摩擦性质的不同，轴承分为滑动轴承和滚动轴承。由于滚动轴承的摩擦阻力小、容易启动、效率高、轴向尺寸小，而且已标准化，并由专业工厂大量制造及供应，其设计、使用、润滑、维护都很方便，因而在各种机械中得到了广泛的使用。本任务是对输送机减速器的低速轴的滚动轴承［如图 5-2-0（a）］进行分析和选择。

(a) 滚动轴承　　　　　　　　　(b) 滑动轴承

图 5-2-0　轴承

任务条件

如图 1-2-0 所示的带式输送机所用的单级齿轮减速器的低速轴轴承转速 $n=95.5\text{r/min}$，轴颈 $d=55\text{mm}$，根据前面任务考虑齿轮传动产生的径向载荷、齿轮、轴、键自重，轴承的径向载荷 $F_r=1100\text{N}$，预期寿命 $[L_h]=10000\text{h}$。

任务要求

根据任务条件，选择合适的轴承型号。

学习目标

◉ 知识目标

（1）掌握轴承的功用、分类结构和特点。

（2）掌握滚动轴承的代号。

（3）掌握滚动轴承失效形式、设计准则与类型选择。

（4）掌握滚动轴承的轴向固定、调整、配合及拆装方法。

◉ 能力目标

（1）学会滚动轴承的选型设计。

（2）学会轴承组合设计。

（3）学会滑动轴承的类型和特点。

◉ 素质目标

（1）培养良好的职业操守、高度的责任感和认真细致的态度。

（2）培养科学思维和精益求精的工匠精神。

【知识导航】

知识导图如图 5-2-1 所示。

滚动轴承是机器上一种重要的通用零件。它依靠主要元件间的滚动接触来支承转动零件。滚动轴承已经标准化，由专门的工厂大量生产。在机械设计中，主要工作是根据具体的工作条件正确选用轴承的类型和尺寸，并进行轴承安装、调整、润滑、密封等轴承组合的结构设计。

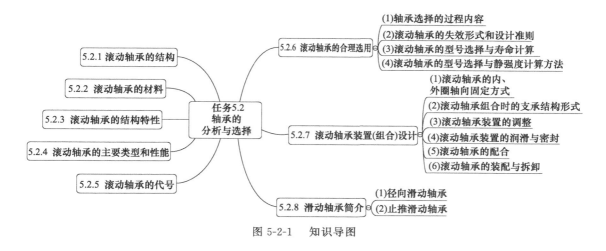

图 5-2-1　知识导图

5.2.1　滚动轴承的结构

滚动轴承严格来说是一个组合标准件，其基本结构如图 5-2-2 所示，主要由内圈、外圈、滚动体和保持架等四个部分组成。通常内圈与轴颈配合装配，外圈的外径与轴承座或机架座孔相配合装配。有时也有轴承内圈与轴固定不动、外圈转动的场合。

滚动轴承中的滚动体是必不可少的元件，当内、外圈相对转动时，滚动体即在内外圈的滚道中滚动。但有时为了简化结构，降低成本造价，可根据需要而省去内圈、外圈，甚至保持架等。这时滚动体直接与轴颈和座孔滚动接触。例如自行车上的滚动轴承就是这样的简易结构。

常见的滚动体形状如图 5-2-3 所示，有球形、圆柱形、圆锥形、鼓面形、滚针形。

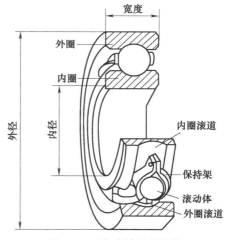

图 5-2-2　滚动轴承的结构

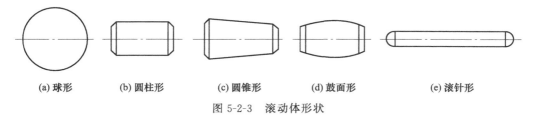

(a) 球形　　(b) 圆柱形　　(c) 圆锥形　　(d) 鼓面形　　(e) 滚针形

图 5-2-3　滚动体形状

5.2.2　滚动轴承的材料

滚动轴承的内、外圈和滚动体一般采用轴承钢（如 GCr9、GCr15、GCr15SiMn 等）经淬火制成，硬度 60HRC 以上。保持架使滚动体均匀分布在圆周上，其作用是避免相邻滚动体之间的接触。保持架有冲压式和实体式两种。冲压式用低碳钢冲压制成。实体式用铜合金、铝合金或工程塑料制成。

5.2.3 滚动轴承的结构特性

（1）公称接触角

滚动轴承的一个重要参数就是接触角。如图 5-2-4 所示，滚动体与套圈接触处的法线与轴承的径向平面（垂直于轴承轴心线的平面）之间的夹角 α 称为公称接触角，见表 5-2-1。α 越大，则轴承承受轴向载荷的能力就越大。滚动轴承的分类及受力分析都与公称接触角有关。

（2）游隙

如图 5-2-5 所示，滚动轴承的游隙是指轴承的内、外圈与滚动体之间的间隙量，即内圈或外圈中的一个圈固定，另一个圈上下（径向）、左右（轴向）方向移动时的相对移动量。沿径向移动量为径向游隙 Δr，沿轴向移动量为轴向游隙 Δa。

（3）偏位角

如图 5-2-6 所示，由于制造、安装误差或轴的变形等原因，会引起轴承与座孔轴线之间形成夹角。两轴线之间的所夹锐角 θ，称为偏位角。此时，应使用能适应这种轴线夹角变化的调心轴承。

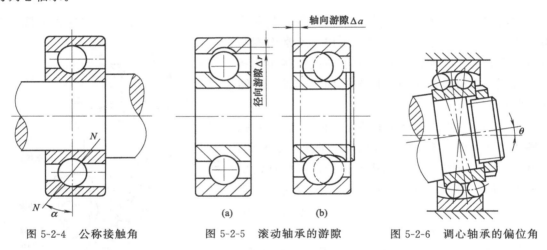

图 5-2-4 公称接触角   图 5-2-5 滚动轴承的游隙   图 5-2-6 调心轴承的偏位角

5.2.4 滚动轴承的主要类型和性能

如图 5-2-7 所示，工程上常用的滚动轴承有五类：深沟球轴承；圆柱滚子轴承；单列推力轴承；圆锥滚子轴承；角接触球轴承（见表 5-2-2）。滚动轴承的分类依据主要是其所能承受的载荷方向（或公称接触角）和滚动体的种类。

(a)深沟球轴承   (b)圆柱滚子轴承   (c)单列推力轴承   (d)圆锥滚子轴承

图 5-2-7 常用滚动轴承

（1）按滚动体的形状分类

按滚动体形状不同，滚动轴承可分为球轴承和滚子轴承。球轴承的滚动体为球体，其制造工艺简单，极限转速较高，价格较低；由于球体与内、外圈滚道为点接触，故球轴承的承载能力、耐冲击能力和刚度都较低。滚子轴承的滚动体为圆柱或圆锥体，与内、外圈滚道为线接触，其承载能力、耐冲击能力和轴承的刚度均较球轴承高，但滚子的制造工艺较球体复杂，因而价格比球轴承高。

（2）按所能承受载荷的方向和接触角分类

按轴承的内部结构和所能承受的外载荷或公称接触角的不同，滚动轴承分为向心轴承和推力轴承，各类轴承的公称接触角，见表 5-2-1 所示。

表 5-2-1　各类轴承的公称接触角

轴承类型	向心轴承		推力轴承	
	径向接触轴承	向心角接触轴承	推力角接触轴承	轴向接触轴承
公称接触角 α	$\alpha = 0°$	$0° < \alpha \leqslant 45°$	$45° < \alpha \leqslant 90°$	$\alpha = 90°$
图例 （以球轴承为例）				

① 向心轴承　此类轴承也称径向轴承，主要或只能承受径向载荷的滚动轴承，其公称压力角为 0°～45°。向心轴承按公称接触角的不同又可以分为以下两类。

a. 径向接触轴承　它是公称接触角为 0°的向心轴承，主要承受径向载荷，有些可承受较小的轴向载荷，如深沟球轴承、圆柱滚子轴承和滚针轴承等。其中深沟球轴承除了主要承受径向载荷外，同时还可以承受一定的轴向载荷（双向），在高转速时甚至可以代替推力轴承来承受纯轴向载荷，因此有时也把它看作向心推力轴承。与尺寸相同的其他轴承相比，深沟球轴承具有摩擦因数小、极限转速高的优点，且价格低廉，故获得了最为广泛的应用。

b. 向心角接触轴承　它是公称接触角在 0°～45°的向心轴承，如角接触球轴承、圆锥滚子轴承、调心轴承等。此类轴承属于向心推力轴承，可以同时承受径向载荷和较大的轴向载荷。

② 推力轴承　此类轴承主要承受轴向载荷，也可承受较小的径向载荷，其公称接触角为 45°～90°。推力轴承按公称接触角的不同又分为以下两类。

a. 轴向接触轴承　此类推力轴承的公称接触角为 90°，如推力球轴承等。只能承受轴向载荷。

b. 推力角接触轴承　此类推力轴承的接触角为 45°～90°，如推力角接触轴承等。主要承受轴向载荷，也可承受较小的径向载荷。

常用的各类滚动轴承的性能及特点见表 5-2-2。

表 5-2-2　滚动轴承的主要类型和特性

轴承名称 类型代号	结构简图	承受载荷 的方向	基本额定 动载荷比[①]	极限转 速比[②]	允许 偏位角	主要特性及应用范围
双列角接 触球轴承 0			—	高	2′～10′	可同时承受径向和轴向载荷，也可承受纯轴向载荷（双向），承受载荷能力大。 适用于刚性大、跨距大的轴（固定支承），常用于蜗杆减速器、离心机中

轴承名称 类型代号	结构简图	承受载荷 的方向	基本额定 动载荷比[①]	极限转 速比[②]	允许 偏位角	主要特性及应用范围
调心球轴承 1			0.6～0.9	中	2°～3°	主要承受径向载荷,也能承受少量的轴向载荷。因为外圈滚道表面是以轴线中点为球心的球面,故能自动调心。 适用于多支点传动轴、刚性小的轴和难以对中的轴
调心滚子轴承 2			1.8～4	低	1°～2.5°	主要承受径向载荷,也可承受一些不大的轴向载荷,承载能力大,能自动调心。 常用于其他种类轴承不能胜任的重载荷情况,如轧钢机、大功率减速器、破碎机、吊车行走轮等
圆锥滚子 轴承 3			1.1～2.5	中	2′	能承受以径向载荷为主的径向、轴向联合载荷,当接触角 α 大时,亦可承受纯单向轴向联合载荷。因是线接触,承载能力大于 7 类轴承。内、外圈可以分离,装拆方便,一般成对使用。 适用于刚性较大的轴,应用很广,如减速器、车轮轴、轧钢机、起重机和机床主轴等
双列深沟球 轴承 4			1.5～2	高	2′～10′	当量摩擦因数小,高转速时可用来承受不大的纯轴向载荷。 适用于刚性较大的轴,常用于中等功率电动机、减速器、运输机的托辊、滑轮等
推力球轴承 51			1	低	不允许	接触角 α=90°,只能承受单向轴向载荷。而且载荷作用线必须与轴线相重合,高速时钢球离心力大,磨损、发热严重,极限转速低。所以只用于轴向载荷大,转速不高之处。 常用于起重机吊钩、蜗杆轴、锥齿轮轴、机床主轴等
双向推力 球轴承 52			1	低	不允许	能承受双向轴向载荷;其余与推力球轴承相同
深沟球轴承 6			1	高	8′～16′	主要承受径向载荷,同时也能承受少量的轴向载荷。当转速很高而轴向载荷不太大时,可代替推力球轴承承受纯轴向载荷。生产量大,价格低。 适用于刚性较大的轴,常用于小功率电动机、减速器、运输机的托辊、滑轮等
角接触 球轴承 7			1.0～1.4	较高	2′～10′	能同时承受径向和轴向联合载荷。接触角 α 越大,承受轴向载荷的能力也越大。接触角 α 有 15°、25°和 40°三种。一般成对使用,可以分装于两个支点或同装于一个支点上。 适用于刚性较大跨距不大的轴及需在工作中调整游隙时,常用于蜗杆减速器、离心机、电钻、穿孔机等

轴承名称类型代号	结构简图	承受载荷的方向	基本额定动载荷比[1]	极限转速比[2]	允许偏位角	主要特性及应用范围
圆柱滚子轴承 N			1.5~3	较高	2′~4′	外圈（或内圈）可以分离，故不能承受轴向载荷。由于是线接触，所以能承受较大的径向载荷。 适用于刚性很大、对中良好的轴，常用于大功率的电动机、机床主轴、人字齿轮减速器等
滚针轴承 NA			—	低	不允许	在同样内径条件下，与其他类型轴承相比，其外径最小，外圈（或内圈）可以分离，径向承载能力较大，一般无保持架，摩擦因数大。 适用于径向载荷很大而径向尺寸受限制的地方，如万向联轴器、活塞销、连杆销等

① 基本额定动载荷比：指同一尺寸系列（直径及宽度）各种类型和结构形式的轴承的基本额定动载荷与单列深沟球轴承的（推力轴承则与单向推力球轴承）基本额定动载荷之比。

② 极限转速比：是指同一尺寸系列 0 级公差的各类轴承脂润滑时的极限转速与单列深沟球轴承脂润滑时的极限转速之比。高、中、低的含义为：高为单列深沟球轴承极限转速的 90%～100%；中为单列深沟球轴承极限转速的 60%～90%；低为单列深沟球轴承极限转速的 60% 以下。

5.2.5 滚动轴承的代号

滚动轴承的种类很多且又有不同结构、尺寸和公差等级，为了表示各类轴承的不同特点，便于组织生产、管理、选择和使用，国家标准中规定滚动轴承的代号由三个部分组成：前置代号、基本代号和后置代号，见表 5-2-3。前置、后置代号是轴承在结构形状、尺寸、公差、技术要求等有改变时，在基本代号左右添加的补充代号。

表 5-2-3 轴承代号组成表

前置代号	基本代号					后置代号						
	五	四	三	二	一							
		尺寸系列代号										
轴承分部件代号	类型代号	宽度系列代号	直径系列代号	内径尺寸代号		内部结构代号[1]	密封与防尘结构代号	保持架及其材料代号	特殊轴承材料代号	公差等级代号[1]	游隙代号[1]	其他代号

① 表示常用后置代号。

注：基本代号下面的一至五表示代号自右向左的位置序数。

（1）基本代号

基本代号由轴承类型代号、尺寸系列代号和内径代号三部分构成。一般为五位数。

① 类型代号 右起第五位表示轴承类型，用数字或字母表示，其表示方法见表 5-2-4。

<table>
<tr><td colspan="4" align="center">表 5-2-4　滚动轴承类型代号</td></tr>
</table>

轴承类型	代号	轴承类型	代号
双列角接触球轴承	0	推力球轴承	5
调心球轴承	1	深沟球轴承	6
调心滚子轴承	2	角接触球轴承	7
圆锥滚子轴承	3	圆柱滚子轴承	N
双列深沟球轴承	4	滚针轴承	NA

② 尺寸系列代号　尺寸系列代号由轴承的宽（推力轴承指高）度系列代号和直径系列代号组成。各用一位数字表示。右起第四、三位表示尺寸系列（第四位为 0 时可不写出）。第四位指宽度或高度系列。第三位表示直径系列。滚动轴承的尺寸系列代号见表 5-2-5。

表 5-2-5　向心轴承、推力轴承尺寸系列代号表

直径系列代号（外径↓）	向心轴承								推力轴承			
	宽度系列代号（宽度→）								高度系列代号（高度→）			
	窄 8	窄 0	正常 1	宽 2	特宽 3	特宽 4	特宽 5	特宽 6	特低 7	低 9	正常 1	正常 2
	尺寸系列代号											
超特轻 7	—	—	17	—	37	—	—	—	—	—	—	—
超轻 8	—	08	18	28	38	48	58	68	—	—	—	—
超轻 9	—	09	19	29	39	49	59	69	—	—	—	—
特轻 0	—	00	10	20	30	40	50	60	70	90	10	—
特轻 1	—	01	11	21	31	41	51	61	71	91	11	—
轻 2	82	02	12	22	32	42	52	62	72	92	12	22
中 3	83	03	13	23	33	—	—	—	73	93	13	23
重 4	—	04	—	24	—	—	—	—	74	94	14	24
重 5	—	—	—	—	—	—	—	—	—	95	—	—

　　a. 宽度系列代号　如表 5-2-5 所示，轴承的宽度系列代号（右起第四位）是指内径相同的轴承，对向心轴承，配有不同的宽度尺寸系列。轴承宽度系列代号有 8、0、1、2、3、4、5、6，宽度尺寸依次递增。对推力轴承，配有不同的高度尺寸系列，代号有 7、9、1、2，高度尺寸依次递增。在 GB/T 272—2017 规定的有些型号中，宽度系列代号被省略。多数向心轴承的宽度系列代号为 0 时可以省略，但对调心滚子轴承和圆锥滚子轴承，当宽度系列代号为 0 时，则不能省略。

　　b. 直径系列代号　如表 5-2-5 所示，轴承的直径系列代号（右起第三位）是指内径相同的轴承配有不同的外径尺寸系列。其代号有 7、8、9、0、1、2、3、4、5，外径尺寸依次递增。图 5-2-8 所示为深沟球轴承的不同直径系列代号的对比。

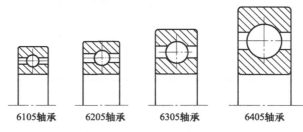

| 6105轴承 | 6205轴承 | 6305轴承 | 6405轴承 |

图 5-2-8　直径系列代号对比

　　c. 内径代号　如表 5-2-6 所示，右起第一、二位数字为内径代号，用两位数字表示轴承内孔直径。一般轴承内径表示方法为：内径代号×5＝内径。特殊的代号为 00、01、02、

03，其对应的内径为 10、12、15、17（mm）。对于轴承内径为 22、28、32 或≥500(mm)的轴承，代号直接用内径毫米数表示，并用"/"与其他代号分开。如深沟球轴承 62/22，表示轴承内径为 22mm。具体情况见表 5-2-6。

表 5-2-6　轴承内径代号

内径代号	00	01	02	03	04～96	/内径
轴承内径/mm	10	12	15	17	代号数×5	22、28、32 及 500 以上

（2）前置代号

轴承的前置代号用字母表示，如用 L 表示可分离轴承的可分离内圈或外圈，代号示例如 LN207，用以说明成套轴承部件的特点，一般轴承无需作此说明，则前置代号可以省略。前置代号的符号和含义见表 5-2-7。

表 5-2-7　滚动轴承前置代号

代号	含　义	示　例
L	可分离轴承的可分离内圈或外圈	LNU 207
R	不带可分离内圈或外圈的轴承(滚针轴承仅适用于 NA 型)	RNU 207
K	滚子和保持架组件	K 81107
WS	推力圆柱滚子轴承轴圈	WS 81107
CS	推力圆柱滚子轴承座圈	CS 81107

（3）后置代号

后置代号用字母和字母—数字的组合来表示，按不同的情况可以紧接在基本代号之后或者用"—""/"符号隔开，后置代号表示轴承的内部结构、尺寸和公差等，用以说明轴承的内部结构、密封和防尘圈的形状、材料、公差等级变化等补充代号。如表5-2-8 所示。

表 5-2-8　轴承的后置代号

		轴承代号						
前置代号	基本代号	后置代号						
		1	2	3	4	5	6	7	8
成套轴承分部件		内部结构	密封与防尘套圈变型	保持架及其材料	轴承材料	公差等级	游隙	配置	其他

① 内部结构代号　表示同一类型轴承的不同内部结构。轴承内部结构代号见表 5-2-9。

表 5-2-9　轴承内部结构代号表

代号	含义			示例
C	角接触球轴承	公称接触角	$\alpha=15°$	7210C
	调心滚子轴承	C 型		23122C
AC	角接触球轴承	公称接触角	$\alpha=25°$	7210AC
B	角接触球轴承	公称接触角	$\alpha=40°$	7210B
	圆锥滚子轴承	接触角加大		32310B
E	加强型(即内部结构设计改进,增大轴承承载能力)			N207E

② 公差等级代号　公差等级代号位于后置代号中，如表 5-2-10 所示。按精度由低到高依次分别标注为/P0、/P6、/P6X、/P5、/P4、/P2。其中 P0 级为普通级，可以不标注。P6X 仅用于圆锥滚子轴承。其他各符号的含义可以查阅 GB/T 272—2017，此处我们就不作过多介绍了。

表 5-2-10   **轴承的公差等级代号**

代号	含 义	示 例
P0	公差等级符合标准规定的 0 级,代号中省略不标	6203
P6	公差等级符合标准中的 6 级	6203/P6
P6X	公差等级符合标准中的 6X 级	6203/P6X
P5	公差等级符合标准中的 5 级	6203/P5
P4	公差等级符合标准中的 4 级	6203/P4
P2	公差等级符合标准中的 2 级	6203/P2

【例】   试说明轴承代号 6206、32315E、7312C 及 51410/P6 的含义。

6206:(从左至右)6 为深沟球轴承;2 为尺寸系列代号 [宽度系列为 0(省略),直径系列为 2];06 为轴承内径 30mm;公差等级为 P0 级。

32315E:(从左至右)3 为圆锥滚子轴承;23 为尺寸系列代号(宽度系列为 2,直径系列为 3);15 为轴承内径 75mm;E 加强型;公差等级为 P0 级。

7312C:(从左至右)7 为角接触球轴承;3 为尺寸系列代号 [宽度系列为 0(省略),直径系列为 3];12 为轴承内径 60mm;C 公称接触角 $\alpha = 15°$;公差等级为 P0 级。

51410/P6:(从左至右)5 为双向推力轴承;14 为尺寸系列代号(宽度系列为 1,直径系列为 4);10 为轴承直径 50mm;P6 前有"/",为轴承公差等级。

5.2.6 滚动轴承的合理选用

(1)轴承选择的过程内容

滚动轴承的选择和设计计算要解决的问题可以分为两类。第一类是:对于已选定具体型号的轴承,求在给定载荷下不发生点蚀的使用期限,即寿命计算。第二类是:在规定的寿命期限内和给定载荷情况下,选取某一具体轴承的型号,即选型设计。滚动轴承是标准件且类型很多,因此选用轴承首先是选择类型和规格尺寸,同时进行必要的设计计算。其选择的过程内容如下。

① 选择轴承的类型   选择滚动轴承时,首先选择轴承的类型。选择轴承类型时应考虑的问题很多,具体选择时主要考虑以下几个方面:

a. 轴承所受的载荷(大小、方向和性质)

(a)受纯径向载荷时应选用向心轴承(如 60000、N0000、NU0000 型等)。

(b)受纯轴向载荷应选用推力轴承(如 50000 型)。

(c)对于同时承受径向载荷 F_r 和轴向载荷 F_a 的轴承,应根据两者(F_a/F_r)的比值来确定:若 F_a 相对于 F_r 较小时,可选用深沟球轴承(60000 型)或接触角不大的角接触球轴承(70000C 型)及圆锥滚子轴承(30000 型);当 F_a 相对于 F_r 较大时,可选用接触角较大的角接触球轴承(70000AC 型或 70000C 型);当 F_a 比 F_r 大很多时,则应考虑采用向心轴承和推力轴承的组合结构,以分别承受径向载荷和轴向载荷。

(d)在同样外廓尺寸的条件下,滚子轴承比球轴承的承载能力和抗冲击能力要大。故载荷较大,有振动和冲击时,应优先选用滚子轴承。反之,轻载和要求旋转精度较高的场合应选择球轴承。

(e)同一轴上两处支承的径向载荷相差较大时,可以选用不同类型的轴承。

b. 轴承的转速 在一般转速下，转速的高低对类型选择不产生什么影响，只有当转速较高时，才会有比较显著的影响。在轴承样本中列入了各种类型、各种尺寸轴承的极限转速值，一般必须保证轴承在低于极限转速条件下工作。

（a）球轴承比滚子轴承的极限转速高，所以在高速情况下应选择球轴承。

（b）当轴承内径相同，外径越小则滚动体越小，产生的离心力越小，对外径滚道的作用也小。所以，外径越大极限转速越低。

（c）实体保持架比冲压保持架允许有较高的转速。

（d）推力轴承的极限转速低，当工作转速较高而轴向载荷较小时，可以采用角接触球轴承或深沟球轴承。

c. 调心性能的要求 对于因支点跨距大而使轴刚性较差、或因轴承座孔的同轴度低等原因而使轴挠曲时，为了适应轴的变形，应选用允许内外圈有较大相对偏斜的调心轴承，例如 10000 系列和 20000 系列的调心球轴承可以在内外圈产生不大的相对偏斜时正常工作。

在使用调心轴承的轴上，一般不宜使用其他类型的轴承，以免受其影响而失去了调心作用。滚子轴承对轴线的偏斜最敏感，调心性能差，在轴的刚度和轴承座的支承刚度较低的情况下，应尽可能避免使用。

d. 拆装方便等其他因素

（a）在轴承的径向尺寸受到限制的时候，就应选择同一类型、相同内径轴承中外径较小的轴承，或考虑选用滚针轴承。

（b）在轴承座没有剖分面而必须沿轴向安装和拆卸时，应优先选择内、外圈可分离的轴承。

（c）球轴承比滚子轴承便宜，在能满足需要的情况下应优先选用球轴承。

（d）同型号不同公差等级的轴承价格相差很大，故对高精度轴承应慎重选用。

e. 经济性 在满足使用要求的情况下应尽量选用价格低廉的轴承。一般情况下球轴承的价格低于滚子轴承。轴承的精度等级越高，其价格也越高。在同尺寸和同精度的轴承中深沟球轴承的价格最低。如无特殊要求，应尽量选用普通级（P0）精度轴承，只有对旋转精度有较高要求时，才选用精度较高的轴承。

② 滚动轴承的规格尺寸选择 选定轴承类型后，要进行尺寸选择。尺寸选择就是确定轴承内径、直径系列和宽度系列。轴承的内径，根据轴颈的直径大小来选取，轴承的尺寸系列根据空间位置用类比法选取。

a. 对于直径系列，载荷很小时，可以选择超轻或特轻系列；

b. 一般情况下可选用轻系列或中系列；载荷很大时，可以选择重系列；

c. 对于宽度系列，一般情况下可以选择正常系列。

③ 进行承载能力验算 初选尺寸后，要针对其主要失效形式进行必要的设计计算，按设计准则进行寿命计算、静强度计算或检验其极限转速。

（2）滚动轴承的失效形式和设计准则

滚动轴承选择的基本理论是通过对轴承在实际使用的破坏形式进行总结而建立起来的，所以首先必须了解滚动轴承的失效形式，确定设计准则，然后根据实际情况进行型号选择或寿命计算。

① 滚动轴承的失效形式

a. 疲劳点蚀 实践表明：在安装、润滑、维护良好的条件下，由于大量地承受变化的

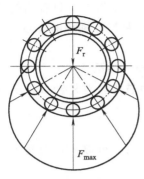

图 5-2-9　滚动轴承径向
载荷分析

接触应力，滚动轴承的正常失效形式是滚动体或内、外圈滚道上的点蚀破坏。

滚动轴承在运转过程中，相对于径向载荷方向的不同方位处的载荷大小是不同的，如图 5-2-9 所示，与径向载荷相反方向上有一个径向载荷为零的非承载区；由于内圈或外圈的转动以及滚动体的公转和自转，使滚动体与套圈滚道的接触传力点也随时都在变化；所以滚动体和套圈滚道的表面受脉动循环变化的接触应力。

在这种接触变应力的长期作用下，金属表层会出现麻点状剥落现象，这就是疲劳点蚀。在发生点蚀破坏后，在运转中将会产生较强烈的振动、噪声和发热现象，最后导致失效而不能正常工作，轴承的设计就是针对这种失效而展开的。

b. 塑性变形　过大的静载荷或冲击载荷会使套圈滚道与滚动体接触处产生较大的局部应力，当局部应力超过材料的屈服极限时将产生较大的塑性变形压凹，从而导致轴承失效。在特殊情况下也会发生其他形式的破坏，例如：烧伤、磨损、断裂等等。

当轴承不回转、缓慢摆动或低速转动（$n<10r/min$）时，一般不会产生疲劳损坏。但过大的静载荷或冲击载荷会使套圈滚道与滚动体接触处产生较大的局部应力，在局部应力超过材料的屈服极限时将产生较大的塑性，从而导致轴承失效。因此对于这种工况下的轴承需作静强度计算。

虽然滚动轴承的其他失效形式（如套圈断裂、滚动体破碎、保持架磨损、锈蚀等）也时有发生，但只要制造合格、设计合理、安装维护正常，都是可以防止的。所以在工程上，主要以疲劳点蚀和压凹两类失效形式进行计算。

② 滚动轴承的设计准则　针对上述失效形式，滚动轴承的计算准则如下：

a. 对于一般转速（$n>10r/min$）的轴承，轴承的设计准则就是以防止点蚀引起的过早失效而进行疲劳点蚀计算，即轴承的寿命计算。

b. 对于低速（$n<10r/min$）、重载和大冲击条件下工作的轴承，其主要失效形式是塑性变形，应进行静强度计算。

c. 对于高转速的轴承，除疲劳点蚀外，胶合磨损也是重要的失效形式，因此除进行寿命计算外，还要检验其极限转速。

（3）滚动轴承的型号选择与寿命计算

① 滚动轴承寿命计算的基本概念

a. 滚动轴承的基本额定寿命（L_{10}）　滚动轴承在点蚀破坏前所经历的转数（以 $10^6 r$ 为单位）或小时数，称为轴承的寿命。由于制造精度、材料的差异，即使是同样的材料，同样的尺寸以及同一批生产出来的轴承，在完全相同的条件下工作，它们的寿命也不相同，也会产生很大的差异，甚至相差达到几十倍。因此对于轴承的寿命计算就需要采用概率和数理统计的方法来进行处理，即在一定可靠度（能正常工作而不失效的概率）下的寿命。同一型号的轴承，在可靠度要求不同时，其寿命也不同，即可靠度要求高时其寿命较短，可靠度要求低时其寿命较长。

为了便于统一，考虑到一般机器的使用条件及可靠性要求，标准规定了基本额定寿命。基本额定寿命是指一组在相同条件下运转的近于相同的轴承，按有 10% 的轴承发生点蚀破坏，而其余 90% 的轴承未发生点蚀破坏前的转数 L_{10}（以 $10^6 r$ 为单位）或工作小时数 L_h。

也就是说，以轴承的基本额定寿命为计算依据时，轴承的失效概率为 10%，而可靠度为 90%。

b. 滚动轴承的基本额定动载荷（C） 对于一个具体的轴承，其结构、尺寸、材料都已确定。如果工作载荷越大，产生的接触应力越大，从而发生点蚀破坏前所能经受的应力变化次数也就越少，折合成轴承能够旋转的次数也就越少，轴承的寿命也就越短。为了在计算时有一个基准，就引入了基本额定动载荷的概念，用符号 C 表示。

基本额定动载荷是指轴承的基本额定寿命恰好为 10^6 r 时，轴承所能承受的载荷值。它是衡量轴承承载能力的主要指标，C 值越大，轴承对抗疲劳点蚀的能力就越强。对于向心及向心推力轴承指的是径向力（径向载荷），对于推力轴承指的是轴向力。在基本额定动载荷 C 作用下，轴承工作 10^6 r 时，一批轴承中有 90% 可以继续工作，只有 10% 的失效。

基本额定动载荷对于主要承受径向载荷的向心轴承（3、6、7 类轴承），这一载荷称为径向基本额定动载荷，用 C_r 表示。对于推力轴承而言是指轴向载荷，称为轴向基本额定动载荷，用 C_a 表示。不同型号的基本额定动载荷 C 的值可查轴承样本或设计手册等资料。

c. 滚动轴承的当量动载荷 轴承的工作条件千变万化，受载情况也往往与试验不一致，必须把实际载荷换算为与上述条件等效的载荷，才能和 C_r 进行比较。这个经换算而得到的载荷是一个假定的载荷，称为当量动载荷。在此假定的当量动载荷的作用下，轴承的寿命与实际载荷作用下的寿命相同。当量动载荷用 P 表示，其计算公式为：

$$P = f_p(XF_r + YF_a) \tag{5-2-1}$$

式中　F_r——轴承所受的径向载荷，N；

　　　F_a——轴承所受的轴向载荷，N；

　　　f_p——载荷系数，是考虑工作中冲击和振动使轴承寿命降低而引入的系数，见表 5-2-11。

　　X、Y——分别为径向载荷系数和轴向载荷系数，见表 5-2-12。

表 5-2-11　载荷系数 f_p

载荷性质	f_p	应 用 举 例
无冲击或轻微冲击	1.0~1.2	电机、汽轮机、通风机等
中等冲击	1.2~1.8	车辆、动力机械、起重机、减速器、冶金机械、水利机械、卷扬机、木材加工机械、传动装置、机床等
强烈冲击	1.8~3.0	破碎机、轧钢机、钻探机、振动筛等

表 5-2-12　径向载荷系数 X 和轴向载荷系数 Y

轴承类型	F_a/C_0	e	$F_a/F_r \geqslant e$		$F_a/F_r \leqslant e$	
			X	Y	X	Y
深沟球轴承 （60000）	0.014	0.19	0.56	2.30	1	0
	0.028	0.22		1.99		
	0.056	0.26		1.71		
	0.084	0.28		1.55		
	0.11	0.30		1.45		
	0.17	0.34		1.31		
	0.28	0.38		1.15		
	0.42	0.42		1.04		
	0.56	0.44		1.00		

续表

轴承类型		F_a/C_0	e	$F_a/F_r \geqslant e$		$F_a/F_r \leqslant e$	
				X	Y	X	Y
角接触球轴承	$\alpha=15°$ (70000C)	0.015	0.38		1.47		
		0.029	0.40		1.40		
		0.058	0.43		1.30		
		0.087	0.46		1.23		
		0.12	0.47	0.44	1.19	1	0
		0.17	0.50		1.12		
		0.29	0.55		1.02		
		0.44	0.56		1.00		
		0.58	0.56		1.00		
	$\alpha=25°$ (70000AC)	—	0.68	0.41	0.87	1	0
	$\alpha=40°$ (70000B)	—	1.14	0.35	0.57	1	0
圆锥滚子轴承 (30000)		—	$1.5\tan\alpha$	0.40	$0.4\cot\alpha$	1	0

注：1. 表中均为单列轴承的系数值，双列轴承查《滚动轴承产品样本》。

2. C_0 为轴承的基本额定静载荷；α 为接触角。

3. e 是判别轴向载荷 F_a 对当量动载荷 P 影响程度的参数。查表时，可按 F_a/C_0 查得 e 值，再根据 $F_a/F_r \geqslant e$ 或 $F_a/F_r \leqslant e$ 来确定 X、Y 值。

② 滚动轴承的寿命计算方法　大量试验证明，滚动轴承的基本额定寿命与基本额定动载荷、当量动载荷之间寿命计算的基本公式为：

$$L=\left(\frac{f_t C}{P}\right)^\varepsilon \tag{5-2-2}$$

式中　L——轴承的寿命，单位 10^6 r；

f_t——温度修正系数，见表 5-2-13；

P——轴承的当量载荷，N；

C——轴承的基本动载荷，N；

ε——寿命指数，对于球轴承 $\varepsilon=3$；对于滚子轴承 $\varepsilon=10/3$。

表 5-2-13　温度修正系数 f_t

轴承工作温度/℃	≤120	125	150	175	200	225	250	300
温度修正系数 f_t	1	0.95	0.9	0.85	0.8	0.75	0.7	0.6

工程上为了使用方便，多用小时数表示寿命。若轴承转速为 n(r/min)，则：

$$L_h=\frac{10^6}{60n}\left(\frac{f_t C}{P}\right)^\varepsilon \geqslant [L_h](小时) \tag{5-2-3}$$

式中，$[L_h]$ 为轴承的预期寿命，一般地，可将机器的中修或大修年限，作为轴承的预期寿命。表 5-2-14 列出了常见机器轴承预期使用寿命推荐值。

同样，如果已知载荷为 P，转速为 n，要求轴承的预期寿命为 $[L_h]$ 时，则由上式可以得到所需轴承的基本额定动载荷为：

$$C = \frac{P}{f_t} \sqrt[\epsilon]{\frac{60n[L_h]}{10^6}}(N) \qquad (5\text{-}2\text{-}4)$$

式（5-2-3）和式（5-2-4）分别为滚动轴承寿命计算的校核公式和设计公式。当轴承型号已定时，用式（5-2-3）校核轴承的寿命，要求 $L_h \geqslant [L_h]$；若轴承型号未定，用式（5-2-4）求出轴承所需的基本额定动载荷 C，再依据 C 选择轴承型号，应使所选轴承的基本额定动载荷 $C \geqslant C_0$。

表 5-2-14　推荐的轴承预期使用寿命值 $[L_h]$

轴承使用条件和机器类型	预期的使用寿命 $[L_h]/h$
不经常使用的仪器和设备	300～3000
短期或间断使用的机械,中断使用不致引起严重后果,如手动机械、农业机械、装配吊车、自动送料装置	3000～8000
间断使用的机械,中断使用将引起严重后果,如发电站辅助设备、流水作业的传动装置、带式运输机、车间吊车	8000～12000
每天 8h 工作的机械,但经常不是满载荷使用的,如电动机、一般齿轮装置、压碎机、起重机和一般机械	12000～25000
每天 8h 工作,满载荷使用,如机床、木材加工机械、工程机械、印刷机械、分离机、离心机	20000～30000
24h 连续工作的机械,如压缩机、泵、电动机、轧机齿轮装置、纺织机械	40000～60000
24h 连续工作的机械,中断使用将引起严重后果,如纤维机械、造纸机械、电站主要设备、给排水设备、矿用泵、矿用通风机	100000～200000

（4）滚动轴承的型号选择与静强度计算方法

对于低速（$n < 10\text{r/min}$）、重载和大冲击条件下工作的轴承,其主要失效形式是塑性变形,这时,就需要按照轴承静强度来选择轴承尺寸。

① 滚动轴承静强度计算的基本概念

a. 基本额定静载荷 C_0　通常情况下,当轴承的滚动体与滚道接触中心处引起的接触应力不超过一定值时,对多数轴承而言尚不会影响其正常工作。因此,把轴承产生上述接触应力的静载荷,称为基本额定静载荷。基本额定静载荷是指轴承滚动体与滚道接触中心处引起一定接触应力达到一定的值（调心球轴承为 4600MPa,滚子轴承为 4000MPa,其他类型轴承为 4200MPa）时的静载荷,用 C_0 表示。

基本额定静载荷对于向心轴承,这一载荷称为径向基本额定静载荷,用 C_{0r} 表示;对于推力轴承,称为轴向基本额定静载荷,用 C_{0a} 表示。具体可以查阅手册。

b. 当量静载荷 P_0　当轴承同时承受径向和轴向载荷时,可将其折合成一个假想的当量静载荷。当量静载荷 P_0 是指在应力最大的滚动体与滚道接触中心处,引起与实际载荷条件下相同接触应力的径向或中心轴向静载荷。其计算公式为:

$$P_0 = X_0 F_r + Y_0 F_a \qquad (5\text{-}2\text{-}5)$$

式中,X_0、Y_0 分别为当量静载荷的径向静载荷系数和轴向静载荷系数,见表 5-2-15。由式（5-2-5）计算出的 $P_0 < F_r$ 时,则应取 $P_0 = F_r$。

表 5-2-15　单列轴承的径向静载荷系数 X_0 和轴向静载荷系数 Y_0

轴承类型	代号	径向静载荷系数 X_0	轴向静载荷系数 Y_0
深沟球轴承	60000	0.6	0.5
角接触球轴承	70000C　$\alpha = 15°$	0.5	0.46
	70000AC　$\alpha = 25°$		0.38
	70000B　$\alpha = 40°$		0.26

续表

轴承类型	代号		径向静载荷系数 X_0	轴向静载荷系数 Y_0
圆锥滚子轴承	30000		0.5	$0.22\cot\alpha$
推力球轴承	51000	52000	0	1

② 滚动轴承的静强度计算　按静载荷选择轴承的公式为：

$$C_0 \geqslant S_0 P_0 \tag{5-2-6}$$

式中　S_0——轴承静载荷强度安全系数，见表 5-2-16；

P_0——当量静载荷。

表 5-2-16　静载荷强度安全系数 S_0

旋转条件		载荷条件	S_0	使用条件	S_0
连续旋转轴承		普通载荷	1～2	高精度旋转场合	1.5～2.5
		冲击载荷	2～3	振动冲击场合	1.2～2.5
不常旋转及做摆动		普通载荷	0.5	普通旋转精度场合	1.0～1.2
运动的轴承		冲击及不均匀载荷	1～1.5	允许有变形量	0.3～1.0

【引导案例】

根据工作条件决定选用 6300 系列的深沟球轴承。轴承载荷 $F_r = 5000\text{N}$，$F_a = 2500\text{N}$，轴承转速 $n = 1000\text{r/min}$，运转时有轻微冲击，预期计算寿命 $[L_h] = 5000\text{h}$，装轴承处的轴颈直径可在 $50\sim 60\text{mm}$ 内选择，试选择球轴承型号。

【参考答案】

(1) 求比值：$\qquad\qquad F_a/F_r = 2500/5000 = 0.5$

查表 5-2-12，深沟球轴承的最大 e 值为 0.44，故此时 $F_a/F_r \geqslant e$。

(2) 初步计算当量动载荷 P，由式 $P = f_p(XF_r + YF_a)$ 进行计算。

查表 5-2-12，$X = 0.56$，Y 值需在已知型号和基本额定静载荷 C_0 后才能求出。现暂时选一平均值，取 $Y = 1.5$，并由表 5-2-11 取 $f_p = 1.1$，则

$$P = f_p(XF_r + YF_a) = 1.1 \times (0.56 \times 5000 + 1.5 \times 2500) = 7205\text{N}$$

(3) 根据寿命计算公式可以求轴承应具有的基本额定动载荷值：

$$C = \frac{P}{f_t}\sqrt[\varepsilon]{\frac{60n[L_h]}{10^6}} = \frac{7205}{1.1} \times \sqrt[3]{\frac{60 \times 1000 \times 5000}{10^6}} = 43847.86\text{N}$$

(4) 从机械设计手册查取，选择 $C = 55200\text{N}$ 的 6311 轴承，该轴承的 $C_0 = 41800\text{N}$。验算如下：

① $F_a/C_0 = \dfrac{2500}{41800} = 0.0598$，查表 5-2-12 可得 $X = 0.56$，同时用线性插值法求 Y 值为：

$$Y = 1.71 + \frac{1.55 - 1.71}{0.084 - 0.056} \times (0.0598 - 0.056) = 1.688$$，故最后结果为 $X = 0.56$，$Y = 1.688$

② 计算当量载荷

$$P = f_p(XF_r + YF_a) = 1.1 \times (0.56 \times 5000 + 1.688 \times 2500) = 7722\text{N}$$

③ 验算 6311 轴承的寿命

$$L_{\mathrm{h}}=\frac{10^6}{60n}\left(\frac{f_{\mathrm{t}}C}{P}\right)^{\varepsilon}=\frac{10^6}{60\times1000}\times\left(\frac{1.1\times55200}{7722}\right)^{3}=8103.2\mathrm{h}>5000\mathrm{h}$$

故所选轴承能够满足设计要求。

5.2.7　滚动轴承装置（组合）设计

滚动轴承安装在机器设备上，它与支承它的轴和轴承座（机体）等周围零件之间的整体关系，称为轴承部件的组合。为了保证滚动轴承正常工作，除了合理地选择轴承类型、尺寸外，还必须正确地进行轴承组合的结构设计。在设计轴承的组合结构时，要考虑轴承的安装、调整、配合、拆卸、紧固、润滑和密封等多方面的内容。

（1）滚动轴承的内、外圈轴向固定方式

① 内圈固定　机器中的轴的位置是靠轴承来定位的。轴承的内圈的一端在轴上一般用轴肩定位，另一端的轴向固定可根据轴向载荷的大小选用轴端挡圈、圆螺母、轴用弹性挡圈和套筒等结构。

a. 轴肩固定　如图 5-2-10（a）所示，轴承内圈的一端用轴肩定位固定，能承受大的单向轴向力，主要用于承受单向载荷或全固定式支承结构，是常用的定位固定方式。

b. 轴肩与轴用弹性挡圈固定　如图 5-2-10（b）所示，轴承内圈的一端用轴肩定位固定，另一端采用轴用弹性挡圈固定，能承受不大的轴向力，结构尺寸小，主要用于深沟球轴承和圆柱滚子轴承。

c. 轴肩与轴端挡圈固定　如图 5-2-10（c）所示，轴承内圈的一端用轴肩定位固定，另一端采用轴用轴端挡圈固定，可在高速下承受中等的轴向力，多用于轴端切制螺纹困难的场合。

d. 轴肩与圆螺母和止动垫圈固定　如图 5-2-10（d）所示，轴承内圈的一端用轴肩定位固定，另一端采用圆螺母加止动垫圈的方式固定，其中止动垫圈起防松作用，这种方式能承受大的轴向力，适用于高速、轴向载荷大的场合。

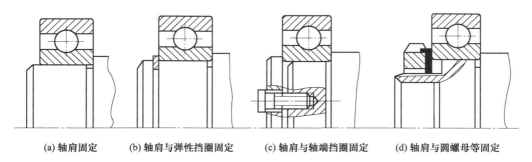

(a) 轴肩固定　　(b) 轴肩与弹性挡圈固定　　(c) 轴肩与轴端挡圈固定　　(d) 轴肩与圆螺母等固定

图 5-2-10　轴承内圈轴向固定常用方法

② 外圈固定　轴承的外圈的轴向固定，可以是单向固定，也可以是双向固定。常采用轴承座孔的端面（止口或凸肩）、孔用弹性挡圈、止动卡环、端盖等形式固定。

a. 凸肩固定　如图 5-2-11（a）所示，轴承外圈的一端用座孔的凸肩固定，能承受较大的轴向力。

b. 轴承端盖固定　如图 5-2-11（b）、（c）所示，轴承外圈采用的是轴承端盖固定，能承受较大的轴向力；常用于角接触球轴承、圆锥滚子轴承及深沟球轴承的外圈定位与固定。

c. 止动卡环固定　如图 5-2-11（d）所示，轴承外圈采用的是止动卡环固定，能承受较大的轴向力。用于带有止动槽的深沟球轴承，适用于轴承座孔内不便设置凸肩且轴承座为剖分式结构的场合。

d. 孔用弹性挡圈固定　如图 5-2-11（e）所示，轴承外圈采用孔用弹性挡圈固定，结构简单，装拆方便，轴向尺寸小，能承受不大的轴向力，适用于转速不高、轴向载荷不大的场合。

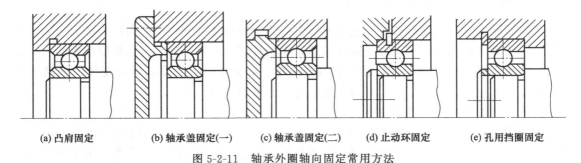

(a) 凸肩固定　　(b) 轴承盖固定(一)　　(c) 轴承盖固定(二)　　(d) 止动环固定　　(e) 孔用挡圈固定

图 5-2-11　轴承外圈轴向固定常用方法

（2）滚动轴承组合时的支承结构形式

轴系在机器中必须有确定的位置，通常一根轴需要两个支点，每个支点由一个或两个轴承组成。当轴工作时，既要防止轴向窜动，又要考虑轴承工作受热膨胀时的伸长的影响（不致受热膨胀而卡死），还应允许在适当范围内可以有微小的自由伸缩，即允许支承有一定的轴向游隙。轴承的支承结构形式很多，最基本的结构形式有如下三种：

① 双支承单向固定（两端固定式）　如图 5-2-12（a）所示，在轴的两个支点上，用轴肩顶住轴承内圈，轴承盖顶住轴承的外圈，使每个支点都能限制轴的单方向轴向移动，两个支点合起来就限制了轴的双向移动，这种固定方式称为两端单向固定或双固式。

考虑轴因受热而伸长，安装轴承时，轴承外圈与端盖之间应留有间隙。如图 5-2-12（a）所示，游隙的大小是靠端盖和外壳之间的调整垫片增减来实现的。如图 5-2-12（b）所示，在深沟球轴承的外圈和端盖之间，应留有 $C=0.25\sim0.4\text{mm}$ 的热补偿轴向间隙。对于角接触球轴承或圆锥滚子轴承等可调游隙的轴承，应由轴承内部的游隙来补偿。

这种支承方式结构简单，便于安装，适用于工作温度变化不大的短轴（轴的跨距 $\leqslant350\text{mm}$）。

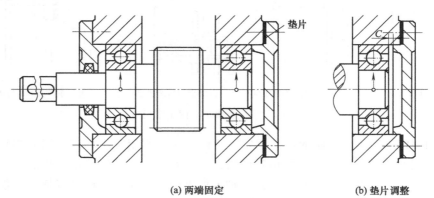

(a) 两端固定　　　　　　　　　　(b) 垫片调整

图 5-2-12　两端单向固定的轴系

② 一端双向固定、一端游动　如图 5-2-13（a）所示，左端轴承内、外圈都为双向固定，以承受双向轴向载荷，称为固定端。右端为游动端，选用深沟球轴承时内圈做双向固

定，外圈的两侧自由，且在轴承外圈与端盖之间留有适当的间隙，轴承可随轴颈沿轴向游动，适应轴的伸长和缩短的需要。如图 5-2-13（b）所示，游动端选用圆柱滚子轴承时，该轴承的内、外圈均应双向固定。这种固游式结构适用于工作温度变化较大的长轴，当轴的跨距较大（$L > 350mm$）或工作温度较高（$t > 70℃$）时，可采用这种方式。

可做轴向移动的轴承，称为游动轴承。游动轴承只能采用不可调游隙轴承，以避免因移动而影响游隙量，导致轴承运转不灵。

采用深沟球轴承做游动支承时，因其游隙不大，应在轴承外圈与端盖间留有适当的间隙，如图 5-2-13（a）所示。采用圆柱滚子轴承（内、外圈可分离）做游动支承时，如图 5-2-13（b）所示，因轴承内部本身允许相对移动，故不需留间隙，但内、外圈要做双向固定，以免同时移动，造成过大错位。注意：游动轴承内圈必须双向固定，以免轴颈在轴承内圈上滑动。

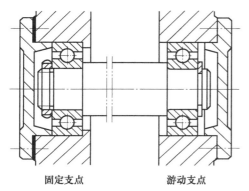

固定支点　　　　游动支点　　　　　　　　　游动支点

(a) 外圈未完全固定(采用深沟球轴承做游动支点)　(b) 双向固定(采用圆柱滚子轴承做游动支点)

图 5-2-13　一端双向固定、一端游动的轴系

③ 两端游动式　如图 5-2-14 所示为人字齿轮传动中的主动轴，考虑到轮齿两侧螺旋角的制造误差，为了防止轮齿卡死或使轮齿啮合时受力均匀，应采用轴系能左、右微量轴向游动的结构。图中齿轮的两端都采用圆柱滚子轴承支承，轴与轴承内圈可沿轴向少量移动，即为两端游动式结构。但应注意，与其相啮合的从动轮轴系则必须用双固式或固游式结构。若主动轴的轴向位置也固定，可能会发生干涉以至卡死现象。这种支承形式只在某些特殊情况下使用。

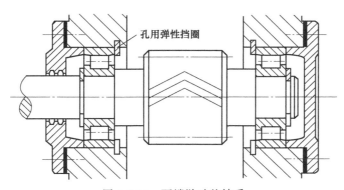

孔用弹性挡圈

图 5-2-14　两端游动的轴系

（3）滚动轴承装置的调整

轴承在装配时，一般要留有适当间隙，以利轴承正常运转。常用的调整方法有以下几种。

　　① 调整垫片　如图 5-2-15 所示结构，是靠加减轴承盖与机座之间的垫片厚度来调整轴承间隙的。

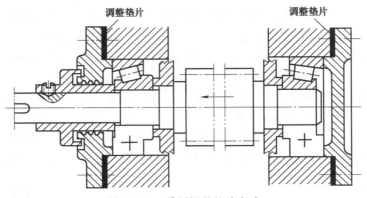

图 5-2-15　采用调整垫片方式

　　② 调节螺钉和压盖　如图 5-2-16 所示的结构，是用螺钉 1 通过轴承外圈压盖 3 移动外圈的位置来进行调整的。调整后，用螺母 2 锁紧防松。

　　③ 调整环　如图 5-2-17 所示的结构，通过增减轴承端面和轴承盖间的调整环厚度，以调整轴承的间隙。

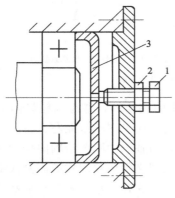

图 5-2-16　采用调节螺钉方式

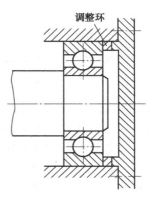

图 5-2-17　采用调整环方式

　　(4) 滚动轴承装置的润滑与密封

　　① 润滑

　　a. 润滑剂的选择　保证良好的润滑是维护保养轴承的主要手段。润滑可以降低摩擦阻力，减轻磨损。同时，还具有降低接触应力、缓冲吸振及防腐蚀等作用。

　　常用滚动轴承的润滑剂为润滑脂和润滑油两种。具体选择可按速度因数 Dn 来决定（D 为轴承的平均直径；n 为轴承的转速），查表 5-2-17 来确定。

　　一般情况下，滚动轴承使用的是润滑脂，它可以形成强度较高的油膜，承受较大的载荷，缓冲和吸振能力好，黏附力强，可以防水，不需要经常更换和补充。同时密封结构简单，在轴径圆周速度 $v \leqslant 4 \sim 5\mathrm{m/s}$ 时适用。滚动轴承的装脂量为轴承内部空间的 1/3～2/3。

　　润滑油的内摩擦力小，便于散热冷却，适用于高速机械。速度越高，油的黏度应该越小。当转速不超过 10000r/min 时，可以采用简单的浸油法。高于 10000r/min 时，搅油损失增大，引起油液和轴承严重发热，应该采用滴油、喷油或喷雾法。

表 5-2-17 滚动轴承润滑剂及润滑方式的选择

Dn 值/(10^5mm·r/min)						
润滑剂		润滑脂	润滑油			
润滑方式		脂润滑	飞溅润滑、油浴润滑	滴油润滑	喷油润滑	油雾润滑
轴承类型	深沟球轴承	1.6	2.5	4.0	6.0	>6.0
	调心球轴承	1.6	2.5	4.0	—	—
	角接触球轴承	1.6	2.5	4.0	6.0	>6.0
	圆柱滚子轴承	1.2	2.5	4.0	6.0	>6.0
	圆锥滚子轴承	1.0	1.6	2.3	3.0	—
	调心滚子轴承	0.8	1.2	—	2.5	—
	推力球轴承	0.4	0.6	1.2	1.5	—

b. 润滑方式 滚动轴承常用的油润滑方式有油浴润滑、飞溅润滑、喷油润滑和油雾润滑。油浴润滑时油面不应高于最下方的滚动体中心，以免因搅油能量损失较大，使轴承过热。该方法简单易行，适用于中、低速轴承的润滑。飞溅润滑是一般闭式齿轮传动装置中轴承的常用润滑方法，利用转动的齿轮把润滑油甩到箱体四周的内壁面上，然后通过油槽把油引到轴承中，而高速轴承可采用喷油或油雾润滑。

② 密封 轴承密封装置是为了防止灰尘、水等其他杂质进入轴承，并防止润滑剂流出而设置的。常见的有接触式和非接触式密封两类。

a. 接触式密封 在轴承盖内放置软材料（毛毡、橡胶圈或皮碗等），与转动轴直接接触而起密封作用。这种密封多用于转速不高的情况，同时要求与密封接触的轴表面硬度大于40HRC，表面粗糙度小于 0.8μm。接触式密封有毡圈密封和密封圈密封两种。

(a) 毡圈密封 如图 5-2-18 (a) 所示。在轴承盖上开出梯形槽，将矩形剖面的细毛毡放置在梯形槽中与轴接触。这种密封结构简单，但摩擦较严重，主要用于轴径圆周速度小于 4～5m/s 的油脂润滑结构。

(b) 密封圈密封 如图 5-2-18 (b) 所示。在轴承盖中放置一个密封圈，它是用耐油橡胶等材料制成的，装在一个钢外壳之中（有的没有钢壳）的整体部件，皮碗与轴紧密接触而起密封作用。为增强封油效果，用一个螺旋弹簧押在皮碗的唇部。唇的方向朝向密封部位，主要目的是防止漏油；唇朝外，主要目的是防尘。当采用两个密封圈相背放置时，既可以防尘，又可以起密封作用。

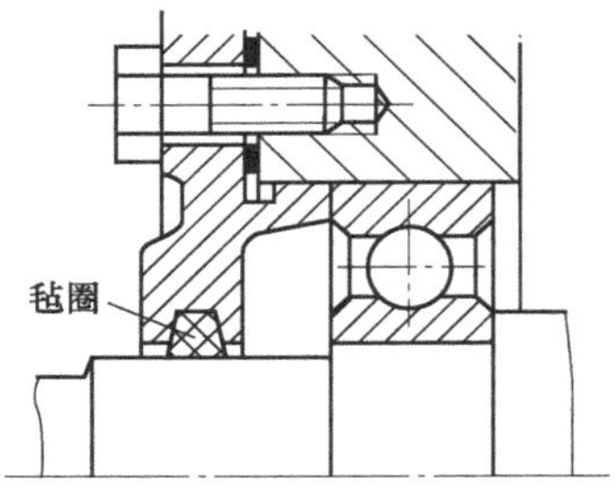

(a) 毡圈密封

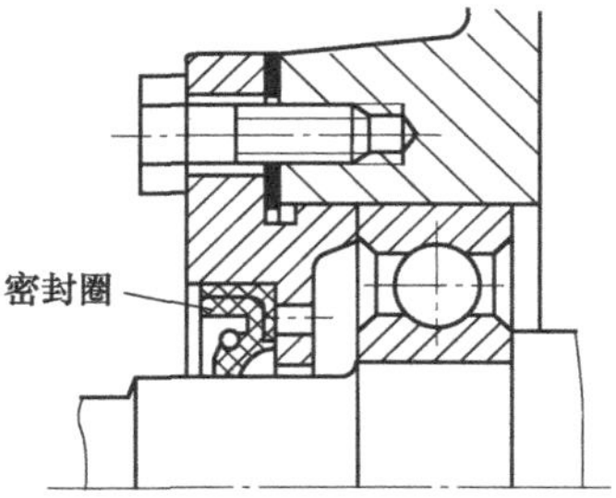

(b) 密封圈密封

图 5-2-18 接触式密封

这种结构安装方便，使用可靠，一般适用于轴颈圆周速度小于 6～7m/s 的场合。

b. 非接触式密封 非接触式密封不与轴直接接触，多用于速度较高的场合。

(a) 油沟式密封（也称为隙缝密封） 如图 5-2-19 (a) 所示。在轴与轴承盖的通孔壁之间留有 0.1～0.3mm 的间隙，并在轴承盖上车出沟槽，在槽内填满油脂，以起密封作用。这种形式结构简单，轴径圆周速度小于 5～6m/s，适用于润滑脂润滑。

（b）迷宫式密封　如图 5-2-19（b）所示。将旋转的和固定的密封零件间的间隙制成迷宫（曲路）形式，缝隙间填满润滑脂以加强密封效果。这种方式对润滑脂和润滑油都很有效，环境比较脏时采用这种形式，轴颈圆周速度可达 30m/s。

（c）油环与油沟组合密封　如图 5-2-19（c）所示。在油沟密封区内的轴上安装一个甩油环，当向外流失的润滑油落在甩油环上时，由于离心力的作用而甩落，然后通过导油槽流回油箱。这种组合密封形式在高速时密封效果好。

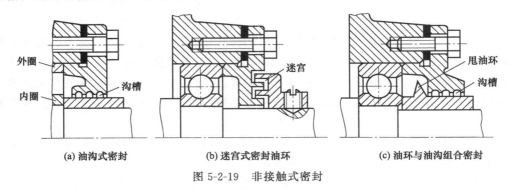

（a）油沟式密封　　　　（b）迷宫式密封油环　　　　（c）油环与油沟组合密封

图 5-2-19　非接触式密封

（5）滚动轴承的配合

滚动轴承是标准件，选择轴承配合时就把它作为基准件。滚动轴承的配合是指内圈与轴径、外圈与座孔的配合。轴承内孔与轴径的配合采用基孔制，就是以轴承内孔确定轴的直径；轴承外圈与轴承座孔的配合采用基轴制，就是用轴承的外圈直径确定座孔的大小。这是为了便于标准化生产。

在具体选取时，要根据轴承的类型和尺寸、载荷的大小和方向以及载荷的性质来确定：

① 工作载荷不变时，转动圈（一般为内圈）要比固定圈紧一些。转速越高、载荷越大、振动越大、工作温度变化越大，配合应该越紧，常用的配合有 js6、j6、k6、m6、n6。固定套圈（通常为外圈）、游动套圈或经常拆卸的轴承应该选择较松的配合，常用的配合有 G7、H7、JS7、J7。

② 一般情况下，是内圈随轴一起转动，外圈固定不动，故内圈常取有过盈配合的过渡配合。当轴承做游动支承时，外圈应取保证有间隙的配合。

（6）滚动轴承的装配与拆卸

设计轴承的组合结构时，应考虑有利于轴承的装拆，以便在装拆时不损坏轴承和其他零部件。装拆时，要求滚动体不受力，装拆力要对称或均匀地作用在套圈的端面上。

① 滚动轴承的一般装配与拆卸

a. 滚动轴承的装配的冷压法和热装法

（a）冷装法是先用专用压套压装轴承，如图 5-2-20 所示，装配时，先加专用压套，再用压力机压入或用手锤轻轻打入。轴承内圈与轴颈的配合通常较紧，可以采用压力机在内圈上施加压力将轴承压套在轴颈上。有时也可用干冰冷却轴颈。中小型轴承可以使用软锤直接敲入或用另一段管子压住内圈敲入。

（b）热装法是为了便于安装，尤其是大尺寸轴承，可用热油（80～100℃）加热轴承，然后装配。

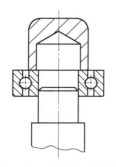

图 5-2-20　轴承加套安装

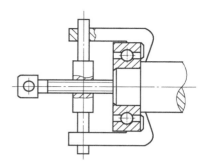

图 5-2-21　拆轴承内圈

b. 滚动轴承的拆卸　在拆卸时要考虑便于使用拆卸工具，以免在拆装的过程中损坏轴承和其他零件。为了便于拆卸轴承，内圈在轴肩上应露出足够的高度，以便拆卸器能钩住轴承的内圈进行拆卸，如图 5-2-21 所示。或在轴肩上开槽，如图 5-2-22 所示，以便放入拆卸工具的钩头。用钩爪器拆卸轴承外圈如图 5-2-23 所示。

当然，也可以采用其他结构，比如在轴上装配轴承的部位预留出油道，需要拆卸时打入高压油进行拆卸。

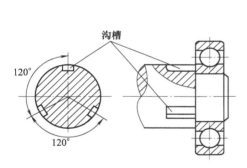

图 5-2-22　轴肩上开槽

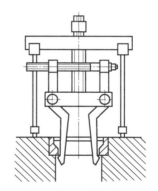

图 5-2-23　用钩爪器拆卸轴承外圈

② 特殊情况的装配（角接触轴承的成对装配）　为使角接触轴承能正常工作，通常都是成对使用的。其安装方式有两种情况，如图 5-2-24 所示。图（a）为外圈窄边相对安装，也就是面对面（大口对大口）安装，称为正装。图（b）所示为外圈宽边相对安装，也就是背对背（小口对小口）安装，称为反装。正装的结构简单，装拆也方便。

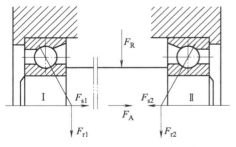

(a) 正装(大喇叭口面对大喇叭口)

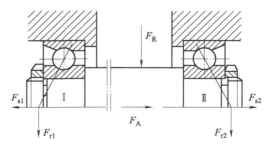

(b) 反装(小喇叭口面对小喇叭口)

图 5-2-24　角接触轴承的装配形式

5.2.8　滑动轴承简介

一般情况下，如果机器没有特殊使用要求，优先推荐使用滚动轴承。但是在高速、重载、高精度、承受较大冲击载荷或结构上要求剖分等使用场合，滑动轴承就显示出它的优良性能。因而汽轮发电机、内燃机和高精密机床等多采用滑动轴承。此外，低速、重载或冲击载荷较大的一般机械，如铁路机车、冲压机械、农业机械和起重设备等也常采用滑动轴承。

滑动轴承的优点是结构简单，易于制造，便于安装；缺点是在一般情况下摩擦损耗大，维护比较复杂。按受载方向，滑动轴承分为受径向载荷的径向滑动轴承和受轴向载荷的止推轴承。

（1）径向滑动轴承

① 整体式滑动轴承　图 5-2-25 所示为典型整体式滑动轴承。它由轴承座、轴瓦和轴套组成，结构简单，成本低。但轴颈和轴承孔间的间隙无法调整，当轴承磨损到一定程度必须更换轴瓦。此外，在装拆时必须做轴向移动，很不方便，故多用于轻载、低速且不经常拆装的场合。这种轴承有标准可供选择，其标准见 JB/T 2560—2007。

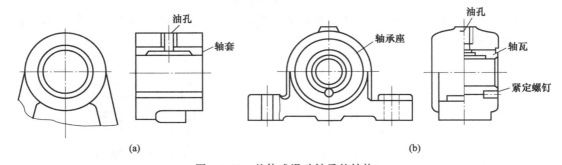

图 5-2-25　整体式滑动轴承的结构

② 剖分式滑动轴承　图 5-2-26 所示为剖分式滑动轴承。它由轴承座 1、轴承盖 2、剖分的上下轴瓦 7、螺栓 3 等组成。轴承盖上部开有螺纹孔，用以安装油杯或油管。剖分式轴瓦通常是下轴瓦承受载荷，上轴瓦不承受载荷。为了节省贵重金属通常在轴瓦内表面贴附一层

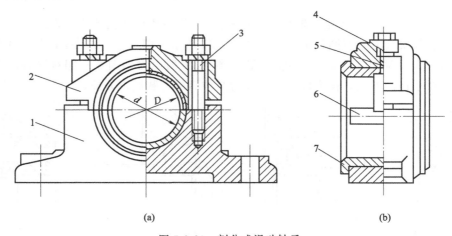

图 5-2-26　剖分式滑动轴承

1—轴承座；2—轴承盖；3—双头螺柱；4—螺纹孔；5—油孔；6—油槽；7—剖分式轴瓦

轴承衬。为了使润滑油能均匀分布在整个工作表面上，一般在轴瓦不承受载荷的表面上开出油沟和油孔，油沟的形式很多，如图 5-2-27 所示。轴承盖和轴承座的剖分面做成阶梯形定位止口，这样在安装时容易对中，并可承受剖分面方向的径向分力，保证螺栓不受横向载荷。

当载荷垂直向下或略有偏斜时，轴承的剖分面通常为水平面。若载荷方向有较大偏斜时，则轴承的剖分面可倾斜布置，使剖分面垂直或接近垂直于载荷（图 5-2-28）。

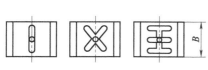

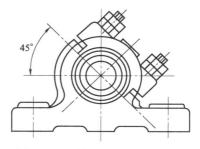

图 5-2-27　油沟的形式　　　　　　　　　图 5-2-28　斜开式径向滑动轴承

③ 自动调心式径向滑动轴承　当轴承宽度 B 较大时（$B/d > 1.5 \sim 2$），由于轴的变形、装配或工艺原因，会引起轴颈轴线与轴承轴线偏斜，使轴承两端边缘与轴颈局部接触［图 5-2-29（a）］，这将导致轴承两端边缘急剧磨损。因此，应采用自动调心式滑动轴承。常见调心滑动轴承结构为轴承外支承表面呈球面，球面的中心恰好在轴线上［图 5-2-29（b）］，轴承可绕球形配合面自动调整位置。

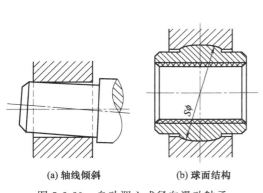

(a) 轴线倾斜　　　　(b) 球面结构

图 5-2-29　自动调心式径向滑动轴承

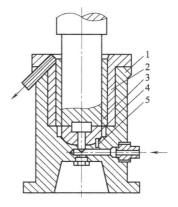

图 5-2-30　止推滑动轴承
1—轴承座；2—衬套；3—轴瓦；
4—推力轴瓦；5—销钉

（2）止推滑动轴承

图 5-2-30 所示为止推滑动轴承。它由轴承座 1、衬套 2、轴瓦 3 和推力轴瓦 4 组成。为了使推力轴瓦工作表面受力均匀，推力轴承底部做成球面，用销钉 5 来防止轴瓦随轴转动。润滑油从下面油管注入，从上面油管导出。这种轴承主要承受轴向载荷，也可承受较小的径向载荷。

图 5-2-31 所示为常见的止推轴承轴颈的结构形式，有实心、空心、环形和多环形等几种。由图可见，止推轴承的工作表面可以是轴的端面或轴上的环形平面。由于支承面上离中

心越远处，其相对滑动速度越大，因而磨损也越严重。实心端面上的压力分布极不均匀，靠近中心处的压力极高。因此，一般止推轴承大多采用环状支承面。多环轴颈不仅能承受双向的轴向载荷，且承载能力较大。

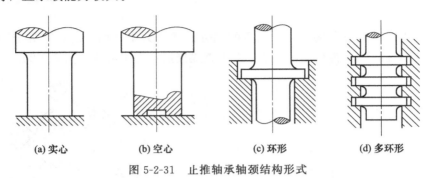

(a) 实心   (b) 空心   (c) 环形   (d) 多环形

图 5-2-31   止推轴承轴颈结构形式

知识点滴

高铁轴承的研制与突破

轴承虽小，但却是工业制造中的核心部件，更被视为衡量一个国家科技、工业实力的重要标准。轴承作为高铁动车组中的重要零部件，其安全使用是非常重要的，因此高铁动车组上的轴承作为我国高端滚动轴承中的一种，在使用过程中应具备高转速，高承载能力，高可靠性，耐低温、腐蚀，低振动、噪音等特性。

从追赶到领跑，近年来，中国高铁发展势头之快，在倍增国人自豪感的同时，更吸引着世界广泛关注的目光。中国洛阳轴承厂制造的高铁轴承，在 250～300 公里的时速上完成了长达 120 万公里的上车试验，标志着中国高铁轴承的国产化迎来了重大突破。高铁所用激光轴承的轴承摆动误差要求保持在千分之二毫米以下，同时在高速列车运行时轴承温度也不能超过 15 摄氏度。面对如此高标准的高铁轴承，洛阳轴承厂选择了知难而进，在高铁轴承的消磨外径上，经过了 87 道工序打磨，以此保障轴承的外套千分之一毫米的高精度，并不断攻关将轴承的径向摆动误差控制在了千分之零点七毫米，达到国际先进标准，而所需成本仅为国外轴承的七分之一，这不仅打破了中国高铁被"卡脖子"的局面，更助推我国装备制造业再向世界迈出跨越性的一步，展现出"中国制造"的强劲实力。

【任务实施】

任务分析

本任务是带式输送机所用的单级齿轮减速器的低速轴的轴承设计，考虑齿轮传动产生的径向载荷、齿轮、轴、键自重，轴承的受力主要是径向载荷，转速也不高，故可考虑优先选用 60000 型深沟球轴承，然后进行计算选择。

任务完成

减速器低速轴上轴承的选择步骤：

设计步骤	计算与说明	计算结果
1. 计算轴承的当量动载荷 P	查表 5-2-11 取载荷系数 $f_p = 1.1$；因为此轴只承受径向载荷，即 $F_a = 0$，由式(5-2-1)得 $P = f_p F_r = 1.1 \times 1100 = 1210N$	$P = 1210N$

续表

设计步骤	计算与说明	计算结果
2. 计算轴承的基本额定动载荷	查表 5-2-13 知：温度系数 $f_t=1$；因为是球轴承，$\varepsilon=3$，故由式（5-2-4）可得： $$C=\frac{P}{f_t}\sqrt[\varepsilon]{\frac{60n\left[L_h\right]}{10^6}}=\frac{1210}{1}\times\sqrt[3]{\frac{60\times95.5\times10000}{10^6}}=4665\text{N}$$	$C=4665\text{N}$
3. 选择轴承的型号	根据轴颈 $d=55\text{mm}$，选择深沟球轴承(0)2 尺寸系列中的 6211 型轴承，查机械手册得该型号轴承的基本额定动载荷 $C_r=33500\text{N}$ 基本额定静载荷 $C_{0r}=25000\text{N}$ 因 $C_r>C$，故选的轴承合格	6211 型轴承

【题库训练】

1. 选择题

（1）若转轴在载荷作用下弯曲较大或轴承座孔不能保证良好的同轴度，宜选用类型代号为（　　）的轴承。

A. 1 或 2　　　　　　B. 3 或 7　　　　　　C. N 或 NU　　　　　D. 6 或 NA

（2）一根轴只用来传递转矩，因轴较长采用三个支点固定在水泥基础上，各支点轴承应选用（　　）。

A. 深沟球轴承　　　B. 调心球轴承　　　C. 圆柱滚子轴承　　　D. 调心滚子轴承

（3）滚动轴承内圈与轴颈、外圈与座孔的配合（　　）。

A. 均为基轴制　　　　　　　　　　　B. 前者基轴制，后者基孔制

C. 均为基孔制　　　　　　　　　　　D. 前者基孔制，后者基轴制

（4）为保证轴承内圈与轴肩端面接触良好，轴承的圆角半径 r 与轴肩处圆角半径 r_1 应满足（　　）的关系。

A. $r=r_1$　　　　　　B. $r>r_1$　　　　　　C. $r<r_1$　　　　　　D. $r\leqslant r_1$

（5）（　　）不宜用来同时承受径向载荷和轴向载荷。

A. 圆锥滚子轴承　　　B. 角接触球轴承　　　C. 深沟球轴承　　　D. 圆柱滚子轴承

（6）（　　）只能承受轴向载荷。

A. 圆锥滚子轴承　　　B. 推力球轴承　　　C. 滚针轴承　　　D. 调心球轴承

（7）（　　）通常应成对使用。

A. 深沟球轴承　　　B. 圆锥滚子轴承　　　C. 推力球轴承　　　D. 圆柱滚子轴承

（8）跨距较大并承受较大径向载荷的起重机卷筒轴的轴承应选用（　　）。

A. 深沟球轴承　　　B. 圆锥滚子轴承　　　C. 调心滚子轴承　　　D. 圆柱滚子轴承

（9）（　　）不是滚动轴承预紧的目的。

A. 增大支承刚度　　　B. 提高旋转精度　　　C. 减小振动噪声　　　D. 降低摩擦阻力

（10）滚动轴承的额定寿命是指同一批轴承中（　　）的轴承能达到的寿命。

A. 99%　　　　　　B. 95%　　　　　　C. 90%　　　　　　D. 50%

（11）（　　）适用于多支点轴、弯曲刚度小的轴及难于精确对中的支承。

A. 深沟球轴承　　　B. 圆锥滚子轴承　　　C. 角接触球轴承　　　D. 调心轴承

（12）某轮系的中间齿轮（惰轮）通过一滚动轴承固定在不转的心轴上，轴承内、外圈

的配合应满足（   ）。

A. 内圈与心轴较紧、外圈与齿轮较松　　　B. 内圈与心轴较松、外圈与齿轮较紧

C. 内圈、外圈配合均较紧　　　　　　　　D. 内圈、外圈配合均较松

（13）滚动轴承的代号由前置代号、基本代号和后置代号组成，其中基本代号表示（   ）。

A. 轴承的类型、结构和尺寸　　　　　　　B. 轴承组件

C. 轴承内部结构变化和轴承公差等级　　　D. 轴承游隙和配置

（14）对于小型、低速或间歇运转的不重要的滑动轴承，应采用的润滑方式是（   ）。

A. 人工供油润滑　　B. 压力润滑　　　C. 浸油润滑　　　　　D. 滴油润滑

（15）一向心角接触球轴承，内径 85mm，正常宽度，直径系列 3，公称接触角 15°，公差等级为 6 级，游隙组别为 2，其代号为（   ）。

A. 7317B/P62　　　B. 7317AC/P6/C2　C. 7317C/P6/C2　　D. 7317C/P62

2. 判断题

（1）滚动轴承的公称接触角越大，轴承承受径向载荷的能力就越大。（   ）

（2）滚动轴承较适合于载荷较大或有冲击力的场合。（   ）

（3）在速度较高，轴向载荷不大时宜用深沟球轴承。（   ）

（4）代号为 6107、6207、6307 的滚动轴承的内径都是相同的。（   ）

（5）在正常转速的滚动轴承中，最主要的失效形式是疲劳点蚀。（   ）

（6）在使用条件相同的条件下，类型代号越大，滚动轴承的承载能力越大。（   ）

（7）在使用条件相同的条件下，代号相同的滚动轴承寿命是相同的。（   ）

（8）滚动轴承的寿命计算针对疲劳点蚀，而其静载荷计算是针对永久变形进行的。（   ）

（9）滚动轴承的接触密封方式只适用于速度较低的场合。（   ）

（10）当滚动轴承作游动支承，外圈与基座之间应是间隙配合。（   ）

3. 简答题

（1）在机械设备中为何广泛采用滚动轴承？

（2）向心角接触轴承为什么要成对使用、反向安装？

（3）试说明轴承代号 6210 的主要含义。

（4）以径向接触轴承为例，说明轴承内、外圈为何采用松紧不同的配合。

（5）为什么轴承采用脂润滑时，润滑脂不能充满整个轴承空间？采用浸油润滑时，油面不能超过最低滚动体的中心？

（6）滚动轴承失效的主要形式有哪些？计算准则是什么？

（7）滚动轴承的组合设计要考虑哪几方面的问题？

（8）轴承常用的密封装置有哪些？各适用于什么场合？

（9）滑动轴承有哪几种类型？各有什么特点？

（10）轴瓦、轴承衬的材料有哪些基本要求？

4. 计算题

（1）一深沟球轴承受径向载荷 $F_r = 5000N$，转速 $n = 2900r/min$，预期寿命 $[L_h] = 5000h$，工作中有轻微冲击，温度小于 120℃。试计算轴承应有的径向基本额定动载荷 C_r 值。

（2）圆锥滚子轴承 30208 的基本额定动载荷 $C_r = 63000\mathrm{N}$，若当量动载荷 $P = 6200\mathrm{N}$，工作转速 $n = 750\mathrm{r/min}$，试计算轴承寿命。

（3）直齿轮轴系用一对深沟球轴承支承，轴颈 $d = 35\mathrm{mm}$，转速 $n = 1450\mathrm{r/min}$，每个轴承受径向载荷 $F_r = 2100\mathrm{N}$，载荷平稳，预期寿命 $[L_h] = 8000\mathrm{h}$，试选择轴承型号。

任务 5.3 轴毂联接的分析与设计

【任务描述】

轴和回转零件（如齿轮、凸轮、联轴器等）轮毂之间的联接（图 5-3-0），称为轴毂联接。轴毂联接使回转零件在轴上周向定位和固定，以便传递运动和动力，有些还可以实现轴上零件的轴向固定或轴向移动。

常见的轴毂联接的方式有键链接、花键联接、成型联接、胀套联接、销联接、紧定螺钉联接、过盈联接等，有些联接方式仅用于轴毂联接，有些联接方式可兼作其他联接。键、花键和销是最常见的轴毂联接方式。本任务是分析和设计输送机的减速器中的轴毂联接。

任务条件

已知单级圆柱齿轮减速器，其低速轴上的零件如图 5-3-0 所示。根据前面任务的计算结果，单级圆柱齿轮减速器中直齿圆柱齿轮和低速轴的材料都是 45 钢，大齿轮轮毂宽度为 $B = 70\mathrm{mm}$，与齿轮配合的轴的直径 $d = 60\mathrm{mm}$，传递的扭矩 $T = 429.51\mathrm{N \cdot m}$，载荷稳定。

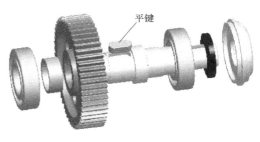

图 5-3-0 轴系零件

任务要求

分析和设计轴和齿轮之间联接的普通平键，并进行强度校核。

学习目标

◉ 知识目标

（1）掌握键联接的种类、特点与工程应用。

（2）掌握平键联接的选择计算。

（3）掌握销联接的作用和种类。

◉ 能力目标

（1）学会分析与设计键联接、销联接。

（2）学会平键的选择设计。

◉ 素质目标

（1）培养遵守国家标准的习惯和质量意识。

（2）培养严谨细致的工作作风和职业精神。

【知识导航】

知识导图如图 5-3-1 所示。

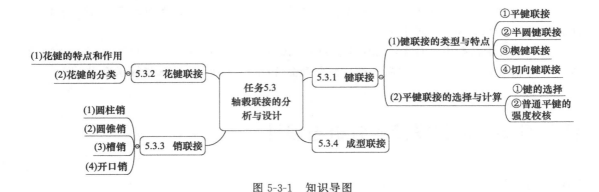

图 5-3-1　知识导图

联接的种类很多。根据被联接件之间的相互关系可分为动联接和静联接两类。动联接是被联接件的相互位置在工作时可以按需要变化的联接，即各类运动副，如轴与滑动轴承、变速器中齿轮与轴的联接等。静联接是被联接件之间的相互位置在工作时不能也不允许变化的联接，如蜗轮的齿圈与轮心、减速器中齿轮与轴的联接等。动联接的采用是由机器内部的运动规律决定的，而静联接的采用则是由结构、制造、装配、运输、安装和维护等方面的要求决定的。"联接"一词通常多指静联接。

根据拆开时是否需要把联接件毁坏，联接可分为可拆联接和不可拆联接。可拆联接有螺纹联接、销联接、楔联接、键联接和花键联接等；采用可拆联接通常是因为结构、维护、制造、装配、运输和安装等的需要。不可拆联接有铆接、焊接和胶接等；采用不可拆联接通常是因为工艺上的要求。

5.3.1　键联接

键联接由键、轴和轮毂组成，它主要用以实现轴和轮毂的周向固定和传递转矩，其中有的键联接也兼有轴向固定和轴向导向的作用。键联接的主要类型有平键联接、半圆键联接、楔键联接和切向键联接。它们均已标准化。

(1) 键联接的类型与特点

① 平键联接　如图 5-3-2 所示，键主体为各面平行的长方体，轴、轮毂上分别开键槽，

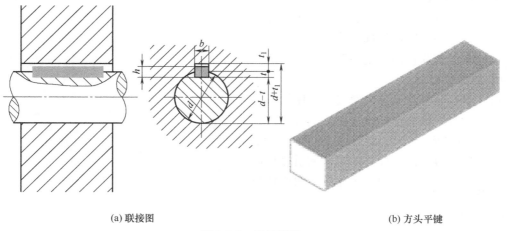

(a) 联接图

(b) 方头平键

图 5-3-2　平键联接

键宽等于槽宽，键高小于槽总深，侧面接触，顶面与轮毂键槽底有间隙。平键的两侧面是工作面，工作时靠键与槽侧面相互挤压传递扭矩。这种键结构简单、工作可靠、装拆方便、对中良好，因而得到广泛应用。但不能实现轴向固定。

a. 普通平键 普通平键用于轴毂间无相对轴向移动的静联接。按其结构可分为圆头（称为 A 型）、方头（称为 B 型）和单圆头（称为 C 型）三种。

（a）圆头平键 又称为 A 型键，键的两头都有圆弧，如图 5-3-3（b）所示。A 型键在键槽中固定良好，但轴上键槽引起的应力集中较大。与其配合的键槽用端铣刀铣出，如图 5-3-4（a）所示。主要用于轴的中部。

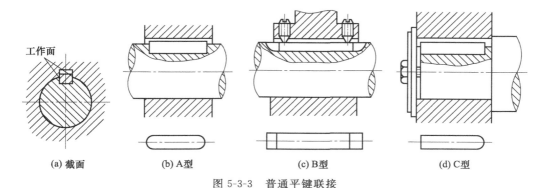

(a) 截面   (b) A型   (c) B型   (d) C型

图 5-3-3 普通平键联接

（b）方头平键 又称为 B 型键，键的两头没有圆弧，如图 5-3-3（c）所示。B 型键克服了 A 型键的缺点，当键尺寸较大时，宜用紧定螺钉将键固定在键槽中，以防松动。与其配合的键槽用圆盘铣刀铣出，如图 5-3-4（b）所示，应力集中较小，但键在轴上的轴向固定不好。主要用于轴的中部。

（c）单圆头平键 又称为 C 型键，键的一头带圆弧，如图 5-3-3（d）所示。C 型键主要用于轴端与轮毂的联接。与其配合的键槽用端铣刀铣出，如图 5-3-4（a）所示。

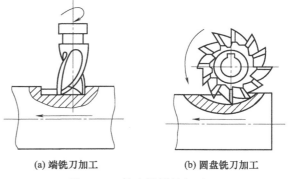

(a) 端铣刀加工   (b) 圆盘铣刀加工

图 5-3-4 轴上键槽的加工

b. 导向平键 导向平键（图 5-3-5）用于轴上零件轴向移动量不大的动联接。当被联接的轮毂类零件在工作过程中须在轴上做较小距离的轴向移动时，则采用导向键。该键较长，相当于加长的普通平键，导向平键用螺钉固定在键槽中，键与轮毂之间采用间隙配合，轴上零件可沿键做轴向滑移。为了拆卸方便，在键中部制有起键螺孔，以便拧入螺钉使键退出键槽。轴上的传动零件可沿键做轴向滑移，如变速箱中的滑移齿轮。导键适用于轴上移动距离不大的场合。若轴上零件滑移距离较大，则所需导向键的尺寸过大，制造困难。导向平键按端部形状分为 A 型（圆头）、B 型（方头）。

c. 滑键 当轴上的零件滑移距离较大时（200～300mm），宜采用滑键联接。滑键（图5-3-6）固定在轮毂上，与轮毂一起沿轴上的键槽滑移。这样只需在轴上铣出较长的键槽，而键可以做得较短。适用于轮毂沿轴向移动量较大的动联接，如车床光轴和溜板箱就采用了滑键联接。

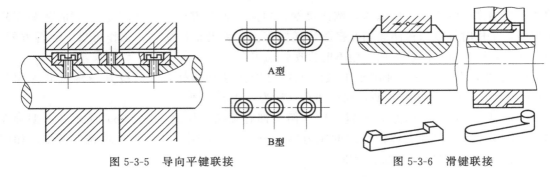

图 5-3-5 导向平键联接

图 5-3-6 滑键联接

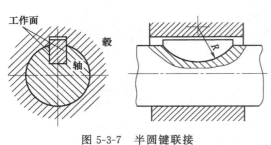

图 5-3-7 半圆键联接

② 半圆键联接 图 5-3-7 所示为半圆键，呈半圆形，在轴上铣出相应的键槽，轮毂槽开通。键的宽度等于键槽宽，键的高度大于键槽总深，侧面接触，顶面与轮毂键槽底有间隙 。半圆键的工作面也是键的两个侧面。轴上键槽用与半圆键尺寸相同的键槽铣刀铣出，半圆键可在槽中绕其几何中心摆动以适应毂槽底面的倾斜。

这种键联接的特点是工艺性好，装配方便，尤其适用于锥形轴端与轮毂的联接；但键槽较深，对轴的强度削弱较大，一般用于轻载静联接。

③ 楔键联接 图 5-3-8 所示为楔键联接，楔键的上、下两面为工作面。楔键的上表面和与它相配合的轮毂键槽底面均有 1：100 的斜度，两侧面平行，键宽窄于键槽宽，键高等于键槽总深。装配时将楔键打入，使楔键楔紧在轴和轮毂的键槽中，楔键的上、下表面受挤压，工作时靠这个挤压产生的摩擦力传递转矩。

楔键分为普通楔键［图 5-3-8（a）］和钩头楔键［图 5-3-8（b）］两种，钩头楔键的钩头是为了便于拆卸的。装拆时，钩头楔键比普通楔键方便。装配时，注意留有拆卸空间。钩头裸露在外随轴一起转动，易发生事故，应加防护罩。

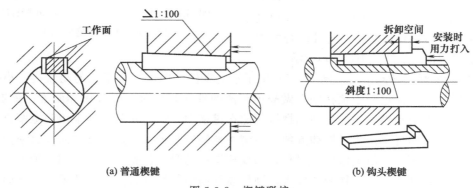

(a) 普通楔键

(b) 钩头楔键

图 5-3-8 楔键联接

楔键联接的主要缺点是键楔紧后，轴和轮毂的配合产生偏心和偏斜，因此楔键联接能承受单向轴向力和起轴向固定作用；定心性差，易松动；一般用于轮毂类零件的定心精度要求不高、载荷平稳和低速的场合。

④ 切向键联接 图 5-3-9 所示为切向键在轴上的安装。切向键是由一对斜度为 1：100 的

楔键组成的，在轴边缘开键槽，使一个面沿半径方向，另一个面沿切向方向。装配时，两个键分别自轮毂两端楔入，沿轴的切线方向楔紧在轴与轮毂之间。切向键的上、下面为工作面，工作时依靠工作面的挤压传递转矩，工作面上的压力沿轴的切线方向作用，能传递很大的转矩。

如图 5-3-10（a）所示，当用一对切向键时，只能单向传递转矩；当要双向传递转矩时，须采用两对互成 120°分布的切向键［图 5-3-10（b）］。切向键联接承载大，对中性差，对轴削弱较大；适用于对中要求不严，载荷大，轴径大于 100mm 的场合。

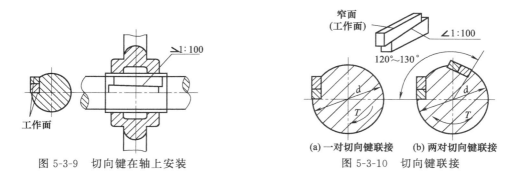

图 5-3-9　切向键在轴上安装

(a) 一对切向键联接　　(b) 两对切向键联接

图 5-3-10　切向键联接

（2）平键联接的选择与计算

① 键的选择

a. 平键的类型选择　键是标准件。平键的类型选择应考虑传递转矩的大小、对中性要求、是否要求轴向固定或沿轴向移动及移动距离、键在轴的中部或端部等。在工程实际中，也根据需要自行设计成非标准件。

b. 平键的尺寸选择　设计键联接时，先根据工作要求选择键的类型，再根据装键处轴径 d，从表 5-3-1 中查取键的宽度 b 和高度 h，并参照轮毂长度从标准中选取键的长度 L，最后进行键联接的强度校核。键长可根据轮毂的宽度 B 选定，一般比轮毂宽度短，取 $L = B-(5\sim10)\mathrm{mm}$。平键联接的剖面和键槽尺寸，以及平键的标记示例，见表 5-3-1。

表 5-3-1　平键联接的剖面和键槽尺寸（GB/T 1096—2003）　　　mm

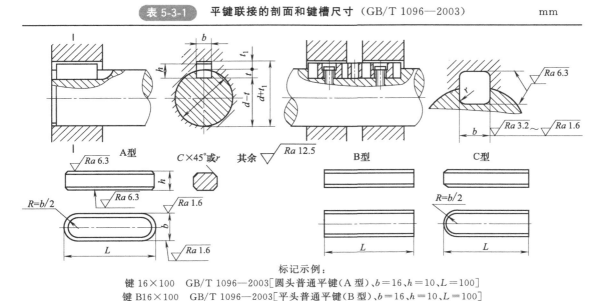

标记示例：

键 16×100　GB/T 1096—2003［圆头普通平键（A 型）、$b=16$、$h=10$、$L=100$］

键 B16×100　GB/T 1096—2003［平头普通平键（B 型）、$b=16$、$h=10$、$L=100$］

键 C16×100　GB/T 1096—2003［单圆头普通平键（C 型）、$b=16$、$h=10$、$L=100$］

续表

轴 公称直径 d	键 公称尺寸 b×h	键槽 公称尺寸 b	较松键联接 轴H9	较松键联接 毂D10	一般键联接 轴N9	一般键联接 毂Js9	较紧键联接 轴和毂P9	轴t 公称尺寸	轴t 极限偏差	毂t1 公称尺寸	毂t1 极限偏差	半径 r 最小	半径 r 最大
自6~8	2×2	2	+0.025 0	+0.060 +0.020	-0.004 -0.029	±0.0125	-0.006 -0.031	1.2		1		0.08	0.16
>8~10	3×3	3	+0.025 0	+0.060 +0.020	-0.004 -0.029	±0.0125	-0.006 -0.031	1.8	+0.1 0	1.4	+0.1 0	0.08	0.16
>10~12	4×4	4	+0.030 0	+0.078 +0.030	0 -0.030	±0.015	-0.012 -0.042	2.5		1.8		0.16	0.25
>12~17	5×5	5	+0.030 0	+0.078 +0.030	0 -0.030	±0.015	-0.012 -0.042	3.0		2.3		0.16	0.25
>17~22	6×6	6	+0.030 0	+0.078 +0.030	0 -0.030	±0.015	-0.012 -0.042	3.5		2.8		0.16	0.25
>22~30	8×7	8	+0.036 0	+0.098 +0.040	0 -0.036	±0.018	-0.015 -0.051	4.0		3.3		0.16	0.25
>30~38	10×8	10	+0.036 0	+0.098 +0.040	0 -0.036	±0.018	-0.015 -0.051	5.0		3.3		0.16	0.25
>38~44	12×8	12	+0.043 0	+0.120 +0.050	0 -0.043	±0.0215	-0.018 -0.061	5.0		3.3		0.25	0.40
>44~50	14×9	14	+0.043 0	+0.120 +0.050	0 -0.043	±0.0215	-0.018 -0.061	5.5		3.8		0.25	0.40
>50~58	16×10	16	+0.043 0	+0.120 +0.050	0 -0.043	±0.0215	-0.018 -0.061	6.0	+0.2 0	4.3	+0.2 0	0.25	0.40
>58~65	18×11	18	+0.043 0	+0.120 +0.050	0 -0.043	±0.0215	-0.018 -0.061	7.0		4.4		0.25	0.40
>65~75	20×12	20	+0.052 0	+0.149 +0.065	0 -0.052	±0.026	-0.022 -0.074	7.5		4.9		0.40	0.60
>75~85	22×14	22	+0.052 0	+0.149 +0.065	0 -0.052	±0.026	-0.022 -0.074	9.0		5.4		0.40	0.60
>85~95	25×14	25	+0.052 0	+0.149 +0.065	0 -0.052	±0.026	-0.022 -0.074	9.0		5.4		0.40	0.60
>95~110	28×16	28	+0.052 0	+0.149 +0.065	0 -0.052	±0.026	-0.022 -0.074	10.0		6.4		0.40	0.60
键的长度系列	6,8,10,12,14,16,18,20,22,25,28,32,36,40,45,50,56,63,70,80,90,100,110,125,140,160,180,200,220,250,280,320,360												

注：1. 在工作图中，轴槽深用 t 或 $(d-t)$ 标注，轮毂槽深用 $(d+t_1)$ 标注。

2. $(d-t)$ 和 $(d+t_1)$ 两组组合尺寸的极限偏差按相应的 t 和 t_1 极限偏差选取，但 $(d-t)$ 极限偏差值应取负号（一）。

3. 键尺寸的极限偏差 b 为 h9，h 为 h11，L 为 h14。

c. 平键联接的配合类型　平键联接采用基轴制配合。如表 5-3-1 所示，按键宽配合的松紧程度，可分为较松键联接、一般键联接和较紧键联接三种类型。其中，较松键联接主要用于导向键上；较紧键联接主要用于传递重载、冲击载荷及双向传递转矩处；在一般机械装置中，常采用一般键联接，见表 5-3-2。

表 5-3-2　平键联接配合的种类和应用

平键联接的配合种类	尺寸 b 的公差 键	尺寸 b 的公差 轴槽	尺寸 b 的公差 轮毂槽	应用范围
较松键联接	h9	H9	D10	用于导向平键，一般用于载荷不大的场合
一般键联接	h9	N9	Js9	用于载荷不大的场合，在一般机械制造中应用广泛
较紧键联接		P9		用于载荷较大、有冲击和双向转矩的场合

d. 键的材料、失效形式和设计准则　键的材料一般采用抗拉强度不低于 600MPa 的碳素钢。常用材料为 45 钢。

平键联接的主要失效形式是键、轴上或毂上键槽三者中较弱零件（通常是轮毂）工作面的压溃，除非有严重的过载，一般不会出现键的剪断。因此，通常只按工作面上挤压应力进行强度校核计算。导向平键和滑键联接的主要失效形式是过度磨损，因此，一般按工作面上的压强进行条件性强度校核计算。

在设计使用中若单个键的强度不够，可采用双键按 180° 对称布置。考虑载荷分布不均匀性，在强度校核中应按 1.5 个键进行计算。

② 普通平键的强度校核　如图 5-3-11 所示，假定载荷在键的工作面上均匀分布，并假

设 $k \approx h/2$，则普通平键联接的挤压强度条件为：

$$\sigma_{\mathrm{p}} = \frac{2T/d}{L_{\mathrm{c}}k} = \frac{4T}{dhL_{\mathrm{c}}} \leqslant [\sigma_{\mathrm{p}}] \qquad (5\text{-}3\text{-}1)$$

对导向平键联接应限制压强 p 以避免过度磨损，即

$$p = \frac{2T/d}{L_{\mathrm{c}}k} = \frac{4T}{dhL_{\mathrm{c}}} \leqslant [p] \qquad (5\text{-}3\text{-}2)$$

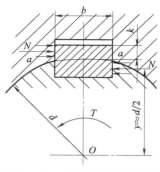

图 5-3-11　平键上的受力情况

上边（5-3-1）和（5-3-2）两式中：

σ_{p}——挤压应力，MPa；

p——压强，MPa；

T——传递的转矩，N·m；

d——轴的直径，mm；

h——键的高度，mm；

L_{c}——键的计算长度，mm（对 A 型平键，$L_{\mathrm{c}} = L - b$；B 型平键，$L_{\mathrm{c}} = L$；C 型平键，$L_{\mathrm{c}} = L - b/2$）；

$[\sigma_{\mathrm{p}}]$——键联接的许用挤压应力，MPa，见表 5-3-3；

$[p]$——键联接的许用压强，MPa，见表 5-3-3。

表 5-3-3　键联接的许用挤压应力和许用压强　　　　　　　　　　　　　　MPa

许用值	联接方式	轮毂材料	载荷性质		
			静载荷	轻微冲击	冲击
$[\sigma_{\mathrm{p}}]$	静联接	钢	125~150	100~120	60~90
		铸铁	70~80	50~60	30~45
$[p]$	动联接	钢	50	40	30

【引导案例】

一齿轮装在轴上，采用 A 型普通平键联接。齿轮、轴、键均用 45 钢，轴径 $d = 80\mathrm{mm}$，轮毂长度 $L' = 150\mathrm{mm}$，传递传矩 $T = 2000\mathrm{N\cdot mm}$，工作中有轻微冲击。试确定平键尺寸和标记，并验算联接的强度。

【参考答案】

（1）确定平键尺寸

由轴径 $d = 80\mathrm{mm}$ 查表 5-3-1，得 A 型平键剖面尺寸 $b = 22\mathrm{mm}$，$h = 14\mathrm{mm}$。参照毂长 $L' = 150\mathrm{mm}$ 及键长度系列选取标准键长 $L = 140\mathrm{mm}$。

（2）挤压强度校核计算

由于采用的是 45 钢，查表 5-3-3 得 $[\sigma_{\mathrm{p}}] = 100\sim120\mathrm{MPa}$。由于采用的是 A 型普通平键联接，键的计算长度 $L_{\mathrm{c}} = L - b = 140 - 22 = 118\mathrm{mm}$；根据式（5-3-1）可得：

$$\sigma_{\mathrm{p}} = \frac{2T/d}{L_{\mathrm{c}}k} = \frac{4T}{dhL_{\mathrm{c}}} = \frac{4 \times 2000 \times 10^3}{80 \times 14 \times 118} = 60.53 \leqslant [\sigma_{\mathrm{p}}]\,(\mathrm{MPa}) \qquad 故，安全。$$

5.3.2　花键联接

（1）花键的特点和作用

花键是把键直接做在轴上和轮孔上（轴上为凸条，孔中为凹槽），如图 5-3-12 所示。花键联接是由周向均布多个键齿的花键轴（外花键 a）与带有相应键齿槽的轮毂孔（内花键 b）相配而成。花键齿的侧面为工作面，工作时有多个键齿同时传递转矩，所以花键联接的承载能力比平键联接高得多。花键联接的导向性好，齿根处的应力集中

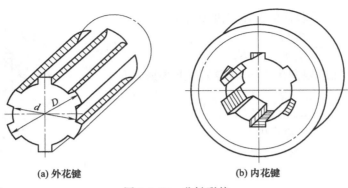

(a) 外花键　　　　　　　　　　(b) 内花键

图 5-3-12　花键联接

较小，适用于传递载荷大、定心精度要求高或者经常需要滑移的联接。花键可用作固定联接，也可用作滑动联接，在机械结构中应用较多。但其制造工艺较复杂，有时需要专门的设备，成本较高。

（2）花键的分类

花键已标准化，常用的花键按齿形分为矩形花键和渐开线花键两类。花键的加工需要专用设备。

① 矩形花键　如图 5-3-13（a）所示，矩形花键的剖面形状是矩形，规格为键数 $N×$ 小径 $d×$ 大径 $D×$ 键宽 B。按键数和键高的不同，矩形花键分为轻、中两个系列。对载荷较轻的联接，可选用轻系列；对载荷较大的静联接或动联接，可选用中系列。根据 GB/T 1144—2001 矩形花键的标准，矩形花键的定心方式为小径定心，即外花键和内花键的小径为配合面。其特点是定心精度高，定心的稳定性好，矩形花键联接是应用最为广泛的花键联接。

② 渐开线花键　如图 5-3-13（b）所示，渐开线花键的齿廓为渐开线，分度圆压力角有 30°和 45°两种。齿高分别为 $0.5m$ 和 $0.4m$，这里的 m 是模数。渐开线花键的定心方式是齿形定心，它具有自动对中作用，有利于各键的受力均匀，强度高、寿命长。

与矩形花键相比，渐开线花键的根部较厚，应力集中小，承载能力大；渐开线花键可以用制造齿轮的方式加工，工艺性较好，易获得较高的制造精度和互换性。但加工小尺寸的渐开线键孔的拉刀制造复杂，成本较高。因此，它适用于载荷较大，定心精度要求较高和尺寸较大的联接。

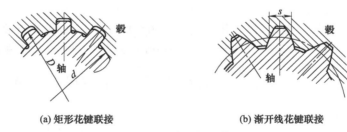

(a) 矩形花键联接　　　　　　　(b) 渐开线花键联接

图 5-3-13　花键联接

5.3.3　销联接

如图 5-3-14 所示，销联接主要用于固定零件之间的相对位置，起定位作用，并能传递较小的载荷，它是组合加工和装配时重要的辅助零件，同时它还可以作为安全装置中的过载剪断元件，用于过载保护，起安全作用。销是标准件，其材料根据用途可选用 35、45 钢。按销的形状不同，销可分为圆柱销、圆锥销、槽销和开口销等。

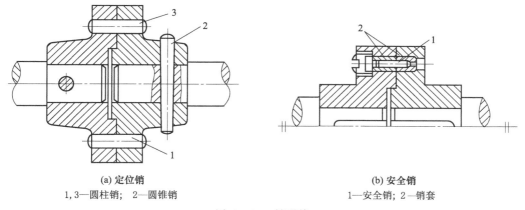

(a) 定位销　　　　　　　　　　　　　　　　(b) 安全销
1,3—圆柱销；　2—圆锥销　　　　　　　　　　1—安全销；2—销套
图 5-3-14　销联接

（1）圆柱销

① 普通圆柱销　如图 5-3-15（a）所示，普通圆柱销靠过盈配合固定在销孔中，如果多次装拆，其定位精度会降低。

② 圆管型弹簧圆柱销　如图 5-3-15（b）所示为圆管型弹簧圆柱销，在销打入销孔后，销由于弹性变形而挤紧在销孔中，可以承受冲击和变载荷。

(a) 圆柱销　　　　　　　　(b) 圆管型弹簧圆柱销
图 5-3-15　圆柱销联接

（2）圆锥销

① 普通圆锥销和销孔均有 1∶50 的锥度 ［图 5-3-16（a）］，因此安装方便，定位精度高，多次装拆不影响定位精度。

② 端部带螺纹的圆锥销 ［图 5-3-16（b）］，可用于盲孔或装拆困难的场合。

③ 开尾圆锥销 ［图 5-3-16（c）］，适用于有冲击、振动的场合。

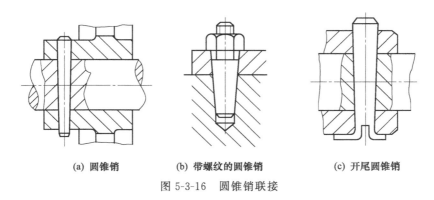

(a) 圆锥销　　　　　(b) 带螺纹的圆锥销　　　　(c) 开尾圆锥销
图 5-3-16　圆锥销联接

（3）槽销

槽销（图5-3-17）上有三条纵向沟槽，槽销压入销孔后，它的凹槽即产生收缩变形，借助材料的弹性而固定在销孔中。多用于传递载荷，对于振动载荷的联接也适用。销孔无需铰制，加工方便，可多次装拆。

（4）开口销

开口销（图5-3-18）常用低碳钢丝制成，是一种防松零件。它具有工作可靠、拆卸方便等特点。开口销穿过螺杆的小孔和槽形螺母的槽，防止螺母松脱。

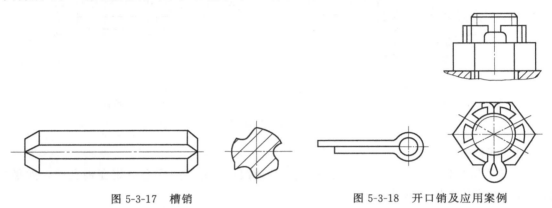

图5-3-17 槽销　　　　　　　　　　　图5-3-18 开口销及应用案例

5.3.4 成型联接

如图5-3-19所示，成型联接是由非圆剖面的轴与相应的轮毂孔构成的可拆联接。成型联接应力集中小，能传递大扭矩，装拆方便，但是加工工艺复杂，需要专用设备。

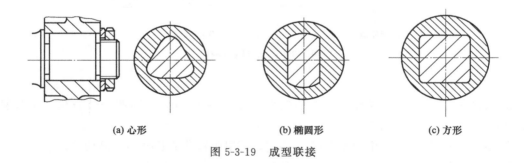

(a) 心形　　　　　　　　　　　(b) 椭圆形　　　　　　　　　　　(c) 方形

图5-3-19 成型联接

5.3.5 过盈配合联接

过盈配合联接是利用轴和轮毂间的过盈配合形成的联接，能同时实现周向和轴向固定，工作时靠配合面间的径向压力所产生的摩擦力来传递载荷。过盈配合具有结构简单，对中性好，对轴强度削弱少，在冲击振动载荷下能可靠工作等优点，缺点是对配合尺寸的精度要求高且拆装困难。

按配合面形状不同，过盈配合联接有圆柱面过盈联接和圆锥面过盈联接两种形式，装配时可采用压入法或温差法进行。过盈配合联接在前面几个任务中都有所介绍，其形式可参考前面的图样。

知识点滴

职业精神与小我的作用

键虽小，但作用很大。它将轴与传动件联接在一起，传递动力。我们每一个人都是社会的一员，怎样才能发挥更大的价值作用呢？

首先应具有良好的职业精神。职业精神是与人们的职业活动紧密联系、具有自身职业特征的精神。社会主义职业精神是社会主义精神体系的重要组成部分，其本质是为人民服务。它由多种要素构成并相互配合，形成严谨的职业精神模式。职业精神的实践内涵体现在敬业、勤业、创业、立业四个方面。在全面建设小康社会，不断推进中国特色社会主义伟大事业，实现中华民族伟大复兴的征程中，从事不同职业的人们都应当大力弘扬社会主义职业精神，尽职尽责，贡献自己的聪明才智。

其次，要明确自身责任和义务。无论身在哪个岗位，职位有多高，都是社会大家庭的一个"零件"，每项工作与他人都有一个"接口"，都有一个互相关联和衔接的问题，只有各司其职才能顺畅的完成整个工作进程。

最后，要有强烈的团队意识。社会的关联性和系统性决定了对内对外协调的紧密性。我们不仅要做好本职工作，还有做好与其他人的各项工作协调，讲究团队的整体效能。还要站高望远，有大局意识，才能充分发挥小我的大作用，实现个人真正的价值。

【任务实施】

任务分析

该任务中的减速器低速轴与齿轮的周向联接，采用的是普通平键。由于安装部位在轴的中间，而不是端部，因此根据普通平键的类型，可采用 A 型平键，这样可按轴径选择平键的尺寸后，进行强度校核。

任务完成

减速器输出轴与大齿轮联接处平键的选择步骤：

设 计 步 骤	计 算 与 说 明	计 算 结 果
1. 选择键的类型	该联接为静联接，为了便于安装固定，选择普通平键 A 型（圆头）	A 型平键
2. 确定键的尺寸	根据轴径 60mm，查表 5-3-1 普通平键剖面与键槽尺寸，得键宽 $b=18$mm，键高 $h=11$mm，根据键长系列取键 $L=63$mm	键 A18×11×63
3. 校核键的强度	查表 5-3-3 得出许用挤压应力$[\sigma_p]=125\sim150$MPa。 键的工作长度 $l_c=L-b=63-18=45$mm。 $\sigma_p=\dfrac{4T}{dhl_c}=\dfrac{4\times429.51\times10^3}{60\times11\times45}=57.85\leqslant[\sigma_p]$，合格	键联接的强度符合要求
4. 确定键槽尺寸	键的配合选用"一般联接"的类型，查表 5-3-1 和表 5-3-2 得出： 输出轴上的键槽深 $=d-t=60-7=53_{-0.2}^{\ 0}$mm； 轴上的键槽宽 $b=18_{-0.043}^{\ 0}$mm 齿轮轮毂的键槽深 $=d+t_1=60+4.4=64.4_{\ 0}^{+0.2}$mm； 齿轮轮毂上的键槽宽 $b=18_{-0.0215}^{+0.0215}$mm	注：此项内容是对齿轮和轴上所开的键槽设计的补充

【题库训练】

1. 选择题

（1）键的截面尺寸 $b\times h$ 主要根据（　　）来选择。

A. 传递扭矩的大小　　　B. 传递功率的大小　　　C. 轮毂的长度　　　D. 轴的直径

（2）键的截面尺寸通常是根据（　　）按标准选择。

A. 传递扭矩的大小　　　B. 传递功率的大小　　　C. 轮毂长度　　　D. 轴径

（3）普通平键的工作面是（　　），传递扭矩是靠键的（　　）。

A. 顶面　　　　　　　　B. 底面　　　　　　　　C. 侧面　　　　　　　D. 端面

（4）楔键联接的主要缺点是（　　）。

A. 键的斜面加工困难　　　　　　　　　　B. 键安装时易损坏

C. 键楔紧后在轮毂中产生初应力　　　　　D. 轴和轴上零件对中性差

（5）普通平键长度的主要选择依据是（　　）。

A. 传递转矩的大小　　　B. 轮毂的宽度　　　C. 轴的直径　　　D. 传递功率的大小

（6）采用两个普通平键时，为使轴与轮毂对中良好，两键通常布置成（　　）。

A. 相隔 180°　　　　　　　　　　　　　B. 相隔 120°～130°

C. 相隔 90°　　　　　　　　　　　　　　D. 在轴的同一母线上

（7）平键 B20×80　GB/T 1096 中，20×80 表示（　　）。

A. 键宽×轴径　　　B. 键高×轴径　　　C. 键宽×键长　　　D. 键宽×键高

（8）不能列入过盈配合联接的优点是（　　）。

A. 结构简单　　　　　　　　　　　　　　B. 工作可靠

C. 能传递很大的转矩和轴向力　　　　　　D. 装配很方便

（9）宜用于盲孔或拆卸困难场合的是（　　）。

A. 圆柱销　　　　　　　　　　　　　　　B. 圆锥销

C. 带有外螺纹的圆锥销　　　　　　　　　D. 开尾圆锥销

（10）标准平键的承载能力取决于（　　）。

A. 键的剪切强度　　　　　　　　　　　　B. 键的弯曲强度

C. 键联接工作表面挤压强度　　　　　　　D. 轮毂的挤压强度

（11）以下哪些联接不能用作轴向固定（　　）。

A. 平键联接　　　　　B. 销联接　　　　　C. 螺钉联接　　　　D. 过盈联接

（12）采用两个平键联接时，一般设在相隔（　　）；采用两个切向键时，两键应相隔（　　）。

A. 0°　　　　　　　　B. 90°　　　　　　C. 120°　　　　　　D. 180°

（13）加工容易、装拆方便但轴向不能固定，不能承受轴向力的轴上零件周向固定方法是（　　）。

A. 平键联接　　　　　B. 花键联接　　　　C. 销钉联接

（14）轴向、周向都可以固定，常用做安全装置过载时可被剪断，防止损坏其他零件的轴上零件周向固定方法是（　　）。

A. 平键联接　　　　　B. 花键联接　　　　C. 销钉联接

（15）结构简单，不能承受较大载荷，只适用于辅助联接的轴上零件周向固定方法是（　　）。

A. 销钉联接　　　　　B. 紧定螺钉　　　　C. 过盈配合

（16）具有接触面积大、承载能力强、对中性和导向性好的轴上零件的周向固定方法是（　　）。

A. 平键联接　　　　　　B. 花键联接　　　　　　C. 销钉联接

2. 填空题

（1）平键联接中（　　）、（　　）用于动联接，当轴向移动距离较大时，宜采用（　　），其失效形式为（　　）。

（2）花键按齿形分为（　　）、（　　）两种。

（3）当轴上零件需在轴上做距离较短的相对滑动，且传递转矩不大时，应用（　　）键联接；当传递转矩较大，且对中性要求高时，应用（　　）键联接。

（4）普通平键标记键 16×100 中，16 代表（　　），100 代表（　　），它的型号是（　　）型。它常用作轴毂联接的（　　）向固定。

（5）普通平键的剖面尺寸（$b×h$），一般应根据（　　）按标准选择。

（6）普通平键联接的主要失效形式是较弱零件的工作面被（　　）。

（7）普通平键的工作面是（　　）面。

3. 判断题

（1）设计键联接时，键的截面尺寸通常根据传递转矩的大小来选择。（　　）

（2）平键是利用键的侧面来传递载荷的，其定心性能较楔键好。（　　）

（3）平键的截面尺寸是按照所在轴的直径选择的，当强度校核不合格时，应加大轴的直径以便加大键的截面尺寸。（　　）

（4）同一键联接采用两个平键时应 180°布置，采用两个楔键时应 120°布置。（　　）

（5）销联接只能用于固定联接件间的相对位置，不能用来传递载荷。（　　）

（6）花键联接中，花键的尺寸按所在轴径根据标准选择。（　　）

（7）采用过盈联接的轴和毂，即使载荷很大或有严重冲击，也不能与键配合使用。

（　　）

4. 综合题

（1）轴上零件的周向固定有哪些方法？（指出四种以上方法）

（2）设计套筒联轴器与轴联接用的平键。已知轴径 $d=36mm$，联轴器为铸铁材料，承受静载荷，套筒外径 $D=100mm$。要求选取平键型号，画出联接的结构图。

任务 5.4　螺纹联接的分析与设计

【任务描述】

一部机器是由很多零部件联接成一个整体的，为了便于机器的制造、安装、维修和运输，在机器和设备的各零部件间广泛采用螺纹联接。螺纹联接是利用螺纹零件构成的可拆联接，其结构简单，装拆方便，成本低，互换性好，广泛用于各类机械设备中。各种螺纹及其联接件大多制定有国家标准。本任务是对输送机的减速器的螺纹联接（见图 5-4-0）进行分析和设计。

任务条件

如图 5-4-0 所示的单级圆柱齿轮减速器 [图 1-2-3（a）] 的低速轴，其输出端的轴承盖用 6 个的螺钉固定在铸铁箱体上，已知作用在轴承盖上的工作载荷 $F_Q=9.6kN$，螺钉材料为 Q235，不严格控制预紧力。

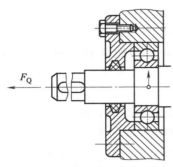

图 5-4-0　低速轴一端装配图

任务要求

① 分析图 1-2-3（a）所示的减速器的螺纹联接情况，并列表说明。

② 确定图 5-4-0 所示的低速轴的输出端轴承盖联接螺钉的型号。

学习目标

◉ 知识目标

（1）掌握螺纹的分类、参数、标记与应用。

（2）掌握螺纹联接的类型和应用。

（3）掌握螺纹联接的预紧与防松。

◉ 能力目标

（1）能够分析螺纹联接。

（2）能够进行螺栓的选择设计。

◉ 素质目标

（1）培养"螺丝钉精神"，忠于职守，科学严谨、一丝不苟的工作作风。

（2）培养合作精神和竞争意识，形成良好的职业素养。

【知识导航】

知识导图如图 5-4-1 所示。

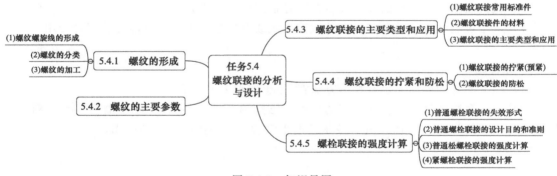

图 5-4-1　知识导图

联接根据传递载荷（力或力矩）的工作原理，可分为摩擦联接和非摩擦联接两类。摩擦联接是靠联接中接合面间的摩擦来传递载荷，如过盈联接、弹性环联接等。非摩擦联接是直接通过联接中零件的各种变形来传递载荷，如平键联接等。有的联接既可做成摩擦的，也可做成非摩擦的，如螺纹联接等。也有的联接同时靠摩擦和变形来传递载荷，如楔键联接等。

用以使被联接件始终处于紧固状态的联接件，称为紧固件。如螺栓、螺钉、螺母、垫圈和铆钉等。紧固件多为标准件。采用紧固件联接通常不允许被联接件中有相对运动，一般用于需要有较大刚性或紧密性的场合，如气缸盖的螺栓联接等。

5.4.1　螺纹的形成

（1）螺纹螺旋线的形成

如图 5-4-2 所示，将一直角三角形绕在直径为 d_2 的圆柱表面上，使三角形底边 ab 与圆柱体的底边重合，则三角形的斜边在圆柱体表面形成一条螺旋线。三角形的斜边与底边的夹角 λ，称为螺旋线升角。若取一平面图形，使其平面始终通过圆柱体的轴线并沿着螺旋线运动，则这平面图形在空间形成一个螺旋形体，称为螺纹。

（2）螺纹的分类

螺纹联接是以螺纹为基础的。螺纹有外螺纹和内螺纹之分，共同组成螺纹副使用。根据平面图形的形状，螺纹可分为三角形、矩形、梯形和锯齿形螺纹等。

根据螺旋线的绕行方向，可分为左旋螺纹和右旋螺纹，如图 5-4-3 所示，规定将螺纹直立时螺旋线向右上升为右旋螺纹，向左上升为左旋螺纹。机械制造中一般采用右旋螺纹，有特殊要求时，才采用左旋螺纹。

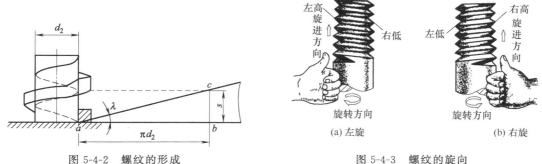

图 5-4-2　螺纹的形成　　　　图 5-4-3　螺纹的旋向

根据螺旋线的数目，可分为单线螺纹和等距排列的多线螺纹。为了制造方便，螺纹一般不超过 4 线。联接螺纹一般用三角形螺纹。联接螺纹又分为普通螺纹、圆柱管螺纹和圆锥管螺纹，其特点和应用见表 5-4-1 所示。螺纹又分为米制和英制两类，我国除管螺纹外，一般都采用米制螺纹。

表 5-4-1　常用联接螺纹的类型、特点和应用

类型		型　　图	特点和应用
联接螺纹	普通螺纹	内螺纹 60° 外螺纹 t d_1 d_2 d	牙型角 $\alpha=60°$，当量摩擦系数大，自锁性能好。螺牙根部较厚，强度高，应用广泛。同一公称直径，按螺距大小分为粗牙和细牙，常用粗牙。细牙的螺距和升角小，自锁性能好，但不耐磨，易滑扣，常用于薄壁零件，或受动载荷和要求紧密性的联接，还可用于微调机构等
	圆柱管螺纹	内螺纹 55° 外螺纹 t	牙型角 $\alpha=55°$。公称直径近似为管子孔径，以英寸为单位，螺距以每英寸的牙数表示。牙顶牙底呈圆弧，牙高较小。螺纹副的内外螺纹间没有间隙，联接紧密，常用于低压的水、煤气、润滑或电线管路系统中的联接
	圆锥管螺纹	与管子轴线平行 基面 内螺纹 55° 外螺纹 t φ d d_2 d_1 $\varphi=1°47'24''$	牙型角为 $\alpha=55°$。与圆柱管螺纹相似，但螺纹分布在 1∶16 的圆锥管壁上。旋紧后，依靠螺纹牙的变形使联接更为紧密，主要用于高温、高压条件下工作的管子联接。如汽车、工程机械、航空机械，机床的燃料、油、水、气输送管路系统

（3）螺纹的加工

螺纹的加工方法有多种，最常见的加工方法是在车床上车削螺纹，如图 5-4-4 所示为内、外螺纹的加工方法。此外，螺纹的加工方法还有用丝锥攻螺纹（图 5-4-5）、用板牙套螺纹和用搓丝板搓螺纹等。

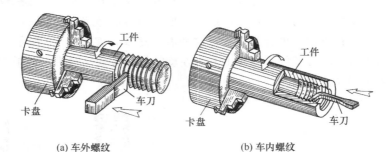

(a) 车外螺纹　　　　　　　　　(b) 车内螺纹

图 5-4-4　螺纹的车削加工

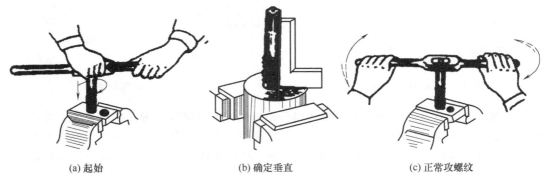

(a) 起始　　　　　　(b) 确定垂直　　　　　　(c) 正常攻螺纹

图 5-4-5　用丝锥攻螺纹的步骤

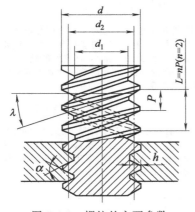

图 5-4-6　螺纹的主要参数

5.4.2　螺纹的主要参数

要区分不同的螺纹，就要掌握说明螺纹特点的一些参数。如图 5-4-6 所示，以广泛应用的圆柱普通外螺纹为例，螺纹的主要参数（外螺纹用小写字母表示，内螺纹用大写字母表示）如下：

① 大径 d　它是与外螺纹牙顶（或内螺纹牙底）相重合的假想圆柱的直径，一般定为螺纹的公称直径。

② 小径 d_1　它是与外螺纹牙底（或内螺纹牙顶）相重合的假想圆柱的直径，一般取为外螺纹的危险剖面的计算直径。

③ 中径 d_2　它是一个假想圆柱的直径，该圆柱的母线通过牙型上沟槽和凸起宽度相等的地方。

④ 螺距 P　相邻两螺牙在中径线上对应两点间的轴向距离，称为螺距 P。

⑤ 导程 L 和螺纹线数 n　导程是同一螺纹线上的相邻牙在中径线上对应两点间轴向距离。导程和螺纹线数的关系为：$L = nP$。其中，单线螺纹 $n = 1$，双线螺纹 $n = 2$，其余

类推。

⑥ 升角 λ　在中径 d_2 圆柱上螺旋线的切线与垂直于螺纹轴线的平面间的夹角，称为升角，其计算式为 $\tan\lambda = \dfrac{L}{\pi d_2} = \dfrac{np}{\pi d_2}$。显然，在公称直径 d 和螺距 P 相同的条件下，螺纹线数 n 越多，导程 L 将成倍增加，升角 λ 也相应增大，传动效率也将提高。

⑦ 牙型角 α　在轴向剖面内螺纹牙型两侧边的夹角，称为牙型角。

5.4.3　螺纹联接的主要类型和应用

（1）螺纹联接常用标准件

螺纹联接件有螺栓、双头螺柱、螺钉、紧定螺钉、螺母、垫圈、防松零件等，它们多为标准件，其结构、尺寸在国家标准中都有规定。它们的公称尺寸均为螺纹大径 d，设计时应根据标准选用。常用标准螺纹联接件的结构特点和应用如表 5-4-2 所示。

表 5-4-2　**常用标准螺纹联接件的结构特点和应用**

类型	图　例	结构特点和应用
六角头螺栓	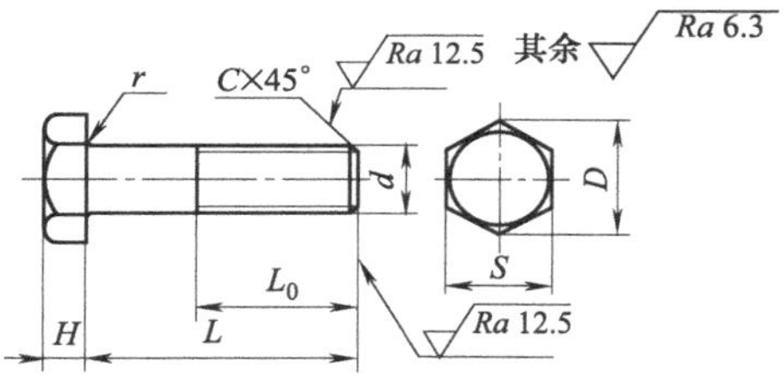	螺栓头部形状很多，其中以六角头螺栓应用最广。六角头螺栓又分为标准头、小头两种。小六角头螺栓尺寸小、质量轻，但不宜用于拆装频繁、被联接件抗压强度较低或易锈蚀的场合。按加工精度不同，螺栓分为粗制和精制。在机械制造中精制螺栓用得较多。螺栓末端应制成倒角
六角螺母	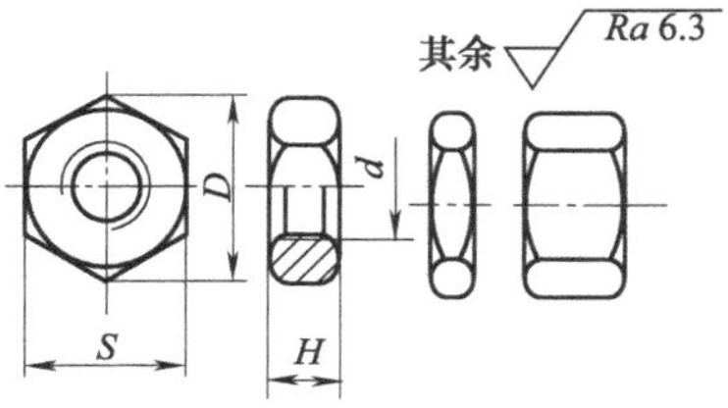	六角螺母应用最广。根据螺母厚度不同，分为标准、扁、厚 3 种规格。扁螺母常用于受剪力的螺栓上或空间尺寸受限制的场合；厚螺母用于经常拆装、易于磨损的场合。 螺母的制造精度和螺栓相同，分为粗制、精制两种，分别与相同精度的螺栓配用
垫圈	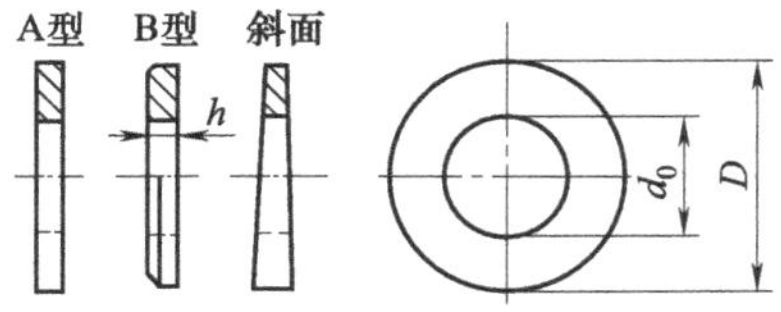	垫圈是螺纹连接中不可缺少的附件，常放置在螺母和被联接件之间，起保护支承表面等作用。按加工精度不同，分为粗制、精制两种。精制垫圈又分为 A 型和 B 型两种形式
双头螺柱	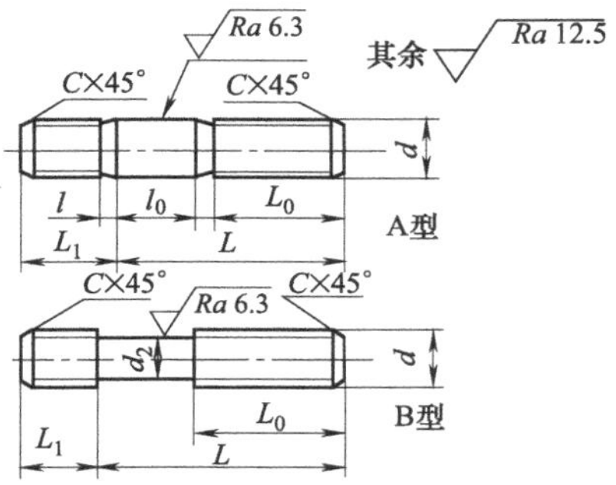	双头螺柱两端都制有螺纹，一端拧入并紧定在较厚被联接件的螺孔，另一端穿过较薄被联接件的通孔，套上垫圈，把机件联接在一起。适用于结构受限制，不能采用螺栓联接且经常拆卸的场合。在结构上分为 A 型（有退刀槽）和 B 型（无退刀槽）两种

续表

类型	图　例	结构特点和应用
螺钉	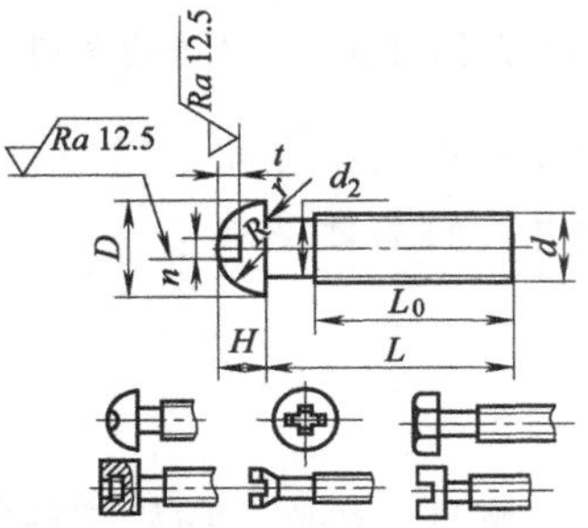	螺钉头部形状有半圆头、平圆头、六角头、圆柱头和沉头等。头部起子槽有一字槽、十字槽和内六角孔三种形式。十字槽螺钉头部强度高、对中性好,便于自动装配。内六角孔螺钉能承受较大的扳手力矩,联接强度高,可代替六角头螺栓,用于要求结构紧凑的场合
紧定螺钉	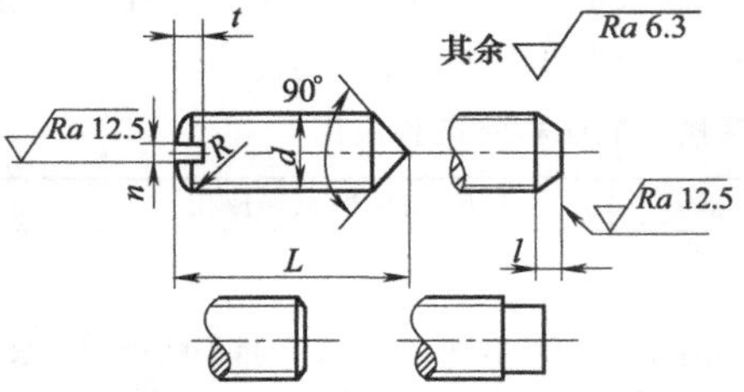	紧定螺钉的末端形状常用的有锥端、平端和圆柱端。锥端适用于被紧定零件的表面硬度较低或不经常拆卸的场合;平端接触面积大,不伤零件表面,常用于顶紧硬度较大的平面或经常拆卸的场合;圆柱端压入轴上的凹坑中,适用于紧定空心轴上的零件位置
圆螺母	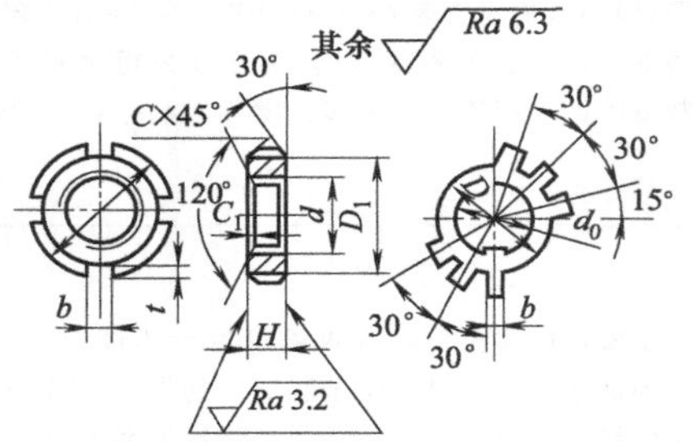	圆螺母常与止退垫圈配用,装配时将垫圈内舌插入轴上的槽内,而将垫圈的外舌嵌入圆螺母的槽内,螺母即被锁紧。常作为滚动轴承的轴向固定用
其他螺纹件等	 吊环螺钉 　　地脚螺栓　　T型槽螺栓　　膨胀螺栓	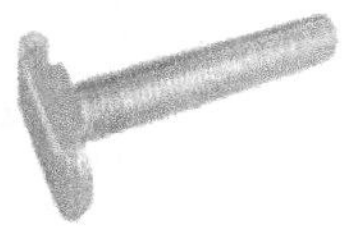 

（2）螺纹联接件的材料

国家标准推荐的标准螺纹联接件常用材料有低碳钢（Q215、10 钢）、中碳钢（Q235、35 钢、45 钢）和合金钢（15Cr、40Cr、30CrMnSi）。对用于特殊用途（防磁、导电）的螺纹联接件也有用特殊钢、铜合金或铝合金等。其力学性能和许用应力等,见表 5-4-3 和表 5-4-4。普通垫圈的材料,推荐采用 Q235、15 钢、35 钢,弹簧垫圈用 65Mn 制造,并经热处理和表面处理。

表 5-4-3　螺栓紧固件常用材料力学性能　　　　　　　　　　　　MPa

钢号	Q215	Q235	35	45	40Cr
强度极限 σ_b	340～420	410～470	540	650	7500～1000
屈服极限 σ_s	220	240	320	360	650～900

表 5-4-4　螺纹联接的许用应力 $[\sigma]$ 和安全系数 S

联接情况	受载情况	许用应力和安全系数
松螺栓联接		$[\sigma]=\dfrac{\sigma_s}{S}, S=1.2\sim1.7$
受拉螺栓	紧联接	$[\sigma]=\dfrac{\sigma_s}{S}, S$ 取值:控制预紧力时 $S=1.2\sim1.5$,不严格控制预紧力时,可查表 5-4-5
铰制孔用螺栓联接	静载荷	$[\tau]=\dfrac{\sigma_s}{2.5}$,联接件为钢时 $[\sigma_p]=\dfrac{\sigma_s}{1.25}$,联接件为铁时 $[\sigma_p]=\dfrac{\sigma_s}{(2\sim2.5)}$
	变载荷	$[\tau]=\dfrac{\sigma_s}{(3.5\sim5)}$,$[\sigma_p]$ 按静载荷的 $[\sigma_p]$ 值降低 $20\%\sim30\%$ 计算

表 5-4-5　紧螺栓联接的安全系数 S（不严格控制预紧力时）

材料	静载荷			变载荷	
	$M_6\sim M_{16}$	$M_{16}\sim M_{30}$	$M_{30}\sim M_{60}$	$M_6\sim M_{16}$	$M_{16}\sim M_{30}$
碳素钢	$4\sim3$	$3\sim2$	$2\sim1.3$	$10\sim6.5$	6.5
合金钢	$5\sim4$	$4\sim2.5$	2.5	$7.5\sim5$	5

（3）螺纹联接的主要类型和应用

螺纹联接的基本类型有螺栓联接、双头螺柱联接、螺钉联接、紧定螺钉联接。螺纹联接的基本类型、特点和应用如表 5-4-6 所示。

表 5-4-6　螺纹联接的基本类型、特点及应用

类型	结构形式	特点及应用
螺栓联接 — 普通螺栓联接		普通螺栓联接是将螺栓穿过被联接件的孔（螺栓与孔之间留有间隙），加上垫圈,然后拧紧螺母,即将被联接件联接起来。由于被联接件的孔无需切制螺纹,所以结构简单,装拆方便,应用广泛。用于通孔,能从被联接件两边进行装配的场合。工作时,螺栓受拉伸
螺栓联接 — 铰制孔螺栓联接		铰制孔螺栓联接,一般用于利用螺栓杆承受横向载荷或固定被联接件相互位置的场合。这时,孔与螺栓杆之间没有间隙,常采用基孔制过渡配合。工作时,螺栓一般受剪切力,故也常称为受剪螺栓联接
双头螺栓联接		双头螺栓联接是利用双头螺柱的一端旋紧在被联接件的螺纹孔中,另一端则穿过另一被联接件的孔,拧紧螺母后将被联接件联接起来。这种联接通常用于被联接件之一太厚不便穿孔,结构要求紧凑或须经常装拆的场合

类 型	结 构 形 式	特 点 及 应 用
螺钉联接		螺钉联接不需要螺母,将螺钉穿过被联接件的孔并旋入另一被联接件的螺纹孔中。它适用于被联接件之一太厚且不宜经常装拆的场合
紧定螺钉联接		紧定螺钉联接是将紧定螺钉旋入被联接件之一的螺纹孔中,并以其末端顶住另一被联接件的表面或顶入相应的凹坑中,以固定两个零件的相互位置。这种联接多用于轴与轴上零件的联接,并可传递不大的载荷

5.4.4　螺纹联接的拧紧和防松

（1）螺纹联接的拧紧（预紧）

绝大多数螺纹联接在装配时需要拧紧,使联接在承受工作载荷之前,预先受到力的作用,这个预加的作用力,称为预紧力。预紧的目的是为了增大联接的紧密性和可靠性。此外,适当地提高预紧力还能提高螺栓的疲劳强度。

拧紧时,用扳手施加拧紧力矩 T,以克服螺纹副中的阻力矩 T_1 和螺母支承面上的摩擦阻力矩 T_2,故拧紧力矩 $T=T_1+T_2$。对于 M10～M68 的粗牙普通螺纹,无润滑时可取 $T\approx0.2F_0d$,式中,F_0 为预紧力,N;d 为螺纹公称直径,mm。

为了保证预紧力 F_0 不致过小或过大,可在拧紧过程中控制拧紧力矩 T 的大小,其方法有采用测力矩扳手 ［图 5-4-7 （a）］或定力矩扳手 ［图 5-4-7 （b）］,必要时测定螺栓伸长量等。

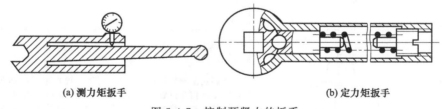

(a)测力矩扳手　　　　　　　　　　　　　　(b)定力矩扳手

图 5-4-7　控制预紧力的扳手

（2）螺纹联接的防松

在静载荷作用下,联接螺纹的升角较小,故能满足自锁条件。但在受冲击、振动或变载荷以及温度变化大时,联接有可能自动松脱,这就容易发生事故。因此,设计螺纹联接时必须考虑防松的问题。常用的防松方法见表 5-4-7。

5.4.5　螺栓联接的强度计算

螺栓联接的受载的形式主要有两类:一类为外载荷沿螺栓轴线方向,称轴向载荷;一类为外载荷垂直于螺栓轴线方向,称横向载荷。

表 5-4-7　常用的防松方法

类型	防松具体方法		
摩擦防松（利用摩擦力防松）	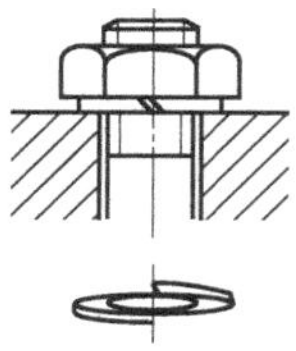 **弹簧垫圈式** 弹簧垫圈的材料为弹簧钢，装配后垫圈被压平，靠错开的刃口分别切入螺母和被联接件以及弹力保持的预紧力防松。适用于一般联接	**对顶螺母** 对顶螺母的方法是利用两螺母对顶预紧使螺纹旋合部分（此处在工作中几乎不变形）始终受到附加的预拉力及摩擦力而防松。适用于平稳、低速和重载的联接	**自锁螺母** 自锁螺母的方法是螺母一端制成非圆形收口或开缝后径向收口。当螺母拧紧后，收口胀开，利用收口的弹力使旋合螺纹压紧。该方式结构简单、防松可靠，可多次装拆而不降低防松能力
机械防松（用专门防松元件防松）	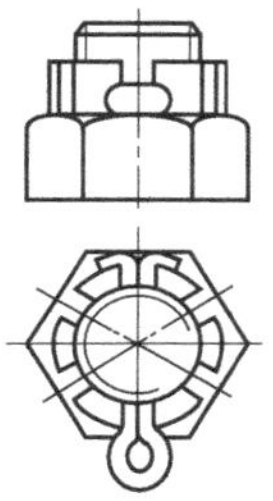 **槽型螺母与开口销** 槽型螺母与开口销的方法是螺母尾部开槽，拧紧后开口销穿过螺母槽和螺栓的径向孔而可靠防松	**圆螺母与止动垫圈** 圆螺母与止动垫圈的方法是垫圈内舌嵌入螺栓的轴向槽内，拧紧螺母后将垫圈外舌之一褶嵌入螺母的一个槽内 **单耳止动垫圈** 单耳止动垫圈的方法是在螺母拧紧后将垫圈一端褶起扣压到螺母的侧平面上，另一端褶下扣紧被联接件	**(a) 正确** **(b) 不正确** **串联钢丝防松** 串联钢丝防松的方法是用低碳钢丝串于各螺栓头部的孔内，将各螺钉串联起来。使用时必须注意钢丝的使用方向。 适用于螺钉组联接，防松可靠，但装拆不便
永久防松（用加工处理防松）	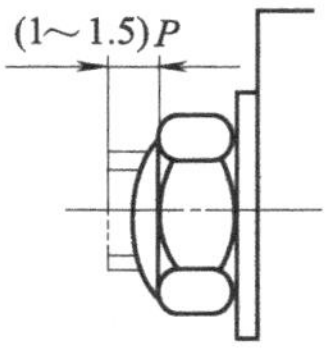 $(1{\sim}1.5)P$ **端铆** 端铆的方法是拧紧后螺栓露出 $1{\sim}1.5$ 个螺距，打压这部分螺栓头，使螺纹变大成永久性防松	$(1{\sim}1.5)P$ **冲点、焊点** 冲点、焊点的方法是拧紧后在螺栓和螺母的骑缝处用样冲进行冲打或用焊具点焊 $2{\sim}3$ 点成永久性防松	涂黏结剂 **粘接** 粘接的方法是用厌氧性黏结剂涂于螺纹旋合表面，拧紧螺母后自行固化获得良好的防松效果

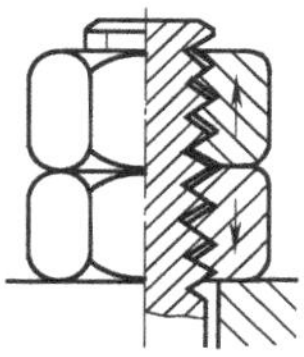

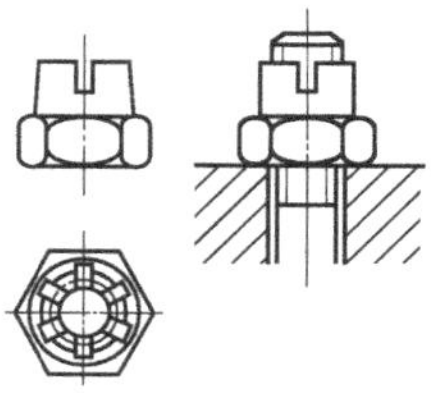

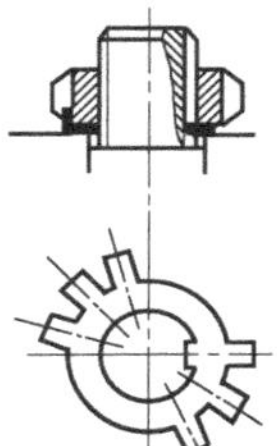

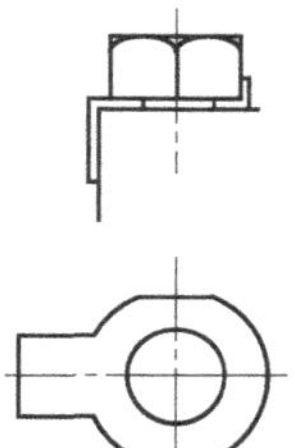

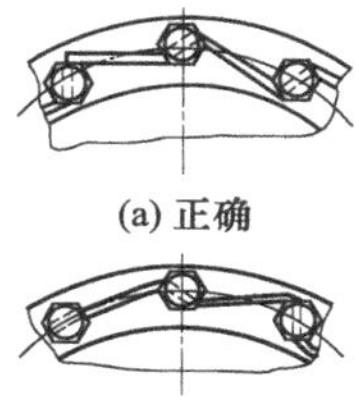

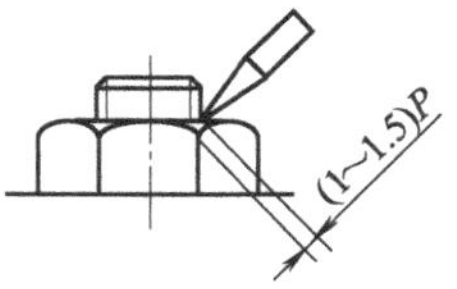

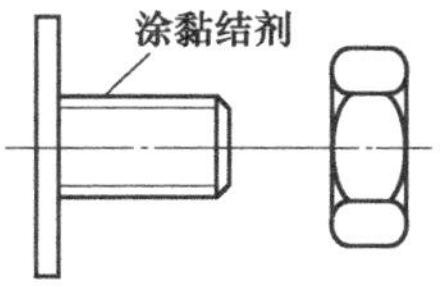

　　对螺栓来讲，当传递轴向载荷时，螺栓受的是轴向拉力，故称受拉螺栓。可分为不预紧的松联接和有预紧的紧联接。

当传递横向载荷时，一种是采用普通螺栓，靠螺栓联接的预紧力使被联接件接合面间产生的摩擦力来传递横向载荷，此时螺栓所受的是预紧力，仍为轴向拉力；另一种是采用铰制孔用螺栓，螺杆与铰制孔间是过渡配合，工作时靠螺杆受剪，杆壁与孔相互挤压来传递横向载荷，此时螺杆受剪，故称受剪螺栓。本书只探讨普通螺栓联接的强度计算。

（1）普通螺栓联接的失效形式

普通螺栓联接的主要失效形式有：

① 螺栓杆拉断；

② 螺纹压溃和剪断；

③ 螺纹因经常拆卸而磨损发生滑扣现象。

静载荷作用下受拉螺栓常见的失效形式多为螺纹的塑性变形或断裂。实践表明，螺栓断裂多发生在开始传力的第一、第二圈旋合螺纹的牙根处，因其应力集中的影响较大。

（2）普通螺栓联接的设计目的和准则

在设计螺栓联接时，一般选用的都是标准螺纹零件，其各部分主要尺寸已按等强度条件在标准中作出规定，因此螺栓的强度计算的目的是根据联接的结构形式、材料性质和载荷状态等条件，分析螺栓的受力和失效形式，然后按照螺杆不拉断的计算准则，求出或校核螺纹危险剖面的尺寸，即螺纹小径 d_1，然后再按照标准选定螺纹公称直径和螺距等。螺栓的其他尺寸及螺母的高度和垫圈的尺寸等，均可以根据公称直径直接从标准中选定。

（3）普通松螺栓联接的强度计算

这种联接在承受工作载荷之前，不拧紧螺母，除了相关零件的自重（通常可忽略不计）外，联接并不受预紧力。图 5-4-8 所示起重吊钩为松螺栓联接的实例。如已知螺杆所受最大拉力为 F，则螺纹部分的强度条件为：

$$\sigma = \frac{F}{A} = \frac{F}{\pi d_1^2/4} \leqslant [\sigma] \tag{5-4-1}$$

式中　d_1——为螺纹小径，mm；

　　　F——为螺栓承受的轴向工作载荷，N；

　　　σ——松螺栓联接的拉应力，MPa。

　　　$[\sigma]$——松螺栓联接的许用拉应力，MPa，其值可查表 5-4-3 和表 5-4-4。

由上式可得设计公式：

$$d_1 \geqslant \sqrt{\frac{4F}{\pi[\sigma]}} \tag{5-4-2}$$

计算得出螺纹小径 d_1 的值后，再从有关设计手册中查得螺纹的公称直径 d。

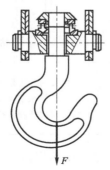

图 5-4-8　起重吊钩

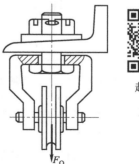

起重滑轮

图 5-4-9　起重滑轮

【引导案例】

如图 5-4-9 所示为起重滑轮松螺栓联接。已知作用在螺栓上的工作载荷 $F_Q=50\text{kN}$，螺栓材料为 Q235，试确定螺栓的直径。

【参考答案】

（1）确定螺栓的许用应力。根据螺栓材料 Q235，查表 5-4-3 得 $\sigma_s=240\text{MPa}$；查表 5-4-4，取 $S=1.4$，则

$$[\sigma]=\frac{\sigma_s}{S}=\frac{240}{1.4}=171.43\text{MPa}$$

（2）确定螺栓直径 d。由式（5-4-1）得

$$d_1\geqslant\sqrt{\frac{4F}{\pi[\sigma]}}=\sqrt{\frac{4\times50\times10^3}{3.14\times171.43}}=19.28\text{mm}$$

查手册，得螺栓大径为 $d=20\text{mm}$，其标记为螺栓 GB/T 5780—2016　M20×长度。

（4）紧螺栓联接的强度计算

① 只受预紧力作用的紧螺栓联接的强度计算

a. 预紧力的计算　图 5-4-10 所示为只受预紧力的紧螺栓联接。其中图 5-4-10（a）为受横向载荷作用的紧螺栓联接；图 5-4-10（b）为受转矩作用的紧螺栓联接。

这种联接的螺栓与被联接件的孔壁间有间隙。拧紧螺母后，依靠螺栓的预紧力 F_0 使被联接件相互压紧，当被联接件受到横向工作载荷 R 作用时［5-4-10（a）］，由预紧力产生的接合面间的摩擦力，将抵抗横向力 R 从而阻止摩擦面间产生相对滑动。因此，这种联接正常工作的条件为被联接件彼此不产生相对滑动，即

$$F_0Zfm\geqslant CR \tag{5-4-3}$$

式中　f——被联接件接合面间的摩擦系数，钢或铸铁零件干燥表面取 $f=0.10\sim0.16$；

　　　m——被联接件接合面的对数；

　　　Z——联接螺栓的数目；

　　　C——联接的可靠性系数，通常取 $C=1.1\sim1.3$。

图 5-4-10（b）所示受转矩作用的紧螺栓联接的预紧力按 $T\approx0.2F_0d$ 计算时，应将转矩转化为横向载荷 R，$R=2000T/D_0$，D_0 为螺栓所分布圆周的直径，mm；T 为传递的转矩，N·m。

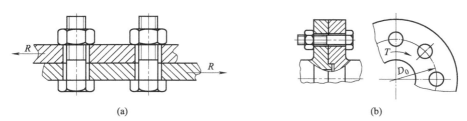

图 5-4-10　只受预紧力的紧螺栓联接

b. 螺栓的强度计算　预紧螺栓联接在拧紧螺母时，螺栓杆除沿轴向受预紧力 F_0 的拉伸作用外，还受螺纹力矩 T_1 的扭转作用。F_0 和 T_1 将分别使螺纹部分产生拉应力 σ 及扭转剪

应力 τ，因一般螺栓采用塑性材料，故可用第四强度理论求其相当应力。螺纹部分的强度条件为：

$$\sigma = 1.3\frac{F_0}{\pi d_1^2/4} \leqslant [\sigma] \tag{5-4-4}$$

式中　F_0——螺栓承受的预紧力，N；

　　d_1——螺纹小径，mm；

　　σ——紧螺栓联接的拉应力，MPa；

　　$[\sigma]$——紧螺栓联接的许用拉应力，MPa，其值可查表 5-4-3 和表 5-4-4。

上式说明：紧螺栓联接时，螺栓虽然受拉伸和扭转的复合作用，它的强度仍可按纯拉伸计算，只需将拉力增大 30%，以考虑扭转的影响。

故设计公式为：

$$d_1 \geqslant \sqrt{\frac{4 \times 1.3F_0}{\pi[\sigma]}} \tag{5-4-5}$$

需要注意的是，在上述条件不变的情况下，为保证联接可靠安全，要求预紧力能够提供被联接件间足够的摩擦力，而这将直接致使螺栓尺寸增大，结构笨重，设计经济性下降，所以在设计时应结合实际情况，权衡利弊。

② 受预紧力和轴向拉力工作载荷的螺栓联接　这种联接比较常见，图 5-4-11 所示气缸盖螺栓联接就是典型的实例。

图中 F 是单个螺栓所受的轴向力（即工作载荷）；F_Q 是气缸体所受的总的工作载荷；假设气缸的联接螺栓有 n 个，那么单个螺栓所受的轴向力就是：

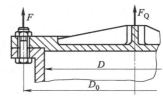

$$F = \frac{F_Q}{n} \tag{5-4-6}$$

图 5-4-11　气缸盖螺栓
联接受力情况

单个螺栓在工作前只受预紧力 F_0 的作用；工作时，当气缸体内容器充压后，在工作载荷（轴向力）F 的作用下，由于螺栓和被联接件都会被拉长，在受有预紧力 F_0 的基础上，因受到两者弹性变形的相互制约，接合面有分离的趋势，使所受的预紧力 F_0 下降为 F'（即残余预紧力，需保证接合面的密封），故单个螺栓所受的总拉力 F_Z 并不等于工作载荷 F 与预紧力 F_0 之和，而是等于工作载荷 F 与残余预紧力 F' 之和，即：

$$F_Z = F + F' \tag{5-4-7}$$

考虑到螺栓工作时可能被补充拧紧，在螺纹部分产生扭转剪应力，将总拉力 F_Z 增大 30% 作为计算载荷，则单个受拉螺栓螺纹部分的强度条件和设计公式分别为：

$$\sigma = 1.3\frac{F_Z}{\pi d_1^2/4} \leqslant [\sigma] \tag{5-4-8}$$

$$d_1 \geqslant \sqrt{\frac{4 \times 1.3F_Z}{\pi[\sigma]}} \tag{5-4-9}$$

式中，F_Z 是单个螺栓所受的总拉力（工作载荷）；其他各符号意义同式（5-4-4）和式（5-4-5）。

为保证螺栓联接的紧密性和紧固性，残余预紧力 F' 应大于零。其中，残余预紧力 F' 的值可查表 5-4-8。

表 5-4-8　残余预紧力 F' 的推荐值

联接性质		残余预紧力 F' 的推荐值
紧固联接	工作载荷 F 无变化	$F'=(0.2\sim0.6)F$
	工作载荷 F 有变化	$F'=(0.6\sim1.0)F$
压力容器的紧密联接		$F'=(1.5\sim1.8)F$
地脚螺栓联接		$F'\geqslant F$

知识点滴

螺钉与螺丝钉精神

1960 年 1 月 12 日，《雷锋日记》里这样写到，"虽然是细小的螺丝钉，是个微细的小齿轮，然而如果缺了它，那整个的机器就无法运转了，慢说是缺了它，即便是一枚小螺丝钉没拧紧，一个小齿轮略有破损，也要使机器的运转发生故障的。"螺丝钉精神是干一行，爱一行，钻一行，踏踏实实做事的精神；是自觉地把个人融入党和人民的事业之中去，个人服从整体，服从组织，忠于职守，兢兢业业，全心全意为人民服务的精神。

在新时代，雷锋精神并没有过时，而是与时俱进，诠释出新的历史意义和时代价值。习近平总书记号召大家"做一颗永不生锈的螺丝钉"，就是要号召大家学习雷锋精神，以精益求精的干劲、功成不必在我的作风和勇挑大梁的担当，做新时代的一颗螺丝钉。今天，我们更要向雷锋同志学习，要始终不忘初心、牢记使命，以新的担当作为，在新时代做一颗永不生锈的"螺丝钉"。

【任务实施】

任务分析

如图 5-4-0 所示，任务中螺钉受力情况属于受预紧力和轴向拉力工作载荷的情况，其设计步骤大致为：

① 根据螺钉的材料情况，确定螺钉的许用应力 $[\sigma]$；

② 根据螺钉承受载荷的情况，求出单个螺钉所受的工作拉力 F；

③ 根据联接的工作要求，确定残余预紧力 F'；

④ 计算单个螺钉的总拉力 F_z；

⑤ 计算螺钉最小直径 d_1，查阅螺纹标准，确定螺纹公称直径 d，最后确定型号。

任务完成

① 分析图 1-2-3（a）所示减速器的螺纹联接情况，如下表：

减速器部位名称	联 接 情 况
箱体与机架	采用地脚螺栓，将箱体与机架固定在一起
上箱体和下箱体	(1)采用普通螺栓联接，将上、下箱体联接；(2)安装时，使用定位销；(3)设有启盖螺钉，便于拆盖
轴承端盖与箱体	采用联接螺钉，将端盖与箱体联接
放油孔	采用螺塞式的螺纹联接，便于拧动放油
吊环	采用吊环螺钉，便于起吊减速器

② 确定图 5-4-0 所示的低速轴输出端的轴承盖联接螺钉的型号，如下表：

设 计 步 骤	计 算 与 说 明	计算结果
1. 确定螺钉的许用应力	根据螺钉材料 Q235，查表 5-4-3，得 $\sigma_s=240\text{MPa}$。根据不控制预紧力条件，按类别法参考同类产品，查表 5-4-5 取安全系数 $S=4$，则螺栓的许用应力为 $[\sigma]=\dfrac{\sigma_s}{S}=\dfrac{240}{4}=60\text{MPa}$	$[\sigma]=60\text{MPa}$

续表

设 计 步 骤	计 算 与 说 明	计算结果
2. 计算单个螺钉受的拉力	根据已知条件,螺钉数量 $n=6$,根据式(5-4-6)得: 单个螺钉的工作载荷 $F=\dfrac{F_Q}{n}=\dfrac{9600}{6}=1600\text{N}$	$F=1600\text{N}$
3. 计算单个螺钉受的残余预紧力	根据已知条件,查表 5-4-8 确定剩余的预紧力为: $F'=0.4F=0.4\times1600=640\text{N}$	$F'=640\text{N}$
4. 计算单个螺钉的总拉力	根据式(5-4-7)得出,单个螺钉受总拉力为: $F_Z=F+F'=1600+640=2240\text{N}$	$F_Z=2240\text{N}$
5. 确定螺栓最小直径	按强度条件和设计公式,确定螺栓直径 d_1。由式(5-4-9)得 $d_1\geqslant\sqrt{\dfrac{4\times1.3F_Z}{\pi[\sigma]}}=\sqrt{\dfrac{4\times1.3\times2240}{3.14\times60}}=7.86\text{mm}$	$d_1\geqslant7.86\text{mm}$
6. 确定螺栓的型号	查手册或资料,得螺栓大径为 $d=8\text{mm}$,并考虑厚轴承盖和箱体的厚度,确定螺栓长度。确定螺栓其标记为 GB/T 5780—2016 M8×25	M8×25

【题库训练】

1. 选择题

(1) 用于联接的螺纹牙型为三角形,这是因为 (   )。

A. 牙根强度高,自锁性能好　　　　　　B. 传动效率高

C. 防振性能好　　　　　　　　　　　　D. 自锁性能差

(2) 螺纹联接的自锁条件为 (   )。

A. 螺纹升角≤当量摩擦角　　　　　　　B. 螺纹升角＞摩擦角

C. 螺纹升角≥摩擦角　　　　　　　　　D. 螺纹升角≥当量摩擦角

(3) 在螺栓联接中,有时在一个螺栓上采用双螺母,其目的是 (   )。

A. 提高强度　　　　　　　　　　　　　B. 提高刚度

C. 防松　　　　　　　　　　　　　　　D. 减小每圈螺纹牙上的受力

(4) 在同一螺栓组中,螺栓的材料、直径和长度均应相同,这是为了 (   )。

A. 受力均匀　　B. 便于装配　　C. 外形美观　　　　D. 降低成本

(5) 若螺栓联接的被联接件为铸件,则有时在螺栓孔处制作沉头座孔或凸台,其目的是 (   )。

A. 为避免螺栓受附加弯曲应力作用　　　B. 便于安装

C. 为避免螺栓受拉力过大

(6) 以下哪些联接不能用作轴向固定 (   )。

A. 平键联接　　B. 销联接　　　C. 螺钉联接　　　　D. 过盈联接

(7) 结构简单不能承受较大载荷,只适用于辅助联接的轴上零件的周向固定方法是 (   )。

A. 销钉联接　　　B. 紧定螺钉　　C. 过盈配合

（8）当两个被联接件之一太厚，不宜制成通孔，且联接不需要经常拆装时，宜采用（　　）。

A. 螺栓联接　　　　　B. 螺钉联接　　　　　C. 双头螺柱联接　　　D. 紧定螺钉联接

（9）在被联接件之一的厚度较大，且需要经常装拆的场合，易采用（　　）。

A. 普通螺栓联接　　　B. 双头螺栓联接　　　C. 螺钉联接　　　　　D. 紧定螺钉联接

2. 填空题

（1）常用的螺纹联接标准件有（　　）。

（2）螺纹联接防松的实质是（　　）。

（3）被联接件受横向载荷作用时，若采用普通螺栓联接，则螺栓受（　　）载荷作用，可能发生的失效形式为（　　）。

（4）采用凸台或沉头座孔作为螺栓头或螺母的支承面是为了（　　）。

（5）在螺纹联接中采用悬置螺母或环槽螺母的目的是（　　）。

（6）螺纹联接防松，按其防松原理可分为（　　）防松、（　　）防松和（　　）防松。

（7）松螺栓联接在工作时，螺杆受到（　　）应力的作用。

（8）根据工作原理分类，螺栓联接采用开口销与六角开槽螺母防松是属于（　　）防松。

3. 问答题

（1）螺纹联接有哪些基本类型？各有何特点？各适用于什么场合？

（2）为什么螺纹联接常需要防松？按防松原理，螺纹联接的防松方法可分为哪几类？试举例说明。

4. 计算题

（1）如图 5-4-12 所示，钢制的凸缘联轴器，用均布在直径 $D_0 = 250\text{mm}$ 圆周上的 Z 个螺栓将两个半凸缘联轴器紧固在一起，凸缘厚均为 $b = 30\text{mm}$。联轴器需要传递的转矩 $T = 10^6 \text{N·mm}$，接合面间摩擦系数 $f = 0.15$，可靠性系数 $K_f = 1.2$。试求：

① 若采用 6 个普通螺栓联接，试分析计算所需螺栓直径。

② 若采用与问题①中相同公称直径的 3 个铰制孔螺栓联接，强度是否足够？

（2）如图 5-4-13 所示为安全联接器。已知钢板间的摩擦系数 $f = 0.15$，可靠性系数 $K_f = 1.2$，螺栓材料为 Q235 钢，其屈服极限 $\delta_s = 240\text{MPa}$，安全系数 $S = 1.5$。试分析拧紧两个 M12（$d_1 = 10.106$）的普通螺栓后所能承受的最大拉力 F。

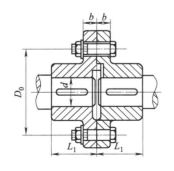

图 5-4-12　凸缘联轴器

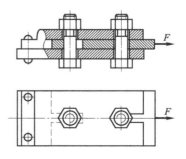

图 5-4-13　安全联接器

任务 5.5　联轴器、离合器的分析与选择

【任务描述】

在机械传动中，常需要将机器中的不同机构的轴联接起来，以传递运动和动力。将两轴直接联接起来以传递运动和动力的联接，称为轴间联接。轴间联接通常采用联轴器和离合器来实现。

联轴器和离合器是机械传动中的重要部件。联轴器和离合器可联接主、从动轴，使其一同回转并传递扭矩，有时也可用作安全装置，用来防止被联接的机件承受过大的载荷，起到过载保护的作用。联轴器联接的分与合只能在停机时进行，而离合器联接的分与合可随时进行。如图 5-5-0 所示为联轴器和离合器应用实例。

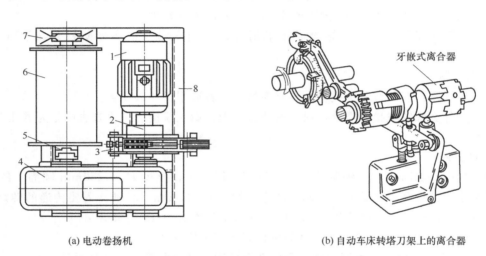

(a) 电动卷扬机　　　　　　　　　　　　　(b) 自动车床转塔刀架上的离合器

图 5-5-0　联轴器和离合器应用实例

1—电动机；2,5—联轴器；3—制动器；4—减速器；6—卷筒；7—轴承；8—机架

图 5-5-0（a）所示为电动卷扬机，电动机输出轴与减速器输入轴之间用联轴器联接，减速器输出轴与卷筒之间同样用联轴器联接来传递运动和扭矩。图 5-5-0（b）所示为自动车床转塔刀架上用于控制转位的离合器。本任务是对带式运输机的联轴器进行选择。

任务条件

如图 1-2-0 所示的带式输送机低速轴传递的功率 $P = 4.29\text{kW}$，转速 $n = 95.5\text{r/min}$，低速轴的直径 $d_1 = 42\text{mm}$。

任务要求

分析和选择所需的联轴器，写出其型号。

学习目标

◉ 知识目标

（1）掌握联轴器的作用、分类特点与应用。

（2）掌握联轴器转矩计算与选择。

（3）了解离合器的作用、分类特点与应用。

● 能力目标

（1）学会分析和选择联轴器以及其它轴间联接的工程应用。

（2）学会根据工作要求正确分析和选用联轴器。

（3）学会分析离合器的类型和特点。

● 素质目标

（1）培养科学的传承和创新意识，接力共树优秀品质。

（2）锻炼解决工程实际问题的能力，培养团队协作精神。

【知识导航】

知识导图如图 5-5-1 所示。

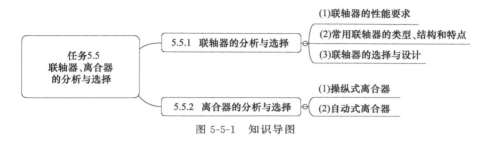

图 5-5-1　知识导图

联轴器和离合器的类型很多，其中多数已标准化，设计选择时可根据工作要求，查阅有关手册、样本，选择合适的类型，必要时对其中主要零件进行强度校核。

5.5.1　联轴器的分析与选择

（1）联轴器的性能要求

联轴器所联接的两轴，由于制造及安装误差、承载后变形、温度变化和轴承磨损等原因，不能保证严格对中，使两轴线之间出现相对位移，如图 5-5-2 所示，两轴间会出现轴向位移 x [图 5-5-2（a）]、径向位移 y [图 5-5-2（b）]、角度位移 α [图 5-5-2（c）] 或这些位移的综合位移 [图 5-5-2（d）]。如果联轴器对各种位移没有补偿能力，工作中将会产生附加动载荷，使工作情况恶化。因此，要求联轴器具有补偿一定范围内两轴线相对位移量的能力。对于经常负载启动或工作载荷变化的场合，要求联轴器中具有起缓冲、减振作用的弹性元件，以保护原动机和工作机不受或少受损伤。同时还要求联轴器安全、可靠，有足够的强度和使用寿命。

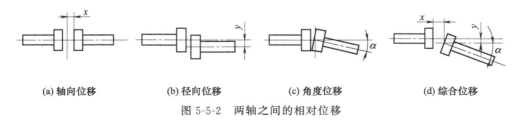

(a) 轴向位移　　　(b) 径向位移　　　(c) 角度位移　　　(d) 综合位移

图 5-5-2　两轴之间的相对位移

（2）常用联轴器的类型、结构和特点

联轴器的种类很多，有机械式联轴器、液力联轴器和电磁式联轴器，其中机械式联轴器应用最广。联轴器分为刚性联轴器、挠性联轴器和安全联轴器三大类。其中,挠性联轴器又分为无弹性元件挠性联轴器和有弹性元件挠性联轴器。根据国标 GB/T 12458—2003,联轴器分类简介如表 5-5-1 所示。

表 5-5-1　联轴器名称与型号简介(摘自 GB/T 12458—2003)

类别	分类别	组别		品种	典型联轴器	
		名称	代号		名称	型号
刚性联轴器	—	刚性联轴器	G	凸缘式、径向键式、平行轴式、夹壳式、套筒式	凸缘联轴器	GY
					螺栓夹紧夹壳联轴器	GKL
					套筒联轴器	GT
挠性联轴器	无弹性元件挠性联轴器	滑块联轴器	H	滑块式	滑块联轴器	HH
		齿式联轴器	C	直齿式、鼓形齿式、双曲率鼓形齿式	直齿齿式联轴器	CZ
		链条联轴器	T	滚子链式、套筒链式、齿形链式	双排滚子链联轴器	TGS
		滚子联轴器	U	球面滚子式	球面滚子联轴器	UQ
		滚珠联轴器	Z	滚珠式	滚珠联轴器	ZZ
		万向联轴器	W	十字轴式、十字销式、铜滑块式、球铰式、球笼式、球铰柱塞式、三叉杆式、球叉式、凸块式	十字轴式万向联轴器	WS
	有弹性元件挠性联轴器	金属弹性元件挠性联轴器	J	三球销式、三销式、球销式、膜片式、膜盘式、簧片式、蛇形弹簧式、弹性杆式、螺旋弹簧式、浮动盘簧片式、卷簧式、叠片弹簧式、直杆弹簧式、波纹管式、弹簧管式、薄膜式	膜片联轴器	JM
					蛇形弹簧联轴器	JS
					簧片联轴器	JH
		非金属弹性元件挠性联轴器	L	梅花形式、弹性套柱销式、弹性柱销式、径向弹性柱销式、弹性柱销齿式、轮胎式、橡胶金属环式、芯型式、多角形式、弹性块式、H 型弹性块式、扇形块式、弹性活销式、凹形环式、橡胶套筒式、弹性板式、膜片橡胶式	弹性套柱销联轴器	LT
					弹性柱销联轴器	LX
					轮胎式联轴器	LU
安全联轴器	—	刚性安全联轴器	A	棒销剪切式、内胀摩擦式、液压式、钢球式、摩擦式	内胀摩擦式联轴器	AZ
		挠性安全联轴器	N	钢砂式、钢球式、蛇形弹簧式、棒销弹性块式	钢球式安全联轴器	NQ

注:1. 联轴器的型号由组别代号、品种代号、结构形式代号和规格型号组成。以其名称第一个字的第一个汉语拼音字母作为代号。如有重复,以后面的字母代替。

2. 联轴器的主参数为公称转矩 T_n,单位为 N·m。其参数值应符合 GB/T 3507 的规定。联轴器的公称转矩的顺序号或尺寸参数,为联轴器的规格代号。

3. 示例:GB/T 10614 中公称转矩为 160N·m 的基本型芯型弹性联轴器,型号:LN5。双法兰型芯型弹性联轴器,型号:LNS5。

① **刚性联轴器**　刚性联轴器不具有缓冲性和补偿两轴线相对位移的能力,要求两轴严格对中,但此类联轴器结构简单,制造成本较低,装拆、维护方便,能保证两轴有较高的对中性,传递转矩较大,应用广泛。常用的有凸缘联轴器、夹壳联轴器和套筒联轴器等。

a. **凸缘联轴器**　凸缘联轴器是刚性联轴器中应用最广泛的一种。它是由两个带凸缘的半联轴器用螺栓联接而成,与两轴之间用键联接。常用的结构形式有两种,其对中方法不同。

（a）凸肩和凹槽对中式

图 5-5-3 所示为两半联轴器 1、3 的凸肩 5 与凹槽 6 相配合而对中，用普通螺栓 2 联接，依靠接合面间的摩擦力传递转矩，对中精度高，装拆时，轴必须做轴向移动。

（b）铰制孔螺栓对中式　图 5-5-4 所示为两半联轴器 1、3 用铰制孔螺栓 2 联接，靠螺栓杆与螺栓孔配合对中，依靠螺栓杆的剪切及其与孔的挤压传递转矩，装拆时轴不须做轴向移动。

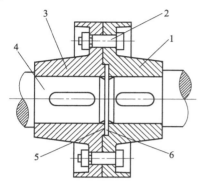

图 5-5-3　凸肩和凹槽对中联轴器

1,3—半联轴器；2—普通螺栓；

4—轴；5—凸肩；6—凹槽

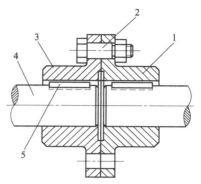

图 5-5-4　铰制孔螺栓对中联轴器

1,3—半联轴器；

2—铰制孔螺栓；4—轴；5—平键

凸缘联轴器的材料一般采用铸铁，重载或圆周速度 $v \geqslant 30\text{m/s}$ 时应采用铸钢或锻钢。凸缘联轴器结构简单，价格低廉，能传递较大的转矩，但不能补偿两轴线的相对位移，也不能缓冲减振，故只适用于联接的两轴能严格对中、载荷平稳的场合。

b. 夹壳联轴器　夹壳联轴器有卧式和立式两种形式。卧式夹壳联轴器的结构如图 5-5-5 所示，是利用两个沿轴向剖分的夹壳 1、2，用螺栓 4 夹紧以实现两轴联接，靠两半联轴器表面间的摩擦力传递转矩，利用平键做辅助联接。

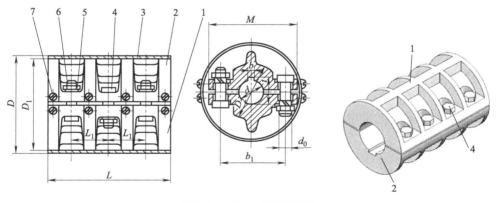

图 5-5-5　卧式夹壳联轴器

1,2—壳体；3—防护罩；4—螺栓；5—螺母；6—垫圈；7—螺钉

夹壳联轴器装配和拆卸时轴不需轴向移动，所以装拆很方便，夹壳联轴器的缺点是两轴轴线对中精度低，结构和形状比较复杂，制造及平衡精度较低，只适用于低速和载荷平稳的场合，通常最大外缘的线速度不大于 5m/s，当线速度超过 5m/s 时需要进行平衡校验。

为了改善平衡状况，螺栓应正、倒相间安装。夹壳联轴器不具备轴向、径向和角向的补偿性能。立式夹壳联轴器的特性与夹壳联轴器近似，结构简单，装拆方便，适用于低速（最高圆周线速度为 5m/s）、无冲击、振动载荷平稳的场合，宜用于搅拌器等立轴的联接。

　　c. 套筒联轴器　套筒联轴器是利用公用套筒，并通过键、花键或锥销等刚性联接件，以实现两轴的联接。如图 5-5-6 所示，是用键联接的套筒联轴器，图 5-5-7 是用销联接的套筒联轴器。其结构简单，制造方便，成本较低，径向尺寸小，但装拆不方便，需使轴做轴向移动。适用于低速、轻载、无冲击载荷的联接。最大工作转速一般不超过 250r/min。套筒联轴器不具备轴向、径向和角向补偿性能。

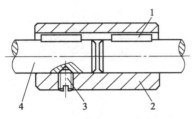
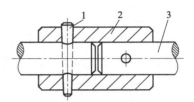

图 5-5-6　用键联接的套筒联轴器
1—键；2—套筒；3—紧定螺钉；4—轴

图 5-5-7　用销联接的套筒联轴器
1—销；2—套筒；3—轴

　　② 挠性联轴器　挠性联轴器又可分为无弹性元件挠性联轴器和有弹性元件挠性联轴器，前一类只具有补偿两轴线相对位移的能力，但不能缓冲减振，常见的有滑块联轴器、齿式联轴器、万向联轴器和链条联轴器等；后一类因含有弹性元件，除具有补偿两轴线相对位移的能力外，还具有缓冲和减振作用，但传递的转矩因受到弹性元件强度的限制，一般不及无弹性元件挠性联轴器，常见的有弹性套柱销联轴器、弹性柱销联轴器、梅花形联轴器、轮胎式联轴器、蛇形弹簧联轴器和簧片联轴器等。

　　a. 无弹性元件挠性联轴器

　　（a）滑块联轴器　滑块联轴器（又称十字滑块联轴器）的结构如图 5-5-8 所示，由两个端面开有凹槽的半联轴器 1、3，利用两面带有凸块的中间盘 2 联接，半联轴器 1、3 分别与主、从动轴联接成一体，实现两轴的联接。中间盘沿径向滑动补偿径向位移 y，并能补偿角度位移 α（如图 5-5-8b 所示）。若两轴线不同心或偏斜，则在运转时中间盘上的凸块将在半联轴器的凹槽内滑动；转速较高时，由于中间盘的偏心会产生较大的离心力和磨损，并使轴承承受附加动载荷，故这种联轴器适用于低速情况。为减少磨损，可由中间盘油孔注入润滑剂。

　　半联轴器和中间盘的常用材料为 45 钢或铸钢 ZG310-570，工作表面淬火 48～58HRC。

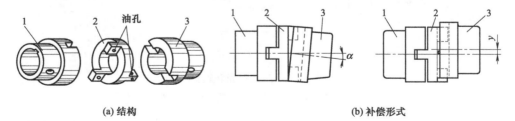

(a) 结构　　　　　　　　　　　　　　　　　　　　(b) 补偿形式

图 5-5-8　滑块联轴器

　　（b）齿式联轴器　齿式联轴器的结构如图 5-5-9 所示，由齿数相同的内齿圈和带外齿的凸缘半联轴器等零件组成。外齿分为直齿和鼓形齿两种齿形，所谓鼓形齿即为将外齿制成球面，球面中心在齿轮轴线上，齿侧间隙较一般齿轮大，鼓形齿联轴器可允许较大的角位移（相对于直齿联轴器），可改善齿的接触条件，提高传递转矩的能力，延长使用寿命。齿式联轴器在工作时，两轴产生相对位移，内外齿的齿面周期性做轴向相对滑动，必然形成齿面磨损和功率损耗，因此齿式联轴器需在良好润滑和密封的状态下工作。为补偿两轴的综合位移，常将外齿轮的外圆制成球面，齿侧制成鼓形齿且齿侧间隙较大，可允许两轴发生综合位移。

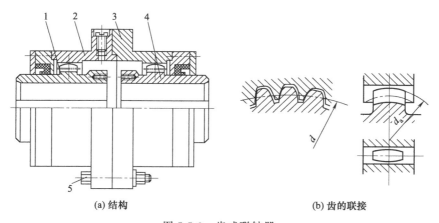

(a) 结构 (b) 齿的联接

图 5-5-9 齿式联轴器

1,4—有齿的半联轴器；2,3—半联轴器凸缘外壳；5—联接螺栓

（c）链条联轴器 链条联轴器的结构如图 5-5-10 所示，利用公用的链条 2，同时与两个齿数相同的并列链轮 1、4 啮合，以实现轴与轴的联接。不同结构形式的链条联轴器主要区别是采用不同链条，常见的有双排滚子链联轴器、单排滚子链联轴器、齿形链联轴器、尼龙链联轴器等。

链条联轴器具有结构简单、装拆方便、拆卸时不用移动被联接的两轴、尺寸紧凑、质量轻、有一定补偿能力、对安装精度要求不高、工作可靠、寿命较长、成本较低等优点。可用于纺织、农机、起重运输、工程、矿山、轻工、化工等机械的轴系传动。适用于高温、潮湿和多尘工况环境，不适用于高速、有剧烈冲击载荷和传递轴向力的场合。链条联轴器应在良好的润滑并有防护罩的条件下工作。

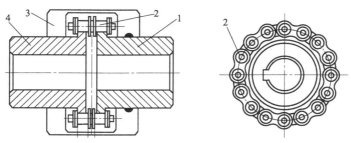

图 5-5-10 GL 型滚子链条联轴器

1,4—链轮；2—双排滚子链；3—罩壳

（d）万向联轴器 万向联轴器的结构如图 5-5-11 所示，由两个叉形接头 1、3 和十字轴 2 组成，利用中间联接件十字轴联接的两叉形半联轴器均能绕十字轴的轴线转动，从而使联轴器的两轴线能成任意角度 α，一般 α 最大可达 $35°\sim45°$。但 α 角越大，传动效率越低。万向联轴器的材料常用合金钢制造，以获得较高的耐磨性和较小的尺寸。

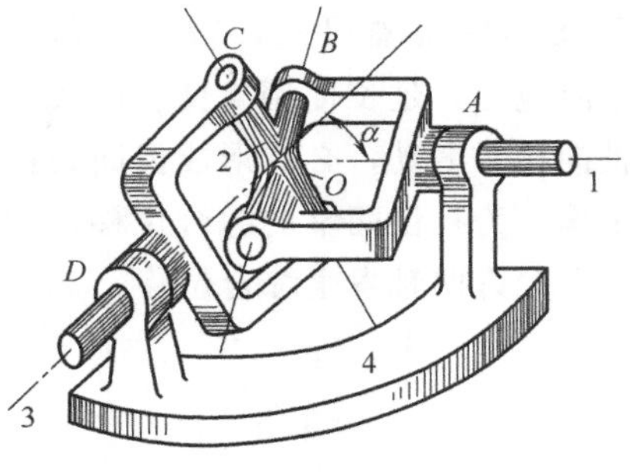

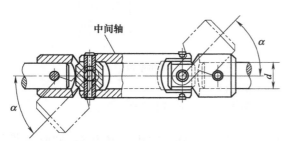

图 5-5-11　万向联轴器模型

1,3—叉形接头　2—十字轴　4—机架

系统中。

万向联轴器单个使用时，当主动轴以等角速度转动时，从动轴做变角速度回转，从而在传动中引起附加动载荷。为避免这种现象，可采用两个万向联轴器成对使用，使两次角速度变化的影响相互抵消，使主动轴和从动轴同步转动，如图 5-5-12 所示。各轴相互位置在安装时必须满足：主动轴、从动轴与中间轴 C 的夹角必须相等，即 $\alpha_1 = \alpha_2$；中间轴两端的叉形平面必须位于同一平面内，如图 5-5-13 所示。

万向联轴器能补偿较大的角位移，结构紧凑，使用、维护方便，广泛用于汽车、工程机械等的传动

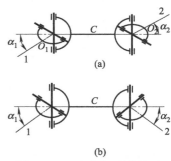

图 5-5-13　夹角与叉形平面

图 5-5-12　成对使用的万向联轴器

b. 有弹性元件挠性联轴器

（a）金属弹性元件挠性联轴器

•膜片联轴器。膜片联轴器的结构如图 5-5-14 所示，由几组膜片 3（不锈钢薄板）用螺栓交错地与两半联轴器 1、6 联接，每组膜片由数片叠集而成，膜片分为连杆式和不同形状的整片式。膜片联轴器靠膜片的弹性变形来补偿所联两轴的相对位移，是一种高性能的金属弹性元件挠性联轴器。

膜片联轴器能补偿主动机与从动机之间由于制造误差、安装误差、承载变形以及温度变化的影响等所引起的轴向、径向和角向偏移。膜片联轴器属金属弹性元件

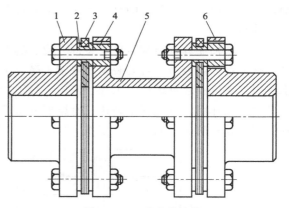

图 5-5-14　膜片联轴器

1,6—半联轴器；2—衬套；

3—膜片组；4—垫圈；5—中间节

挠性联轴器，其依靠金属联轴器膜片来联接主、从动机传递扭矩，具有弹性减振、无噪声、不需润滑的优点，适用于高温、高速、有腐蚀介质工况环境的轴系传动，是当今替代齿式联轴器及一般联轴器的理想产品。

•蛇形弹簧联轴器。蛇形弹簧联轴器的结构如图 5-5-15 所示，其主要结构是由两个半联轴器 1、4，两个半外罩 3，两个密封圈及蛇形弹簧片 2 组成。它是靠蛇形弹簧片嵌入两个半联轴器的齿槽内，来实现主动轴与从动轴的联接，簧片在传递扭矩时所产生的弹性变量，

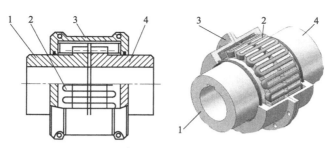

图 5-5-15 罩壳径向安装型蛇形弹簧联轴器

1,4—半联轴器；2—蛇形弹簧；3—罩壳

使机械系统能获得较好的减振效果，其平均减振率达 36％以上。

蛇形弹簧联轴器适用于联接两同轴线的中、大功率的传动轴系，具有一定的补偿两轴相对偏移和减振、缓冲性能。主要应用于碎石机、减速机、起重机械等各种机械及设备的轴传动。

•簧片联轴器。簧片联轴器是由若干长短不等的簧片叠成一组，构成等强梁结构，其中最长的为主簧片，直接嵌入花键槽内，其余为长度不等的副簧片，对称分布结构用于双向传动（可逆转），非对称分布用于单向传动。下面介绍一种弹性阻尼簧片联轴器。

弹性阻尼簧片联轴器的结构如图 5-5-16 所示，其弹性元件是由若干组簧片（件 10）组成，簧片组件沿径向，呈辐射状分布。每组簧片的一端为固定端，固定在半联轴器轴上，另一端为自由端，与相联零件构成可动联接。当联轴器传递扭矩时，簧片于花键轴接触的可动端相对于固定端发生弯曲变形，使两半联轴器相对扭转某一角度。为增大联轴器的缓冲和吸振效果，每组簧片间的空腔中充满润滑油，在变载荷作用下，簧片左右弯曲变形，形成油腔的压力变化，迫使润滑油经簧片两侧的缝隙从一侧流至另一侧，产生较大的黏性摩擦阻尼。该联轴器的最大特点是阻尼性能好，润滑油还可以减轻因簧片的弯曲变形而在簧片直接发生的摩擦和磨损。

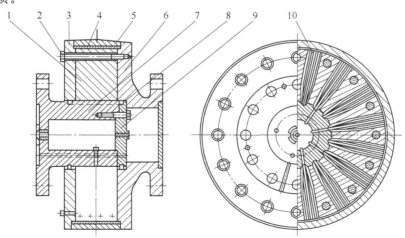

图 5-5-16 弹性阻尼簧片联轴器

1—中间块；2—螺栓；3—侧板；4—中间圈；5—紧固圈；6—法兰；
7—花键轴；8—O 形橡胶密封圈；9—密封圈座；10—簧片组件

簧片联轴器具有较好的阻尼特性，弹性好，弹性元件变化大，结构紧凑，安全可靠，但价格比较高，适用于承载变化较大，有转矩振动的轴系，多用于船舶、内燃机车、柴油发电机组、重型车辆及工业用柴油机动力机组等装置中，用于调节轴系传动系统转矩振动的自振频率，降低共振时的振幅。

（b）非金属弹性元件挠性联轴器

• 弹性套柱销联轴器。弹性套柱销联轴器的结构与凸缘联轴器相似，如图 5-5-17 所示。不同之处是用带有弹性套圈 3 的柱销 2 代替了螺栓联接，弹性套圈一般用耐油橡胶制成，剖面为梯形以提高弹性。柱销材料多采用 45 钢。为补偿较大的轴向位移，安装时在两轴间留有一定的轴向间隙 C；为了便于更换易损件弹性套，设计时应留一定的距离 B。

弹性套柱销联轴器制造简单，装拆方便，但寿命较短。适用于联接载荷平稳，需正反转或启动频繁的中小功率的两轴联接，多用于电动机轴与工作机械的联接上。

• 弹性柱销联轴器。弹性柱销联轴器与弹性套柱销联轴器结构相似（图 5-5-18），只是柱销 2 的材料为尼龙，柱销形状一端为柱形，另一端制成腰鼓形，以增大角度位移的补偿能力。为防止柱销脱落，柱销两端装有挡板，用螺钉固定。

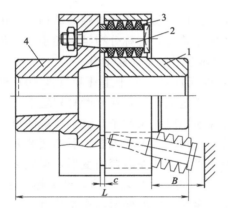
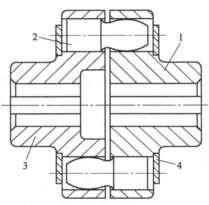

弹性柱销
联轴器

图 5-5-17　弹性套柱销联轴器　　　　图 5-5-18　弹性柱销联轴器

1,4—半联轴器；2—柱销；3—橡胶套　　　1,3—半联轴器；2—弹性柱销；4—挡板

弹性柱销联轴器结构简单，能补偿两轴间的相对位移，并具有一定的缓冲、吸振能力，应用广泛，可代替弹性套柱销联轴器。但因尼龙对温度敏感，使用时受温度限制，一般在 $-20 \sim +70℃$ 之间使用。适用于轴向窜动大、经常正反转、启动频繁和转速较高的场合。

• 轮胎联轴器。轮胎联轴器的结构如图 5-5-19 所示，它由两半联轴器 1、5 分别用键和轴相联的一种由外形呈轮胎状的橡胶元件 2 与金属压板 3 硫化粘接在一起，装配时用螺钉 4 直接与两半联轴器联接，通过轮胎传动转矩。

轮胎联轴器结构简单，具有很高的柔度，阻尼大，减振效果好，补偿两轴相对位移量大。相对扭转角 $6° \sim 30°$，适用于启动频繁，正反转多变冲击，振动大的轴系。可在有尘灰和水分的环境下工作，但不适用于低速重载和高速大转矩及高温工况。通常工作环境温度 $-20 \sim +80℃$。

c. 安全联轴器　也叫扭矩限制器、扭力限制器或安全离合器，是联接主动机与工作机的一种部件，主要功能为过载保护。扭力限制器是当超载或机械故障而导致所需扭矩超过设定值时，联轴器中的元件折断或分离或打滑，这样就防止了机械损坏，避免了昂贵的停机损

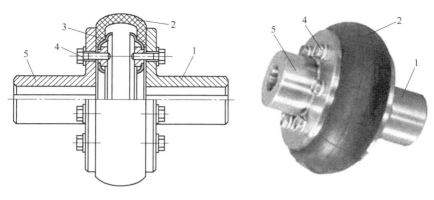

图 5-5-19　轮胎联轴器

1,5—半联轴器；2—轮胎环；3—压板；4—螺钉

失。安全联轴器分为刚性安全联轴器和挠性安全联轴器。常用的有棒销式、摩擦式、钢球式、液压式等安全联轴器。

（a）内涨摩擦式联轴器　内涨摩擦式安全联轴器的结构如图 5-5-20 所示，它利用两个圆柱螺旋弹簧 4 通过中间环 3 压紧弓形摩擦片 2，使摩擦片之间产生摩擦力，该摩擦力的大小决定了联轴器的滑动转矩，通过更换弹簧可以调整联轴器的滑动转矩。传递的转矩超出联轴器的滑动转矩时，联轴器主、从动件之间打滑；当传递的转矩低于滑动转矩时，联轴器两侧无相对滑动，自动恢复正常工作。

内涨摩擦式安全联轴器在使用范围内正常工作，一般不需更换零部件。它可以有效地部分减缓轴系传动启动时的冲击载荷，使机器匀加速启动，同时可防止因超载而烧毁电动机。可用于需过载安全保护的工况条件，以避免关键零部件的破坏。

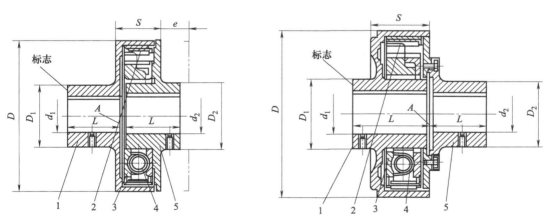

图 5-5-20　内涨摩擦式安全联轴器

1—半联轴器；2—摩擦片；3—中间环；4—压缩弹簧；5—半联轴器

（b）钢球式安全联轴器　钢球式安全联轴器的结构如图 5-5-21 所示，它在启动开始时，主动轴带动转子（件 8）转动，将钢球（件 18）抛向壳体（件 7）内壁。随着主动轴转速升高，钢球产生的离心力也增加，当达到一定转速后，分布在壳体内壁上的钢球成为结实的整体，填满了转子与壳体内壁上的径向间隙，从而带动从动部分一起转动。过载时，因钢球摩擦力不足，从动部分不动，主动部分空转。

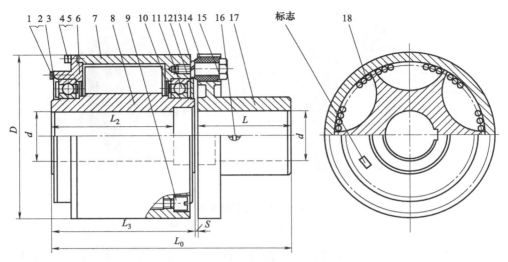

图 5-5-21 AQ 型钢球式安全联轴器

1,2—螺栓；3,12—轴承盖；4,5,13—弹簧垫圈；6—端盖；7—壳体；8—转子；9—沉头螺塞；
10—密封圈；11—滚动轴；14—弹性套；15—柱销；16—定位螺钉；17—半联轴器；18—钢球

钢球式安全联轴器启动性能好，可将电动机的负载启动转变为空载启动，实现工作机的软启动，降低启动时电流，减少启动能耗，既可以节约电能，又可简化电机启动设备，降低设备费用。它传递的转矩可调节，容易实现过载安全保护。当工作机过载或卡死时，钢球式安全联轴器自动打滑，可防止电机烧毁和其他零部件的损坏。

（3）联轴器的选择与设计

选择和设计联轴器时，首先应在已经制定为国家标准、机械行业标准以及获国家专利的标准联轴器中选择，只有在现有标准联轴器和专利联轴器不能满足设计需要时，才需自己设计联轴器。选择和设计联轴器的步骤如下。

① 选择联轴器的类型 根据原动机和工作载荷的类别、工作转速、传动精度、两轴偏移状况、温度、湿度、工作环境等综合因素选择联轴器的品种。选用原则是联轴器的使用要求和类型特性一致。

a. 对低速、刚性较好的轴，选刚性联轴器。

b. 对高速、刚性较差的轴，选金属弹性元件联轴器。

c. 对轴线相交的两轴，选用万向联轴器。

d. 对大功率重载传动，选用齿轮联轴器。

e. 对高速、有冲击或振动的轴，选用弹性联轴器。

f. 需要过载保护时，选用安全联轴器。

② 联轴器转矩计算 联轴器多已标准化，其主要性能参数为额定转矩 T_n、许用转速 $[n]$、位移补偿量和被联接轴的直径范围等。选用联轴器时，通常先根据使用要求和工作条件确定合适的类型，再按转矩、轴径和转速选择联轴器的型号，必要时应校核其薄弱件的承载能力。

考虑工作机启动、制动、变速时的惯性力和冲击载荷等因素，传动系统中动力机的功率应大于工作机所需功率，应按计算转矩 T_C 选择联轴器。所选型号联轴器必须同时满足：$T_C \leqslant T_n$ 和 $n \leqslant [n]$。计算转矩 T_C 和工作转矩的关系为：

$$T_C = KT \tag{5-5-1}$$

式中 T_C——计算转矩，N·m；

     T——理论转矩，N·m；$T = 9550\dfrac{P}{n}$；

     P——功率；

     n——转速；

     K——工作情况系数，见表 5-5-2，一般刚性联轴器选用较大的值，挠性联轴器选用较小的值；被传动的转动惯量小，载荷平稳时取较小值。

表 5-5-2 工作情况系数 K

原动机	工 作 机 械	K
电动机	皮带运输机、鼓风机、连续运转的金属切削机床	1.25～1.5
	链式运输机、刮板运输机、螺旋运输机、离心泵、木工机械	1.5～2.0
	往复运动的金属切削机床	1.5～2.0
	往复式泵、往复式压缩机、球磨机、破碎机、冲剪机	2.0～3.0
	起重机、升降机、轧钢机	3.0～4.0
涡轮机	发电机、离心泵、鼓风机	1.2～1.5
往复式发动机	发电机	1.5～2.0
	离心泵	3～4
	往复式工作机	4～5

③ 初选联轴器型号　按照计算转矩 T_C，从相关国家标准中（例如，表 5-5-3 所示的为弹性柱销联轴器），查找相近似的公称转矩 T_n（应满足 $T_C \leqslant T_n$），初步选定联轴器型号，查得联轴器的许用转速 $[n]$（应满足 $n \leqslant [n]$）。

初步选定联轴器的联接尺寸，即轴孔直径 d 和轴孔长度 L，应符合主、从动端轴径的要求，否则还要根据轴径 d 调整联轴器的规格。主、从动端轴径不相同是普遍现象，当转矩、转速相同，主、从动端轴径不相同时，应按大轴径选择联轴器型号。

表 5-5-3 弹性柱销联轴器（部分型号）（摘录 GB/T 5014—2003）

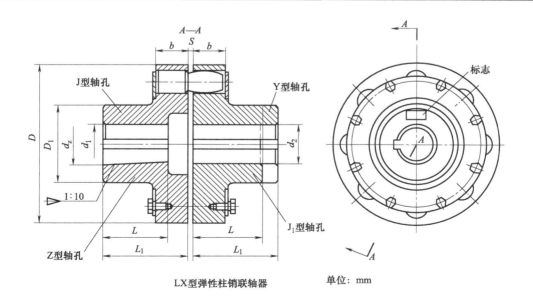

LX型弹性柱销联轴器　　单位：mm

型号	公称转矩 T_n/(N·m)	许用转速 $[n]$ /(r/min)	轴孔直径 d_1、d_2、d_z	轴孔长度			D	D_1	b	S	转动惯量 /(J/kg·m²)	质量 /(m/kg)
				Y 型	J、J_1、Z 型							
				L	L	L_1						
LX1	250	8500	12,14	32	27	—	90	40	20	2.5	0.002	2
			16,18,19	42	30	42						
			20,22,24	52	38	52						
LX2	560	6300	20,22,24	52	38	52	120	55	28	2.5	0.009	5
			25,28	62	44	62						
			30,32,35	82	60	82						
LX3	1250	4750	30,32,35,38	82	60	82	160	75	36	2.5	0.026	8
			40,42,45,48	112	84	112						
LX4	2500	3870	40, 42, 45, 48,50,55,56	112	84	112	195	100	45	3	0.109	22
			60,63	142	107	142						
LX5	3150	3450	50,55,56	112	84	112	220	120	45	3	0.191	30
			60, 63, 65, 70,71,75	142	107	142						

④ 选择联接形式　联轴器联接形式的选择取决于主、从动端与轴的联接形式，一般采用键联接，为统一键联接形式及代号，在 GB/T 3852—2017 中规定了轴孔形式（表 5-5-4）与键槽形式（表 5-5-5），使用较多的是 A 型键。其尺寸可查国标。

a. 轴孔形式与代号　如表 5-5-4 所示，轴孔形式有圆柱形轴孔（Y 型）、有沉孔的短圆柱形轴孔（J 型）、有沉孔的圆锥形轴孔（Z 型）、圆锥形轴孔（Z1 型）四种类型。表中列出了其适用范围。

表 5-5-4　联轴器轴孔形式与代号（摘录 GB/T 3852—2017）

名　称	型式与代号	图　示	备　注
圆柱形轴孔	Y 型		适用于长、短系列，推荐选用短系列
有沉孔的短圆柱形轴孔	J 型		推荐选用
有沉孔的圆锥形轴孔	Z 型		适用于长、短系列

续表

名　　称	型式与代号	图　　示	备　　注
圆锥形轴孔	Z_1 型	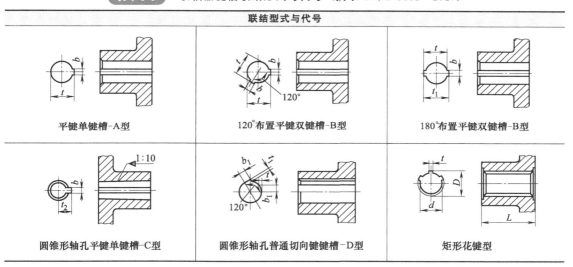	适用于长、短系列

b. 键槽联结形式与代号　键槽形式有平键单键槽（A 型）、120°布置平键双键槽（B型）、180°布置平键双键槽（B型）、圆锥形轴孔平键单键槽（C 型）、圆锥形轴孔普通切向键键槽（D 型）、矩形花键型、圆柱直齿渐开线花键型等。部分形式如表 5-5-5 所示。

表 5-5-5　**联轴器键槽联结形式与代号**（摘录 GB/T 3852—2017）

联结型式与代号

平键单键槽-A型　　120°布置平键双键槽-B型　　180°布置平键双键槽-B型

圆锥形轴孔平键单键槽-C型　　圆锥形轴孔普通切向键键槽-D型　　矩形花键型

⑤ 确定联轴器的型号　根据公称转矩、轴孔直径与轴孔长度选定联轴器的规格（型号），为了保证轴和键的强度，在选定联轴器型号（规格）后，应对轴和键强度做校核验算，以最后确定联轴器的型号，并按下列要求写出联轴器的标记。

a. 联轴器的标记中，轴孔的形式与尺寸标记应符合 GB/T3852 的规定。

b. 标记示例

（a）示例 1：LN3 芯型弹性联轴器；主动端：Z_1 型轴孔，C 型键槽，$d_z = 28\text{mm}$，$L = 44\text{mm}$；从动端：J_1 型轴孔，B 型键槽，$d = 32\text{mm}$，$L = 60\text{mm}$。其标记为：LN3 联轴器

$$\frac{Z_1 C28 \times 44}{J_1 B32 \times 60} \quad \text{GB/T 10614—2008}$$

（b）示例 2：LNS8 芯型弹性联轴器；主动端：J_1 型轴孔，B 型键槽，$d = 65\text{mm}$，$L = 107\text{mm}$；从动端：J_1 型轴孔，B 型键槽，$d = 65\text{mm}$，$L = 107\text{mm}$。其标记为：LNS8 联轴器 $J_1 B65 \times 107$　GB/T 10614—2008

【引导案例】

在电动起重机中，联接直径 $d = 35\text{mm}$ 的主、从动轴，功率 $P = 11\text{kW}$，转速 $n = 970\text{r/min}$，分析并选择联轴器的型号。

【参考答案】

（1）选择联轴器类型

为缓和振动和冲击，选择弹性柱销联轴器。

（2）确定联轴器的计算转矩

由表 5-5-2 查取 $K = 3.5$，按式（5-5-1）计算：

$$T_C = KT = 3.5 \times 9550 \times \frac{11}{970} = 379 \text{N} \cdot \text{m}$$

（3）初选联轴器型号

按计算转矩、转速和轴径查表 5-5-3，选用 LX2 型弹性柱销联轴器，其有关数据：公称转矩 $T_n = 560 \text{N} \cdot \text{m}$，许用转速 $[n] = 6300 \text{r/min}$，轴径 35mm，满足 $T_C \leqslant T_n$、$n \leqslant [n]$，适用。

（4）选择联接形式

查表 5-5-4 和表 5-5-5，确定轴孔的类型为有沉孔的短圆柱形轴孔——J 型，键槽类型为平键单键槽-A 型。查表 5-5-3 可知轴孔长度 $L = 60 \text{mm}$。

（5）确定联轴器的型号

根据计算和选择得出联轴器的型号，标记为：LX2 联轴器 35×60　GB/T 5014—2003。

5.5.2　离合器的分析与选择

离合器也主要用于轴和轴的联接，使它们一起回转并传递扭矩。与联轴器不同的是，离合器能按工作需要随时将主动轴与从动轴接合或分离。可用来操纵机器传动系统的启动、停止、变速及换向等。离合器要工作可靠，接合、分离迅速而平稳，操纵灵活、省力，调节和修理方便，外形尺寸小，重量轻，对摩擦式离合器还要求其耐磨性好并具有良好的散热能力。

离合器种类繁多，根据工作性质以实现接合和分离的过程，可分为操纵式离合器和自动式离合器。本书简要介绍几种常用的离合器的结构和特点。

（1）操纵式离合器

操纵式离合器有机械的、电磁的、气动的和液力的等，如牙嵌离合器（通过牙、齿或键的嵌合传递扭矩）、摩擦离合器（利用摩擦力传递扭矩）、空气柔性离合器（用压缩空气胎胀缩以操纵摩擦件接合或分离的离合器）、电磁转差离合器（用激磁电流产生磁力来传递扭矩）、磁粉离合器（用激磁线圈使磁粉磁化，形成磁粉链以传递扭矩等）。

牙嵌离合器

① 牙嵌离合器　牙嵌离合器如图 5-5-22 所示，是由两端面上带牙的半离合器 1、2 组成。半离合器 1 用平键固定在主动轴上，半离合器 2 用导向键 3 或花键与从动轴联接。在半离合器 1 上固定有对中环 5，从动轴可在对中环中自由转动，通过滑环 4 的轴向移动操纵离合器的接合和分离，滑环的移动可用杠杆、液压、气压或电磁吸力等操纵机构控制。

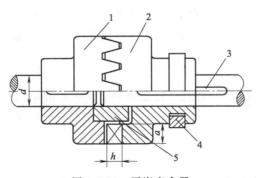

图 5-5-22　牙嵌离合器

1,2—半离合器　3—导向键　4—滑环　5—对中环

牙嵌离合器常用的牙型有三角形、矩形、梯形和锯齿形，如图 5-5-23 所示。三角形牙用于传递中小转矩的低速离合器，牙数一般为 12～60；矩形牙无轴向分力，接合困难，磨损后无法补偿，冲击也较大，故使用较少；梯形牙强度高，传递转矩大，能自动补偿牙面磨损后造成的间隙，接合面间有轴向分力，容易分离，因而应用最为广泛；锯齿形牙只能单向工作，反转时由于有较大的轴向分力，会迫使离合器自行分离。

牙嵌离合器主要失效形式是牙面的磨损和牙根折断，因此要求牙面有较高的硬度，牙根有良好的韧性，常用材料为低碳钢渗碳淬火 54～60HRC，也可用中碳钢表面淬火。

牙嵌离合器通过主、从动元件上牙齿之间的嵌合力来传递回转运动和动力，结构简单，尺寸小，接合时两半离合器间没有相对滑动，工作比较可靠，传递的转矩较大，但接合时有冲击，运转中接合困难，故只能在低速或停车时接合，以避免因冲击折断牙齿。

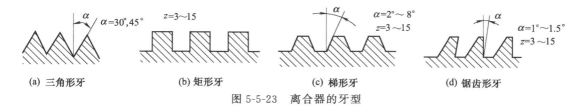

图 5-5-23　离合器的牙型

② 圆盘摩擦离合器　摩擦离合器依靠两接触面间的摩擦力来传递运动和动力。按结构形式不同，可分为圆盘式、圆锥式、块式和带式等类型，最常用的是圆盘摩擦离合器。圆盘摩擦离合器分为单片式和多片式两种，如图 5-5-24、图 5-5-25 所示。

单片式摩擦离合器由摩擦圆盘 1、2 和滑环 4 组成。圆盘 1 与主动轴联接，圆盘 2 通过导向键 3 与从动轴联接并可在轴上移动。操纵滑环 4 可使两圆盘接合或分离。轴向压力 F_Q 使两圆盘接合，并在工作表面产生摩擦力，以传递转矩。单片式摩擦离合器结构简单，但径向尺寸较大，只能传递不大的转矩。

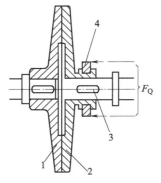

图 5-5-24　单片式离合器

1，2—摩擦圆盘；3—导向键；4—滑环

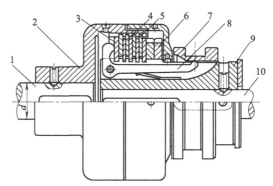

图 5-5-25　多片式离合器

1—主动轴；2—外壳；3—压板；4—外摩擦片；5—内摩擦片；
6—螺母；7—滑环；8—杠杆；9—套筒；10—从动轴

多片式摩擦离合器有两组摩擦片，主动轴 1 与外壳 2 相联接，外壳内装有一组外摩擦片 4，形状如图 5-5-26（a）所示，其外缘有凸齿插入外壳上的内齿槽内，与外壳一起转动，其内孔不与任何零件接触。从动轴 10 与套筒 9 相联接，套筒上装有一组内摩擦片 5，形状如图 5-5-26（b）所示，其外缘不与任何零件接触，随从动轴一起转动。滑环 7 由操纵机构控制，当滑环向左移动时，杠杆 8 绕支点顺时针转动，通过压板 3 将两组摩擦片压紧，实现接合；滑环 7 向右移动，则实现离合器分离。摩擦片间的压力由螺母 6 调节。若摩擦片为图 5-5-26（c）所示的形状，则分离时能自动弹开。

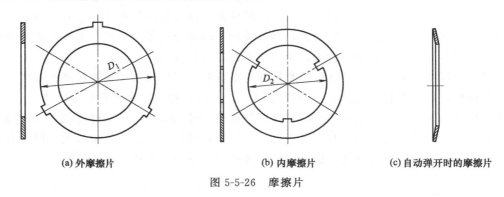

| (a) 外摩擦片 | (b) 内摩擦片 | (c) 自动弹开时的摩擦片 |

图 5-5-26 摩擦片

摩擦离合器是通过主、从动元件间的摩擦力来传递回转运动和动力，运动中接合方便，有过载保护性能，但结构较为复杂，传递转矩较小，适用于高速、低转矩的工作场合。

③ 电磁转差离合器 电磁离合器靠线圈的通断电来控制离合器的接合与分离，它是一种自动化执行元件，利用电磁力的作用来传递或中止机械传动中的扭矩。根据结构不同，分为摩擦片式电磁离离合器、牙嵌式电磁离合器、磁粉式电磁离合器和涡流式电磁离合器等。按工作方式又可分为通电结合和断电结合。

如图 5-5-27 所示为多片摩擦式电磁离合器。其工作原理为：在主动轴 1 的花键轴端，装有主动摩擦片 6，它可以沿轴向自由移动，因是花键联接，将随主动轴一起转动。从动摩擦片 5 与主动摩擦片交替装叠，其外缘凸起部分卡在与从动齿轮 2 固定在一起的套筒 3 内，因而从动摩擦片可以随同从动齿轮，在主动轴转动时它可以不转。当线圈 8 通电后，将摩擦片吸向铁芯 9，衔铁 4 也被吸住，紧紧压住各摩擦片。依靠主、从动摩擦片之间的摩擦力，使从动齿轮随主动轴转动。线圈断电时，装在内外摩擦片之间的圈状弹簧使衔铁和摩擦片复原，离合器即失去传递力矩的作用。线圈一端通过电刷和滑环 7 输入直流电，另一端可接地。

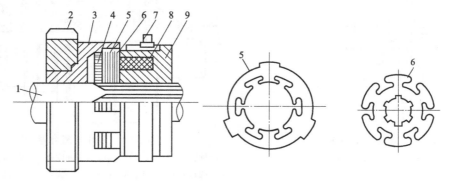

图 5-5-27 多片摩擦式电磁离合器

1—主轴；2—从动齿轮；3—套筒；4—衔铁；5—从动摩擦片；
6—主动摩擦片；7—滑环；8—线圈；9—铁芯

（2）自动式离合器

自动式离合器用简单的机械方法自动完成接合或分开动作，又分为安全离合器（当传递扭矩达到一定值时传动轴能自动分离，从而防止过载，避免机器中重要零件损坏）、离心离合器（当主动轴的转速达到一定值时，由于离心力的作用能使传动轴间自行联接或超过某一转速后能自行分离）、定向离合器（又叫超越离合器，利用棘轮-棘爪的啮合或滚柱、楔块的楔紧作用单向传递运动或扭矩，当主动轴反转或转速低于从动轴时，离合器就自动分开）。

① 离心离合器　离心离合器靠原动机本身的转速而实现两轴自动接合或断开，通过摩擦力来传递扭矩，它的基本结构由三个元件组成：主动件、离心体和从动件。离心体滑装于主动件上，由原动机驱动主动件旋转加速而将其径向甩出。当主动件达到规定角速度时，甩出的离心体与从动件内壁压紧，由摩擦力强制其进入运动状态而传递扭矩。

如图 5-5-28 所示的径向弹簧闸块式离心离合器，当离合器的闸块 2 的离心力大于弹簧 5 的压紧力时，闸块才能与壳体内壁接触。由于有压紧弹簧，可以通过调整弹簧的压紧力来改变这种离合器的接合时间及传递转矩。

离合器的接合取决于离心力，因此不能传递大于额定扭矩的负荷。如果从动端超载，离合器便打滑，所以它也具有安全离合器的功能。离心离合器也不宜装在低速轴上使用，在低速轴为了达到足够的离心力，就要增大结构尺寸，使成本增加。

② 滚柱超越离合器　超越离合器又称为定向离合器，是一种自动离合器，目前广泛应用的是滚柱超越离合器，如图 5-5-29 所示，由星轮 1、外圈 2、滚柱 3 和弹簧顶杆 4 组成。滚柱的数目一般为 3～8 个，星轮和外圈都可作为主动件。当星轮为主动件并做顺时针转动时，滚柱受摩擦力作用被楔紧在星轮与外圈之间，从而带动外圈一起回转，离合器为接合状态；当星轮逆时针转动时，滚柱被推到楔形空间的宽敞部分而不再楔紧，离合器为分离状态。超越离合器只能传递单向转矩。若外圈和星轮做顺时针同向回转，则当外圈转速大于星轮转速，离合器为分离状态；当外圈转速小于星轮转速，离合器为接合状态。

超越离合器尺寸小，接合和分离平稳，可用于高速传动。

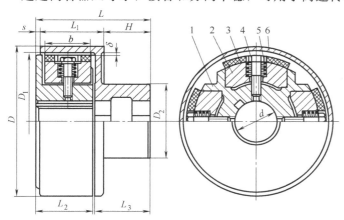

图 5-5-28　径向弹簧闸块式离心离合器
1—转子；2—闸块；3—摩擦衬面；4—联接螺栓；5—弹簧；6—壳体

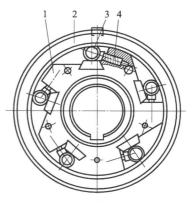

图 5-5-29　滚柱超越离合器
1—星轮；2—外圈；
3—滚柱；4—弹簧顶杆

离合器大部分已标准化，可从有关样本或机械设计手册中选择。选择离合器时，根据机器的工作特点和使用条件，按各种离合器的性能特点，确定离合器的类型。类型确定后，可根据两轴的直径计算转矩和转速，从手册中查出适当型号，必要时，可对其薄弱环节进行承载能力校核。

知识点滴

传承与创新意识的形成与培养

　　工匠精神是我国各行各业共同推广的敬业精神，联轴器作为传动系统不可或缺的传动部件，其高品质制造更是需要此精神。任何产品要想立足于世界先进之林，都需要在产品先进技术设计的同时，进行一丝不苟的精密制造。高品质联轴器制造更是要全面发扬"工匠精神"精密制造，才能从"可用"型走向"耐用"型。联轴器起到传承运动和动力的作用。而事物的发展不但需要传承，同时也需要创新，因为创新与传承是相辅相成的。传承是对旧事物的继承，在传承的基础上发展，就必须要创新。传承催生创新，创新往往是传承过程中的潜移默化，水到渠成。创新应该取其精华，去其糟粕，批判继承，古为今用。在这方面，大国工匠们给我们做出了榜样。

　　专题片《匠心耕耘车工梦》讲述了"大国工匠"耿家盛的感人事迹。他主持的劳模创新工作室以建设学习、交流、传承、创新、引领五个平台为目标，贴近生产一线，解决难点问题。在创新改进加工工艺的过程中，耿家盛积极开展了轧机联轴器、T型头的探伤方法、轧机活塞孔加工技术、轧机轴承座加工技术等现场技术传授，车钳铣刨"一招一式"，手把手地教授绝技、绝活，全身心投入，一丝不苟，让400余名技术工人快速提升了机械加工、磨刀、刀具改进等操作技能，回到本职岗位后，成为独当一面的"行家里手"。

　　在精益求精的道路上，耿家盛像一位孜孜以求、百折不挠的修行者，先后拜了6位名师，而每一次的拜师学艺，他都卯足劲、下苦功，不断超越自我。其劳模创新工作室和他的职业生涯一样，经历了多次蜕变。多年来，他孜孜不倦地改革创新，手把手带徒弟，先后传帮带800余人次，其中78%的人获得高级工以上职业资格证书。传承，已经成为耿家盛的日常。

【任务实施】

任务分析

　　根据联轴器的工作状况，合理选择联轴器的型号；根据轴间联接的结构形式，选择联轴器的轴孔和键槽联接的结构形式。

任务完成

　　输送机联轴器选择的步骤：

设计步骤	计算与说明	计算结果
1. 选择联轴器类型	为了隔离振动与冲击，选用弹性柱销联轴器	弹性柱销联轴器
2. 确定计算转矩	由表5-5-2查取 $K=1.5$，按式(5-5-1)计算： $$T_C=KT=1.5\times9550\times\frac{4.29}{95.5}=643.5\text{N}\cdot\text{m}$$	$T_C=643.5\text{N}\cdot\text{m}$
3. 初选联轴器型号	按计算转矩、转速和轴径查表5-5-3，选用LX3型弹性柱销联轴器，其有关数据：公称转矩 $T_n=1250\text{N}\cdot\text{m}$，许用转速 $[n]=4750\text{r/min}$，轴径42mm。满足 $T_C\leqslant T_n$ 和 $n\leqslant[n]$，适用	LX3
4. 选择联接形式	查表5-5-4和表5-5-5，确定轴孔的类型为有沉孔的短圆柱形轴孔——J型，键槽类型为平键单键槽——A型。查表5-5-2可知轴孔长度 $L=84$mm	$L=84$mm
5. 确定联轴器的型号	根据计算和选择得出联轴器的型号，标记为：LX3 联轴器 42×84 GB/T 5014—2003	LX3 联轴器 42×84 GB/T 5014—2003

【题库训练】

1. 选择题

（1）对低速、刚性大的短轴，常选用的联轴器为（   ）。

A. 刚性固定式联轴器　　　　　　　B. 刚性可移式联轴器

C. 弹性联轴器　　　　　　　　　　D. 安全联轴器

（2）在载荷具有冲击、振动，且轴的转速较高、刚度较小时，一般选用（   ）。

A. 刚性固定式联轴器　　　　　　　B. 刚性可移式联轴器

C. 弹性联轴器　　　　　　　　　　D. 安全联轴器

（3）金属弹性元件挠性联轴器中的弹性元件都具有（   ）的功能。

A. 对中　　　　　B. 减摩　　　　　C. 缓冲和减振　　　　　D. 装配很方便

（4）（   ）离合器接合最不平稳。

A. 牙嵌　　　　　B. 摩擦　　　　　C. 安全　　　　　D. 离心

（5）下列联轴器中，能补偿两轴的相对位移并可缓冲、吸振的是（   ）。

A. 凸缘联轴器　　　B. 齿式联轴器　　　C. 万向联轴器　　　D. 弹性柱销联轴器

（6）在载荷不平稳且具有较大的冲击和振动的场合下，宜选用（   ）联轴器。

A. 固定式刚性　　　B. 可移式刚性　　　C. 弹性　　　　　D. 安全

（7）在下列联轴器中，通常所说的刚性联轴器是（   ）。

A. 齿式联轴器　　　　　　　　　　B. 弹性套柱销联轴器

C. 弹性柱销联轴器　　　　　　　　D. 凸缘联轴器

（8）联轴器和离合器均具有的主要作用是（   ）。

A. 补偿两轴的综合位移　　　　　　B. 联接两轴，使其旋转并传递转矩

C. 防止机器过载　　　　　　　　　D. 缓和冲击和振动

（9）选择联轴器型号的依据是（   ）。

A. 计算转矩、转速和两轴直径　　　B. 计算转矩和转速

C. 计算转矩和两轴直径　　　　　　D. 转速和两轴直径

（10）对于工作中载荷平稳，不发生相对位移，转速稳定且对中性好的两轴宜选用（   ）。

A. 刚性凸缘联轴器　　　　　　　　B. 万向联轴器

C. 弹性套柱销联轴器　　　　　　　D. 齿式联轴器

（11）在下列联轴器中，有弹性元件的挠性联轴器是（   ）。

A. 夹壳联轴器　　　B. 齿式联轴器　　　C. 弹性柱销联轴器　　　D. 凸缘联轴器

（12）在下列联轴器中，属于刚性联轴器的是（   ）。

A. 万向联轴器　　　B. 齿式联轴器　　　C. 弹性柱销联轴器　　　D. 凸缘联轴器

（13）联接轴线相交、角度较大的两轴宜采用（   ）。

A. 刚性凸缘联轴器　　　　　　　　B. 弹性柱销联轴器

C. 万向联轴器　　　　　　　　　　D. 夹壳联轴器

2. 填空题

（1）当受载较大，两轴较难对中时，应选用（   ）联轴器来联接；当原动机的转速高且发出的动力较不稳定时，其输出轴与传动轴之间应选用（   ）联轴器来联接。

（2）传递两相交轴间运动而又要求轴间夹角经常变化时，可以采用（　　）联轴器。

（3）在确定联轴器类型的基础上，可根据（　　）、（　　）、（　　）、（　　）来确定联轴器的型号和结构。

（4）按工作原理，操纵式离合器主要分为（　　）、（　　）和（　　）三类。

（5）联轴器和离合器是用来（　　）的部件；制动器是用来（　　）的装置。

（6）挠性联轴器按其组成中是否具有弹性元件，可分为（　　）联轴器和（　　）联轴器两大类。

（7）两轴线易对中、无相对位移的轴宜选（　　）联轴器；两轴线不易对中、有相对位移的长轴宜选（　　）联轴器；启动频繁、正反转多变、使用寿命要求长的大功率重型机械宜选（　　）联轴器；启动频繁、经常正反转、受较大冲击载荷的高速轴宜选（　　）联轴器。

（8）用（　　）联接的两根轴在机器运转时不能分开。

（9）因为弹性联轴器具有弹性元件，所以能缓和冲击和振动，并能补偿（　　）间的位移偏差。

3. 问答题

（1）联轴器所联接两轴的偏移形式有哪些？综合位移指何种位移形式？

（2）固定式联轴器与可移式联轴器有何区别？各适用于什么工作条件？刚性可移式联轴器和弹性联轴器的区别是什么？各适用于什么工作条件？

（3）凸缘联轴器两种对中方法和特点各是什么？

（4）无弹性元件联轴器与有弹性元件联轴器在补偿位移的方式上有何不同？

（5）刚性联轴器有哪些？各有什么特点？用在什么场合？

（6）联轴器与离合器的主要区别是什么？

（7）常用联轴器和离合器有哪些类型？各有哪些特点？应用于哪种场合？

4. 计算题

（1）试选择螺旋运输机的电动机输出轴用联轴器，已知：电机功率 $P = 11 \text{kW}$，转速 $n = 1460 \text{r/min}$，轴径 $d = 42 \text{mm}$，载荷有中等冲击。确定联轴器的轴孔与键槽结构形式、代号及尺寸，写出联轴器的标记。

（2）某离心水泵与电动机之间选用弹性柱销联轴器联接，电机功率 $P = 22 \text{kW}$，转速 $n = 970 \text{r/min}$，两轴轴径均为 $d = 55 \text{mm}$，试选择联轴器的型号，绘制出其装配简图。

参 考 文 献

[1]　曾华林. 机械设计基础项目化教程 [M]. 西安：西北工业大学出版社，2018.

[2]　王雪艳. 机械技术应用基础 [M]. 北京：北京航空航天大学出版社，2013.

[3]　曹井新. 机械设计基础 [M]. 长春：吉林大学出版社，2016.

[4]　邵刚. 机械设计基础 [M]. 北京：电子工业出版社，2013.

[5]　周志平. 机械设计基础与实践 [M]. 北京：冶金工业出版社，2008.

[6]　黄瑷昶. 机械设计基础 [M]. 天津：天津大学出版社，2009.

[7]　陈立德. 机械设计基础 [M]. 北京：高等教育出版社，2008.

[8]　庄严. 机械设计基础 [M]. 北京：北京理工大学出版社，2008.

[9]　罗玉福，王少岩. 机械设计基础 [M]. 大连：大连理工大学出版社，2006.

[10]　石固欧. 机械设计基础 [M]. 北京：高等教育出版社，2003.

[11]　徐春艳. 机械设计基础 [M]. 北京：北京理工大学出版社，2009.

[12]　王风平. 机械设计基础课程设计指导书 [M]. 北京：机械工业出版社，2010.

[13]　王少岩. 机械设计基础实训指导 [M]. 大连：大连理工大学出版社，2006.

[14]　张建中. 机械设计基础课程设计 [M]. 北京：高等教育出版社，2010.

[15]　陈霖. 机械设计基础 [M]. 北京：人民邮电出版社，2009.

[16]　戴裕崴. 机械设计基础 [M]. 大连：大连理工大学出版社，2008.

[17]　郭仁生. 机械设计基础 [M]. 北京：清华大学出版社，2005.